分组
传送技术

FENZU CHUANSONG JISHU

许高山　江志军　兰　剑　李延保◎编著

中国铁道出版社有限公司
CHINA RAILWAY PUBLISHING HOUSE CO., LTD.

内容简介

本书全面介绍了分组传送技术的基本原理及其应用，主要内容包括：分组传送技术理论基础、网络生存性技术、分组传送网工程建设基础操作、分组传送网案例分析、分组传送网故障案例。本书以原理铺垫，以任务驱动，实现分组传送网平台多种业务配置。

本书突出实际应用，适合作为通信工程、电子信息工程及光通信工程等相关专业的教学用书和光传输技术的培训教材，也可作为一般工程技术人员的参考用书。

图书在版编目(CIP)数据

分组传送技术/许高山等编著.—北京：中国铁道出版社有限公司，2021.2(2022.12 重印)
面向新工科 5G 移动通信"十三五"规划教材
ISBN 978-7-113-27586-0

Ⅰ.①分… Ⅱ.①许… Ⅲ.①通信交换-通信网 Ⅳ.①TN915.05

中国版本图书馆 CIP 数据核字(2020)第 273165 号

书　　名：分组传送技术
作　　者：许高山　江志军　兰　剑　李延保

策　　划：韩从付　　　　编辑部电话：(010)63549501
责任编辑：贾　星　包　宁
封面设计：MXK DESIGN STUDIO
封面制作：尚明龙
责任校对：孙　玫
责任印制：樊启鹏

出版发行：中国铁道出版社有限公司(100054，北京市西城区右安门西街 8 号)
网　　址：http://www.tdpress.com/51eds/
印　　刷：北京铭成印刷有限公司
版　　次：2021 年 2 月第 1 版　　2022 年 12 月第 3 次印刷
开　　本：787 mm×1 092 mm　1/16　印张：16　字数：398 千
书　　号：ISBN 978-7-113-27586-0
定　　价：49.80 元

编委会

序 一

全球经济一体化促使信息产业高速发展，给当今世界人类生活带来了巨大的变化，通信技术在这场变革中起着至关重要的作用。通信技术的应用和普及大大缩短了信息传递的时间，优化了信息传播的效率，特别是移动通信技术的不断突破，极大地提高了信息交换的简洁化和便利化程度，扩大了信息传播的范围。目前，5G通信技术在全球范围内引起各国的高度重视，是国家竞争力的重要组成部分。中国政府早在“十三五”规划中已明确推出“网络强国”战略和“互联网 +”行动计划，旨在不断加强国内通信网络建设，为物联网、云计算、大数据和人工智能等行业提供强有力的通信网络支撑，为工业产业升级提供强大动力，提高中国智能制造业的创造力和竞争力。

近年来，为适应国家建设教育强国的战略部署，满足区域和地方经济发展对高学历人才和技术应用型人才的需要，国家颁布了一系列发展普通教育和职业教育的决定。2017年10月，习近平同志在党的十九大报告中指出，要提高保障和改善民生水平，加强和创新社会治理，优先发展教育事业。要完善职业教育和培训体系，深化产教融合、校企合作。2010年7月发布的《国家中长期教育改革和发展规划纲要(2010—2020年)》指出，高等教育承担着培养高级专门人才、发展科学技术文化、促进社会主义现代化建设的重大任务，提高质量是高等教育发展的核心任务，是建设高等教育强国的基本要求。要加强实验室、校内外实习基地、课程教材等基本建设，创立高校与科研院所、行业、企业联合培养人才的新机制。《国务院关于大力推进职业教育改革与发展的决定》指出，要加强实践教学，提高受教育者的职业能力，职业学校要培养学生的实践能力、专业技能、敬业精神和严谨求实作风。

现阶段，高校专业人才培养工作与通信行业的实际人才需求存在以下几个问题：

一、通信专业人才培养与行业需求不完全适应

面对通信行业的人才需求，应用型本科教育和高等职业教育的主要任务是培养更多更好的应用型、技能型人才，为此国家相关部门颁布了一系列文件，提出了明确的导向，但现阶段高等职业教育体系和专业建设还存在过于倾向学历化的问题。通信行业因其工程性、实践性、实时性等特点，要求高职院校在培养通信人才的过程中必须严格落实国家制定的“产教融合，校企合作，工学结合”的人才培养要求，引入产业资源充实课程内容，使人才培养与产业需求有机统一。

二、教学模式相对陈旧，专业实践教学滞后比较明显

当前通信专业应用型本科教育和高等职业教育仍较多采用课堂讲授为主的教学模式，学生很难以“准职业人”的身份参与教学活动。这种普通教育模式比较缺乏对通信人才的专业技能培训。应用型本科和高职院校的实践教学应引入“职业化”教学的理念，使实践教

学从课程实验、简单专业实训、金工实训等传统内容中走出来，积极引入企业实战项目，广泛采取项目式教学手段，根据行业发展和企业人才需求培养学生的实践能力、技术应用能力和创新能力。

三、专业课程设置和课程内容与通信行业的能力要求多有脱节，应用性不强

作为高等教育体系中的应用型本科教育和高等职业教育，不仅要实现其“高等性”，也要实现其“应用性”和“职业性”。教育要与行业对接，实现深度的产教融合。专业课程设置和课程内容中对实践能力的培养较弱，缺乏针对性，不利于学生职业素质的培养，难以适应通信行业的要求。同时，课程结构缺乏层次性和衔接性，并非是纵向深化为主的学习方式，教学内容与行业脱节，难以吸引学生的注意力，易出现“学而不用，用而不学”的尴尬现象。

新工科就是基于国家战略发展新需求、适应国际竞争新形势、满足立德树人新要求而提出的我国工程教育改革方向。探索集前沿技术培养与专业解决方案于一身的教程，面向新工科，有助于解决人才培养中遇到的上述问题，提升高校教学水平，培养满足行业需求的新技术人才，因而具有十分重要的意义。

本套书是面向新工科5G移动通信“十三五”规划教材，第一期计划出版15本，分别是《光通信原理及应用实践》《综合布线工程设计》《光传输技术》《无线网络规划与优化》《数据通信技术》《数据网络设计与规划》《光宽带接入技术》《5G移动通信技术》《现代移动通信技术》《通信工程设计与概预算》《分组传送技术》《通信全网实践》《通信项目管理与监理》《移动通信室内覆盖工程》《WLAN无线通信技术》等教材。套书整合了高校理论教学与企业实践的优势，兼顾理论系统性与实践操作的指导性，旨在打造移动通信教学领域的精品丛书。

本套书围绕我国培育和发展通信产业的总体规划和目标，立足当前院校教学实际场景，构建起完善的移动通信理论知识框架，通过融入中兴教育培养应用型技术技能专业人才的核心目标，建立起从理论到工程实践的知识桥梁，致力于培养既具备扎实理论基础又能从事实践的优秀应用型人才。

本套书的编者来自中兴通讯股份有限公司、广东省新一代通信与网络创新研究院、南京理工大学、中兴教育管理有限公司等单位，包括广东省新一代通信与网络创新研究院院长朱伏生、中兴通讯股份有限公司牟永建、中兴教育管理有限公司常务副总裁吕其恒、中兴教育管理有限公司徐巍、舒雪姣、徐志斌、兰剑、李振丰、李延保、蒋志钊、阳春、袁彬等。

本套书如有不足之处，请各位专家、老师和广大读者不吝指正。希望通过本套书的不断完善和出版，为我国通信教育事业的发展和应用型人才培养做出更大贡献。

张光义

2019年8月

序 二

现今,ICT(信息、通信和技术)领域是当仁不让的焦点。国家发布了一系列政策,从顶层设计引导和推动新型技术发展,各类智能技术深度融入垂直领域为传统行业的发展添薪加火;面向实际生活的应用日益丰富,智能化的生活实现了从"能用"向"好用"的转变;"大智物云"更上一层楼,从服务本行业扩展到推动企业数字化转型。中央经济工作会议在部署2019年工作时提出,加快5G商用步伐,加强人工智能、工业互联网、物联网等新型基础设施建设。5G牌照发放后已经带动移动、联通和电信在5G网络建设的投资,并且国家一直积极推动国家宽带战略,这也牵引了运营商加大在宽带固网基础设施与设备的投入。

5G时代的技术革命使通信及通信关联企业对通信专业的人才提出了新的要求。在这种新形势下,企业对学生的新技术和新科技认知度、岗位适应性和扩展性、综合能力素质有了更高的要求。为此,2015年在世界电信和信息社会日以及国际电信联盟成立150周年之际,中兴通讯隆重地发布了信息通信技术的百科全书,浓缩了中兴通讯从固定通信到1G、2G、3G、4G、5G所有积累下来的技术。同时,中兴教育管理有限公司再次出发,面向教育领域人才培养做出规划,为通信行业人才输出做出有力支撑。

本套书是中兴教育管理有限公司面向新工科移动通信专业学生及对通信感兴趣的初学人士所开发的系列教材之一。以培养学生的应用能力为主要目标,理论与实践并重,并强调理论与实践相结合。通过校企双方优势资源的共同投入和促进,建立以产业需求为导向、以实践能力培养为重点、以产学结合为途径的专业培养模式,使学生既获得实际工作体验,又夯实基础知识,掌握实际技能,提升综合素养。因此,本套书注重实际应用,立足于高等教育应用型人才培养目标,结合中兴教育管理有限公司培养应用型技术技能专业人才的核心目标,在内容编排上,将教材知识点项目化、模块化,用任务驱动的方式安排项目,力求循序渐进、举一反三、通俗易懂,突出实践性和工程性,使抽象的理论具体化、形象化,使之真正贴合实际、面向工程应用。

本套书编写过程中,主要形成了以下特点:

(1)系统性。以项目为基础、以任务实战的方式安排内容,架构清晰、组织结构新颖。先让学生掌握课程整体知识内容的骨架,然后在不同项目中穿插实战任务,学习目标明确,实战经验丰富,对学生培养效果好。

（2）实用性。本套书由一批具有丰富教学经验和多年工程实践经验的企业培训师编写，既解决了高校教师教学经验丰富但工程经验少、编写教材时不免理论内容过多的问题，又解决了工程人员实战经验多却无法全面清晰阐述内容的问题，教材贴合实际又易于学习，实用性好。

（3）前瞻性。任务案例来自工程一线，案例新、实践性强。本套书结合工程一线真实案例编写了大量实训任务和工程案例演练环节，让学生掌握实际工作中所需要用到的各种技能，边做边学，在学校完成实践学习，提前具备职业人才技能素养。

本套书如有不足之处，请各位专家、老师和广大读者不吝指正。以新工科的要求进行技能人才培养需要更加广泛深入的探索，希望通过本套书的不断完善，与各界同仁一道携手并进，为教育事业共尽绵薄之力。

2019年8月

前　言

本书是中兴教育管理有限公司面向新工科应用型本科学生及通信专业初学者所开发的系列教材之一。本书以培养学生的应用能力为主要目标，强调理论与实践相结合。通过校企双方优势资源的共同投入和促进，建立以产业需求为导向、以实践能力培养为重点、以产学结合为途径的专业培养模式，使学生既获得实际工作体验，又夯实基础知识，掌握实际技能，提升综合素养。本书注重实际应用，立足于高等教育应用型本科的人才培养目标，结合中兴教育管理有限公司培养应用型技术技能专业人才的核心目标，在内容编排上，将教材知识点项目化、模块化，用任务驱动的方式安排章节，力求循序渐进、举一反三，突出实践性和工程性，使抽象的理论具体化、形象化，使之真正贴合实际、面向工程应用。

本书主要具有以下特点：

①系统性。以项目为基础，以模块为划分，以任务实战的方式安排章节，架构清晰，组织结构新颖，先让学生掌握课程整体知识内容的骨架，然后在不同项目中穿插实战任务，学习目标明确，实战经验丰富，对学生培养效果好。

②实用性。本书由具有丰富教学经验和多年工程实践经验的企业培训师编写，既解决了高校教师教学经验丰富但工程经验少、编写教材时不免理论内容过多的问题，又解决了工程人员实战经验多却无法全面清晰阐述内容的问题，教材贴合实际且易于学习，实用性好。

③前瞻性。实践案例来自工程一线，案例新颖，实践性强。本书结合工程一线真实案例编写了大量实训任务和工程案例演练环节，让学生掌握实际工作中所需的各种技能，边做边学，在学校完成实践学习，提前具备职业技能素养。

本书既注重培养学生分析问题的能力，又注意培养学生思考、解决问题的能力，使学生真正做到学以致用。在本书的编写过程中，编者吸收了相关教材及论著的研究成果，同时，得到了中兴教育管理有限公司领导的关心和支持，更得到了广大同事的无私帮助及家人的支持，在此向他们表示诚挚的谢意与感激。

限于编者水平，书中难免有不妥或疏漏之处，敬请广大读者批评指正。

编　者

2020 年 12 月

目　录

基础篇　分组传送网络基础

项目一　分组传送技术理论基础 …… 5

任务一　认识分组传送网 …… 5
任务二　了解 MPLS 技术 …… 19
任务三　掌握标签分发协议 …… 31
任务四　学习 MPLS L2VPN 技术 …… 44
任务五　了解 MPLS L3VPN 技术 …… 60
任务六　了解 QoS 技术 …… 69
任务七　学习 OAM 技术 …… 80
任务八　分析同步技术 …… 88

项目二　网络生存性技术 …… 101

任务一　学习网络边缘侧保护 …… 101
任务二　掌握线性保护 …… 112
任务三　掌握环网保护 …… 115
任务四　了解伪线双归保护 …… 119
任务五　熟识快速重路由技术 …… 126

实践篇　分组传送网络工程

项目三　分组传送网络工程建设基础操作 …… 133

任务一　了解 XCTN 6150 的本局调试 …… 133
任务二　学习 ZXCTN 6150 的对接调试 …… 141
任务三　掌握设备基础数据配置 …… 145
任务四　掌握 VPN 基础数据配置 …… 151
任务五　学习 L2VPN 业务配置 …… 164
任务六　学习 L3VPN 业务配置 …… 171
任务七　掌握 LAG 保护 …… 178

任务八　了解 IP FRR …… 182
任务九　分析 VPN FRR …… 190
任务十　了解 DNI-PW …… 193

拓展篇　分组传送网实例

项目四　分组传送网案例分析 …… 209
任务一　L2VPN + L3VPN 承载解决方案分析 …… 209
任务二　MPLS-TP OAM 的层次性结构分析 …… 214
任务三　学习 LTE 移动回传网业务生存性综合解决方案 …… 218
项目五　分组传送网故障案例 …… 222
任务一　学习性能维护与故障处理 …… 222
任务二　掌握典型故障案例 …… 228
附录　缩略语 …… 242
参考文献 …… 244

基础篇

分组传送网络基础

1. 中国联通的 PTN 应用

2011 年 5 月 17 日，中国联通在 56 个城市启动 HSPA + 商业业务，并完成了 7 个重点城市的首批 PTN 承载 HSPA + 业务试商用网络部署。此次项目，标志着 PTN 解决方案在后 3G 和 4G 时代的又一次规模应用。

中兴通讯独家承建 7 个城市的承载网，为其提供 ZXCTN 系列 PTN 设备。中兴承载网副总经理韩凌透露，项目按照核心层、汇聚层、边缘层端到端的方式进行建设，工程启动 45 天左右的时间，就完成了 7 个城市 400 多个站点的 HSPA + 业务加载，至今高效运转，无一故障。为更好地发展 3G 和宽带等业务，中国联通自 2009 年起深入研究分组传送技术。

中兴通讯针对 PTN 和 IPRAN 两大技术路线，先后进行了实验室测试和试验网外场测试，特别是验证各自的成熟度和商用进展。韩凌认为，联通首批分组传送外场测试商用之所以选择 PTN，是出于以下方面考虑。

①PTN 具备六大优势，商用能力强，部署快。国内几大 PTN 厂家形成了年产 20 多万套设备的供货能力，并在中国移动承载 2G/3G/大客户业务的大规模商用，商用能力强，可以满足 HSPA + 快速部署的需求。

②PTN 在总体成本上占有优势。由于 PTN 商业进程快，PTN 设备采购成本具有优势，而且对联通现有组织架构及运维体系冲击小，运维管理平滑，不需要对现有运维组织架构进行调整。综合考虑设备成本和运维成本具有很大优势。

③PTN 有利于保护现网投资。PTN 具备和现网 SDH 互联互通能力，能实现网络的平滑演进，极大地保护现网投资，从而降低投资成本。

④PTN 的综合承载能力已经得到检验。中国联通组织的各厂家 PTN 实验室测试、外场测试已经验证了 PTN 的综合承载能力。在中兴通讯承担的大连外场测试中，PTN 高效承载了 2G/3G/LTE/IPTV/NGN/固网宽带等业务。

⑤PTN 网管与维护能力强。PTN 具有完善的网络管理及保护机制，可靠性高，可维护性强，确保网络的质量与安全，符合无线网络及大客户网络的高服务质量要求。

⑥PTN 的产业链成熟。PTN 关键标准基本已经确定，2011 年 2 月，ITU-T SG15 闭幕全会上，国家成员投票通过 PTN 的 OAM 标准，即 G. 8113. 1(G. tp oam. 1)。PTN 国际标准已经明朗化。我国在 PTN 的标准研究和网络应用方面已走在国际前列。国内技术标准、各类测试规范、工程验收规范也比较成熟。工信部有清晰的 PTN 入网流程，国家行标《PTN 总体技术要求》已达送审报批状态，并在其中明确了面向 LTE 的 PTN 承载方案。

2. 中国电信 PTN 和 IPRAN 的应用

中国电信正在进行 PTN 和 IPRAN 的外场试点，以及新一轮的 PTN 和 IPRAN 实验室测试。中国电信集团科技委主任韦乐平在 2011 年 5 月 20 日召开的 2011 宽带通信及物联网高层论坛上表达了个人看法，他说，传统 MSTP 现已不适合网络流量快速增长的趋势，因此选择 PTN、IPRAN 等新型分组化回传技术是必然趋势。他说："个人认为 PTN 与 MSTP 相比性价比很高，前后向兼容性能较好，选择 PTN 将会避免二次改造。" 韦乐平指出，PTN 相对部署简单，性价比高，同时与现有维护体系兼容，而 IPRAN 功能强大，其网络较为复杂，成本较高。

3. 中国移动确定 PTN 承载

中国移动对于 PTN 的部署已经进入按部就班的阶段。早在 2009 年，中国移动就已第一个大举投资 PTN。据韩凌介绍，中国移动经过两年的 PTN 网络建设，除西藏等少数地市以外的全国地市已经建设了 PTN 网络，约 20 万套设备，承载了 TD 业务、2G 业务，以及大客户业务，在部分移动地市公司，固网宽带/IPTV 业务发展较快，也承载 PON 网络上行业务。中国移动在 PTN 的建设方面，已经形成规模，不可能再考虑其他承载方式，将积极推动其长远健康发展。

中国移动已经开始研究 PTN 承载 TD-LTE 技术。中国移动组织在 6 个城市进行了 LTE 的承载测试，其中在深圳进行全程 PTN 测试，在广州进行 PTN + CE 测试，测试内容包换单厂家测试、大业务量测试、长期稳定性测试、多厂家互通测试等。

深圳全程 PTN 测试结果优异，体现出很多 PTN 的优势：端到端的 50 ms 保护能力、大业务量压力下的稳定承载、紧凑型的 10GE 接入设备、良好的异厂家互通能力、易操作的网管、方便快捷的故障定位能力等，这是对 PTN 承载 LTE 能力的进一步验证，也是全程 PTN 承载 LTE 的典型案例。

截至 2011 年 5 月 23 日，深圳 PTN 网络已经承载 LTE 基站 83 个。PTN 设备经过两年的商用验证，具备了很好的成熟度。韩凌表示，PTN 作为分组设备具有天然的 L3 能力，在 LTE 承载方面，PTN 强大的 L3 路由能力满足 LTE 的 S1/X2 需求。

2010 年 8 月，中国移动集团对 PTN 承载 LTE 业务进行了实验室测试，测试结果表明中兴、华为、烽火各主流厂家 PTN 设备都能很好地满足 LTE 承载要求。

2011 年 1 月，中国移动集团正式启动多厂家 PTN L3 VPN 互通测试，测试结果验证了 LTE 环境下跨厂家 PTN 组网的场景。

2011 年 4 月，中国移动集团受工信部委托，进行 LTE 扩大外场测试，深圳率先采用 PTN 方案承载 LTE，中兴、华为、烽火 PTN 均参与其中。经过对 PTN 承载 LTE 业务的实验室测试、外场测试、互通测试，PTN 的 L3 功能得到全面的检验。另外在时延、OAM、保护倒换、时钟传送、网络维护方面 PTN 完全满足 LTE 的需求。5 月 13 日，上海移动携手中兴通讯顺利完成 LTE 业务承载 PTN 方案的外场测试。测试结果显示：中兴通讯端到端的 PTN L3VPN 方案可以很好地满足 LTE 业务的承载需求，保护倒换、网管等实测效果优异。

4. PTN 技术最新发展方向

据韩凌介绍，PTN 已经在全球大规模商用，采用 PTN 主要是解决移动回程业务，中兴的 PTN 解决方案在很多主流运营商中得到应用，如西班牙电信、意大利电信等。

在国内，2011 年 3 月，由工信部牵头，三大运营商及业界主流厂商参与的国内 PTN 产业联盟成立筹备工作开始启动。PTN 全球支持的厂家、测试厂家、运营商众多，已经形成庞大的产业链。韩凌表示，中兴通讯在分组传送领域厚积薄发，开发出的新一代 ZXCTN 系列产品，提供 PTN 方案及 IP RAN 方案，可以灵活适应复杂多样的应用场景，目前已经获得了优异的市场业绩。同时，在运营商和厂商的共同推动下，PTN 将提供更便捷的网管（自动割接工具、网络评估和性能统计工具等），进一步提高网络易用性；向着更高带宽、更高交换容量、更强功能（融合 OTN 功能等）等方向演进。PTN 具备对高速下载的充分支持，具有高速、可灵活分配的带宽管理能力，在网络规划和运维方面继承了 MSTP 理念，开通快、易维护，能够降低运营商的全网运营支出。

学习目标

①了解分组传送技术的产生背景，基本概念、结构、技术现状与发展趋势。
②掌握 MPLS 技术、MPLS VPN 技术。
③掌握 QoS 技术、OAM 技术、同步技术。
④掌握分组传送网的网络生存性技术。
⑤具备分组传送技术基础故障判断及处理能力。

知识体系

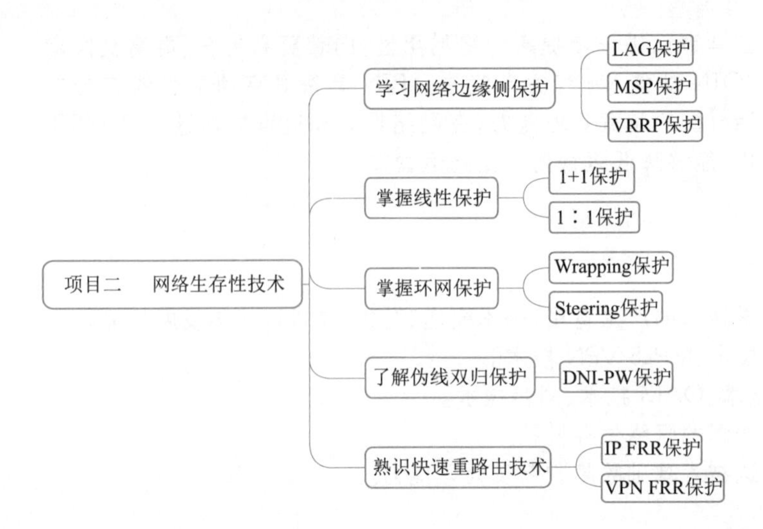

项目二　网络生存性技术
学习网络边缘侧保护
LAG保护
MSP保护
VRRP保护
掌握线性保护
1+1保护
1：1保护
掌握环网保护
Wrapping保护
Steering保护
了解伪线双归保护
DNI-PW保护
熟识快速重路由技术
IP FRR保护
VPN FRR保护

项目一 分组传送技术理论基础

任务一 认识分组传送网

任务描述

移动网络发展是大势所趋，用来承载移动网络信号传送的分组传送技术成为城域网传送网的主流技术。目前使用分组传送技术的设备主要分为两大类：PTN和IPRAN。本任务主要介绍分组传送网的产生背景，分组传送网的拓扑结构，分组传送设备的逻辑结构及分组传送网的发展趋势，为后续的技术详解奠定基础。

任务目标

- 识记：分组传送网的技术产生背景。
- 领会：分组传送网的概念及特点。
- 应用：分组传送网的结构及发展趋势。

任务实施

一、技术产生背景

1. 移动网络向IP化演进带来的带宽需求

当前，人们已不满足于坐在办公室或家里享受有线宽带网络，而是想随时随地使用互联网提供的信息服务（即移动互联网服务）；同时，手机开始从掌上移动电话向掌上移动电脑演进，移动运营商的业务逐渐由传统语音业务为主转向数据业务为主，数据流量经营成为运营商新的业绩增长点和未来的主营收入，这给运营商带来了无限商机，同时对移动网络提出了更高要求。

随着语音、视频、数据业务在IP层面的不断融合，各种业务都向IP化发展，各类新型的业务也都是建立在IP基础上的，业务的IP化和传送的分组化已成为目前网络演进的主线。从VoIP（Voice over Internet Protocol，网络电话）、NGN（Next Generation Network，下一代网络）、IPTV

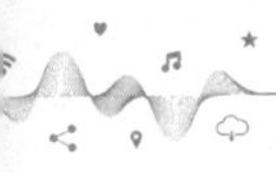

(Internet Protocol Television,交互式网络电视)的迅速崛起,就可明白"ALL IP,Everything over IP"已成为一种技术的流行趋势。

2013年12月,工信部向中国移动、中国联通和中国电信三大运营商正式发放了4G牌照,意味着4G时代的到来。

在4G时代,LTE包括FDD(Frequency Division Duplexing,频分双工)和TDD(Time Division Duplexing,时分双工)两种制式。TD-LTE(时分多址的LTE)是我国主导的,也是TD-SCDMA的升级,其上行理论速率为50 Mbit/s,下行理论速率为100 Mbit/s。国外大部分运营商采用FDD-LTE(频分多址的LTE)网络提供4G服务。中国联通现有的WCDMA网络,只需简单升级即可平滑演进至FDD-LTE。FDD-LTE上行理论速率为40 Mbit/s,下行理论速为150 Mbit/s。

在工信部发放TD-LTE牌照时,FDD-LTE牌照暂未发放,在这种格局下,中国移动只需升级基于TD-SCDMA的3G网络,中国联通和中国电信则需要新建4G网络或租用中国移动的4G网络,但这并不意味着三大运营商只经营TD-LTE,中国电信和中国联通都已表示,将采用TD-LTE/FDD-LTE融合组网方式,意味着他们后续还将获得FDD-LTE牌照。

移动互联网的带宽将呈现爆炸式增长,移动网络的带宽瓶颈已经从手机与基站的空中接口之间,转移到基站与基站控制器之间,而这一段网络,就是移动网络架构中所谓的RAN(Radio Access Network,无线接入网络),也称移动回传网。简单说,在2G时代就是BTS(Base Transceiver Station,基站)到BSC(Base Station Controller,基站控制器)之间的网络;在3G时代指Node B(节点B,也就是基站)到RNC(Radio Network Controller,无线接入控制器)之间的网络;在现阶段是指eNodeB(EvolvedNodeB,演进型Node B,即基站)至EPC(Evolved Packet Core,核心网)之间及基站与基站之间的网络。

2. 3G网络向LTE演进的分组化传输需求

LTE充分考虑了当前及未来移动互联网的需求,突出了网络的高效率、高带宽、低延时、高可靠性等要求。具体来说,就是通过将基站与核心网之间的S1接口和基站与基站之间的X2接口全IP化,进行分组化的传送,以及将原RNC的控制功能分布给MME(Mobility Management Entity,移动性管理实体)和eNodeB(基站)实现网络的扁平化(见图1-1-1),降低网络时延实现上述要求,这就给其RAN传送技术提出了几点明确的需求。

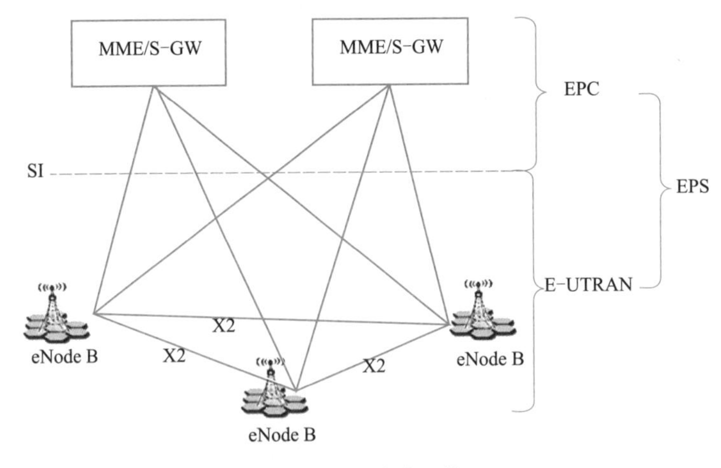

图1-1-1　移动回传

(1)多业务承载支持2G、3G、LTE长期共存

运营商从保护原有投资和节省建设成本的角度考虑,2G、3G、LTE业务会长期共存,基站

90%以上是公共站址，传送网必须具备多业务的传送能力（即TDM业务和IP业务的承载能力），甚至具备将来固网和移网融合后大客户专线的承载能力（如ATM业务和VPN业务）。

（2）提供更大、更高效的带宽

毋庸置疑，基站至少要求吉比特上联才有可能满足业务流量的不断增长，现在部署的承载网应具备将来和OTN对接的能力。

全分布式基于接口的IP技术，就是LTE的S1接口（基站与核心网之间互联）有Flex（灵活）的要求（简称S1-Flex）。简单说，就是一个基站（eNode）可以和核心侧的多个MME、SGW（Serving GW，服务网关）相连，实现容灾备份和流量分担功能。这就需要传送网具备L3层的智能路由发现能力和IP转发能力。另外，为改善用户感知，基站（eNodeB）之间的X2接口在用于移动用户切换时，可以在相邻基站间直接进行分组转发，提高网络效率，降低丢包率，提升用户感知。

（3）LTE要求严格的网络同步

网络同步即时钟同步和时间同步，例如LTE-TDD时钟频率误差低于0.05×10^{-6}时间同步要求$\pm1.25\mu s$。

（4）LTE要求高质量的业务保证

具备完善可靠的端到端QoS能力，以及能够实现电信级的业务保护功能（≤50 ms）。

（5）LTE的传送网要易于维护

有丰富的OAM能力，可视化的网管保证，便于业务开通、日常监控和处理故障，未来LTE基站要求插花式部署，因此设备和业务的快速部署非常重要。

3. 目前RAN传送技术现状

在3G建设初期，为保证建设速度、降低建设成本、最大限度保护原有投资，很多运营商使用了MSTP、PON（无源光网络）、RPR（弹性分组环）等技术组网，面对已经开出菜单的4G/LTE的传送技术要求，很显然需要更能适合将来发展需要的技术方案，业界提出了几种取代传统MSTP的承载方式来实现IPRAN，其中包括国内提出并由移动主导的PTN（Packet Transport Network，分组传送网）方式和以思科（Cisco）等路由器厂商为主提出的IPRAN方式。

二、基本概念与特点

1. PTN简介

PTN（Package Transport Network，分组传送网）是一种以分组为传送单位，承载电信级以太网业务为主，兼容TDM、ATM和FC等业务的综合传送技术。PTN是在IP业务和底层光传输媒质之间设置了一个层面，它针对分组业务流量的突发性和统计复用传送的要求而设计，以分组业务为核心并支持多业务提供，具有更低的总体使用成本（TCO），同时秉承光传输的传统优势，包括高可用性和可靠性、高效的带宽管理机制和流量工程、便捷的OAM和网管、可扩展、较高的安全性等。PTN的出现是光传送网技术发展在通信业务提供商现实网络和业务环境下的必然结果。最初设想的理想光传送网IP over WDM方案是IP分组通过简单的封装适配直接架构在智能的光层之上，适配层功能尽量简化，从而限制在接口信号格式的范围内，然后由统一的控制平面在所有层面上（分组、电路、波长、波带、光纤等）实现最高效率的光纤带宽资源调度。

PTN支持多种基于分组交换业务的双向点对点连接通道，具有适合各种粗细颗粒业务、端到端的组网能力，提供了更加适合于IP业务特性的“柔性”传输管道；点对点连接通道的保护切换可以在 50 ms 内完成,可以实现传输级别的业务保护和恢复;继承了 SDH 技术的操作、管理和维护机制,具有点对点连接的完整 OAM,保证网络具备保护切换、错误检测和通道监控能力;完成了与 IP/MPLS 多种方式的互联互通,无缝承载核心 IP 业务;网管系统可以控制连接信道的建立和设置,实现了业务 QoS 的区分和保证,灵活提供 SLA 等优点。

PTN 技术是 IP/MPLS、以太网和传送网 3 种技术相结合的产物。它保留了这 3 类产品中的优势技术:

①PTN 顺应了网络的 IP 化、智能化、宽带化、扁平化的发展趋势:以分组业务为核心,增加独立的控制平面,以提高传送效率的方式拓展有效带宽,支持统一的多业务提供。

②PTN 保持了适应数据业务的特性:分组交换、统计复用、采用面向连接的标签交换、分组 QoS 机制、灵活动态的控制平面等。

③PTN 继承了 SDH 传送网的传统优势:丰富的操作管理和维护(OAM)、良好的同步性能、完善的保护倒换和恢复、强大的网络管理等。

分组传送网结合了以上技术特点,它的具体技术特征和实现方法归纳如下:

(1)面向连接、统计复用

分组传送网的数据转发是基于传送标签进行的,其由标签标识端到端的路径,通过分组交换支持分组业务的统计复用。在分组传送网中,在传送分组数据之前,在网络设备之间先要建立端到端可靠的连接,然后在连接的支持下进行分组传送,操作完成后必须释放连接。面向连接的操作为两个节点提供的是可靠的信息传输服务。在分组传送网中,由于采用面向连接,各分组数据不需要携带目的地址,分组数据传输的收发数据顺序不变。

(2)可扩展性

分组传送网通过分层和分域来提供可扩展性,通过分层提供不同层次信号的灵活交换和传送,同时其可以架构在不同的传送技术上,比如 SDH\\OTN 或者以太网上。分层模型不仅使分组传送网成为独立于业务和应用的、灵活可靠的、低成本的传送平台,可以适应各式各样的业务和应用需求,而且有利于传送网本身逐渐演进为盈利的业务网。

网络是复杂的,有些在地理上覆盖很大的范围,有些同时包含几个运营商的网络,所以在分层的基础上,可以将分组传送网划分为若干分离的部分,即分域。一个大的分组传送网可以由划分成多个小的分组传送网的子网构成,这些子网可能是因地理位置划分,也能是因所属运营商来划分。

(3)电信级的 QoS

分组传送网必须对分组业务提供 QoS 机制,PTN 的信道层提供端到端业务的 QoS 机制,PTN 通道层提供 PTN 网络中信道汇聚业务的 QoS 机制。QoS 是 T-MPLS 技术中的一个综合指标,用于衡量用户对使用服务的满意程度,也是网络的一种安全机制,用来解决网络延迟和拥塞等问题,主要参数有传输时延、延迟抖动、带宽和丢包率等。T-MPLS 技术中端到端 QoS 的管理控制策略部分是基于流的,而 ATM 技术中此部分是基于信元的。

(4)OAM

PTN 网络的 PTC、PTP 和 PTS 层都提供信号的操作维护功能,在相应的层加上 OAM 帧进行操作维护。PTN 定义特殊的 OAM 帧来完成 OAM 功能,这些功能包括故障相关的 OAM 功能、性能相关的 OAM 功能和其他 OAM 功能(如保护倒换、同步信息传递、管理数据传递等)。

(5)可生存性

分组传送网的可生存技术包括保护倒换和恢复机制。保护倒换是一种完全分配的生存性机制。完全分配对于选定的工作实体预留了保护实体的路由和带宽，它提供一种快速而且简单的生存性机制。分组传送网可以利用传送平面的 OAM 机制，不需要控制平面对参与提供小于 50 ms的保护，主要包括支持单向/双向/返回/非返回等线性保护倒换和支持 Steering 和 Wrapping 机制的环网保护。恢复机制是指在控制平面对参与下，使用网络的空闲容量重新选择新选路来替代出现故障的连接，它有两种实现方式：动态重路由和预置重路由。

(6)支持 TDM 业务和 ATM 业务

分组传送网利用 CES 技术支持 TDM 业务仿真。CES 的基本思想是在分组交换网络上搭建一个“通道”，在其中实现 TDM 电路(如 E1 或 T1)，从而使网络任一端的 TDM 设备不必关心其所连接的网络是否是一个 TDM 网络。分组交换网络被用来仿真 TDM 电路的行为，所以称为“电路仿真”。电路仿真要求在分组交换网络的两端都要有交互连接功能。在分组交换网络入口处，将 TDM 数据转换成一系列分组，而在分组网络出口处则利用这一系列分组再重新生成 TDM 电路。

(7)支持分组的时钟同步和时间同步

在过去的通信网中，基于 TDM 交换的语音业务对同步的要求是必需的，在 3G/4G 网络中，新的业务和新的应用会对网络的同步性能提出更高的要求，因此 PTN 网络需要能够提供网络的同步功能。

(8)动态控制平面

分组传送网的控制平面由提供路由和信令等特定功能的一组控制组件组成，并由一个信令网络支撑。控制平面的主要功能包括：通过信令支持建立、拆除和恢复功能；自动发现邻接关系和链路信息，发布链路状态(如可用容量以及故障等)信息以支持连接建立、拆除和恢复。

2. IPRAN 简介

IPRAN(IP Radio Access Network)意指用 IP 技术实现无线接入网的数据回传，简单地说就是满足目前及将来 RAN 传送需求的技术解决方案。它并不是一项全新的技术，而是在已有 IP/MPLS 等技术的基础上，进行优化组合形成的，而且不同的应用场景会出现不同的组合。

IPRAN 的技术特点可归结如下：

(1)端到端的 IP 化

端到端的 IP 化使得网络复杂度大大降低，简化了网络配置，能极大缩短基站开通、割接和调整的工作量。另外，端到端 IP 减少了网络中协议转换的次数，简化了封装解封装的过程，使得链路更加透明可控，实现了网元到网元的对等协作、全程全网的 OAM 管理，以及层次化的端到端 QoS。IP 化的网络还有助于提高网络的智能化，便于部署各类策略，发展智能管道。

(2)更高效的网络资源利用率

面向连接的 SDH 或 MSTP 提供的是刚性管道，容易导致网络利用率低下。而基于 IP/MPLS 的 IPRAN 不再面向连接，而是采取动态寻址方式，实现承载网络内自动的路由优化，大大简化了后期网络维护和网络优化的工作量。与刚性管道相比，分组交换和统计复用能大大提高网络利用率。

(3)多业务融合承载

IPRAN 采用动态三层组网方式，可以更充分满足综合业务的承载需求，实现多业务承载时的资源统一协调和控制层面统一管理，提升运营商的综合运营能力。

(4)成熟的标准和良好的互操作性

IPRAN 技术标准主要基于 Internet 工程任务组(IETF)的 MPLS 工作组发布的 RFC 文档，已

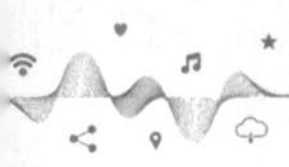

经形成成熟的标准文档。IPRAN 设备形态基于成熟的路由交换网络技术，大多是在传统路由器或交换机基础上改进而成，因此有着良好的互操作性。

结合以上技术特点，IRRAN 的具体技术特征和实现方法归纳如下：

①多业务承载：当下运营商网络承载的业务包括互联网宽带业务、大客户专线业务、固话 NGN 业务和移动 2G/3G 业务等，既有二层业务，又有三层业务。尤其是当移动网演进到 LTE 后，S1 和 X2 接口的引入对于底层承载提出了三层交换的需求。由于业务类型丰富多样，各业务的承载网独立发展，造成承载方式多样、组网复杂低效、优化难度大等问题。新兴的承载网需要朝着多业务承载的方向发展。

②超高带宽：随着业务日趋宽带化，固网宽带提速后家庭接入可达 20 Mbit/s，并在向 100 Mbit/s迈进；移动 LTE 部署后用户带宽可达 300 Mbit/s。因此移动回传与城域承载网必须有足够强的带宽扩展能力。

③服务质量（QoS）：保障能力带宽的提升和业务类型的多样化对网络 QoS 保障能力提出了更高的要求。移动回传网同时承载移动 PS 域和 CS 域的业务，CS 域业务通常需要更高的 QoS 保证。此外，承载网还承载大客户专线等高价值业务，网络必须具备完备的 QoS 能力。

④高可靠性：为保证网络质量，承载网需要具备端到端的操作、管理和维护（OAM）故障检测机制，可以从业务层面和隧道层面对业务质量和网络质量进行管控。此外，网络还需要电信级的保护倒换能力，确保语音、视频等高实时性业务的服务质量。

3. PTN 方案与 IPRAN 方案技术比较

PTN 方案与 IPRAN 方案的根本区别在于对网络承载和传输的理解有所不同。PTN 侧重二层业务，整个网络构成若干庞大的综合的二层数据传输信道，这个信道对于用户来讲是透明的，升级后支持完整的三层功能，技术方案重在网络的安全可靠性、可管可控性及更好的面向未来 LTE 承载等方面；而 IPRAN 则侧重于三层路由功能，整个网络是一个由路由器和交换机构成的基于 IP 报文的三层转发体系，对于用户来讲，路由器具有很好的开放性，业务调度也非常灵活，但是在安全性和管控性方面则显得有些不足。

表 1-1-1 就两者在功能方面的区别进行了详细的列举和分析。

表 1-1-1　PTN 与 IPRAN 方案技术比较

功能		PTN 方案	IPRAN 方案
接口功能	ETH	支持	支持
	POS	支持	支持
	ATM	支持	支持
	TDM	支持	支持
三层转发及路由功能	转发机制	核心汇聚节点通过升级可支持完整的 L3 功能	支持 L3 全部功能
	协议	核心汇聚节点通过升级可支持全部三层协议	支持全部三层协议
	路由	核心汇聚节点全面支持	支持
	IPv6	核心汇聚节点全面支持	支持
QoS		支持	支持

续表

功能		PTN 方案	IPRAN 方案
OAM		采用层次化的 MPLS-TP OAM,实现类似于 SDH 的 OAM 管理功能	采用 IP/MPLS OAM,主要通过 BFD 技术作为故障检测和保护倒换的触发机制
网络管理功能	图形界面	界面友好,配置便捷	界面友好,配置便捷
	协议	TCP/IP	SNMP
保护恢复	保护恢复方式	支持环网保护、链路保护、线性保护、链路聚合等类 SDH 的各种保护方式	支持 FRR 保护、VRRP、链路聚合
	倒换时间	50 ms 电信级保护	电信集团要求在 300 ms 以内
同步	频率同步	支持	支持
	时间同步	支持,且经过现网规模验证	支持,有待现网规模验证
网络部署	规划建设	支持规模组网,规划简单	支持规模组网,规划略复杂
	业务组织	端到端 L2 业务,子网部署,在核心层启用三层功能	接入层采用 MPLS_TP 伪线承载,核心\汇聚层采用 MPLS L3VPN 承载
	运行维护	类 SDH 运维体验,跨度小,维护较简单	海量接入层可实现类 SDH 运维,逐步向路由器运维过渡,减轻运维人员技术转型压力

根据表 1-1-1,可以得到以下信息。

(1)接口方面

PTN 与路由器设备在接口的支持上都非常丰富,包括以太网、POS、ATM 和 SDH,两者并无本质区别。

(2)三层功能

为了满足 L3VPN 的需求,PTN 核心设备已可以通过升级支持完善的三层功能,包括 IP 报文处理、IP 寻址、路由协议等,从而有效增强了网络的业务调度和处理能力,配合下层 L2 封闭传送通道,可以很好地对 L3 业务进行承载。IPRAN 支持所有三层功能,网络从上至下均支持 IP 报文内部的处理,这是 IPRAN 的处理优势。但相比于 PTN 而言,其处理机制显得更加复杂。目前电信本地网承载的所有业务均只需基于二层转发即可满足需求,未来 LTE 发展也只是网络带宽和架构的变革,基站多归属也仅通过核心层 L3VPN 功能即可满足,因此三层功能到边缘网络的需求其实不是必需的。

(3)QoS 功能

PTN 具有 MPLS 同级的层次化、精细化的 QoS 调制,在此方面,两者并无本质区别。

(4)OAM 机制

PTN 可支持与 SDH 同级别的层次化 OAM 机制,包括网络层、业务层和接入链路层的 OAM,精细控制网络的监控和检测,实现快速的故障判断和恢复,增强网络的可预知性和可控性。IPRAN 实现 OAM 主要有两种方式:一种是沿用普通路由器的三层协议实现 OAM 效果,即通过软件实现,但这种方式的处理机制复杂得多,实现网络端到端的 OAM 控制也很困难;另一种是效仿 PTN,基于标签转发机制,二层发送 OAM 报文。

(5)网络保护机制

PTN 支持与 SDH 类似的保护机制,包括 PW 层、LSP 层、段层、物理层、SNC 等多重保护,而 IPRAN 重点依靠 STP、FRR、VRRP 等基于三层动态协议的保护技术。尤其当网络拓扑较为复杂时,IPRAN 的保护倒换收敛时间很难控制在 100 ms 以内。除此之外,在恢复式业务模式下,业务的恢复时间也很难达到电信级要求。

(6)网管操作

目前 PTN 和 IPRAN 设备均能提供强大的图形化网管操作维护界面,两者并无本质区别。

(7)网络部署

PTN 全面继承了 SDH 强大的组网能力,网络部署简单;规划建设简便、业务组织由网管一键完成、运维简单。由于 IPRAN 采用了基于 IP 的控制平面技术,因此在规划建设方面需要综合考虑业务 IP、端口互联 IP、设备 Loopback IP 等,规划复杂;L3 业务由协议动态分配,后期网络调整简单;三层技术对运维人员的技能、习惯的转变等将对运维带来不小的冲击。

三、移动回传网的结构

1. 移动回传网

移动核心网到基站间信息的传输过程称为移动回传(Mobile Backhaul)。它在移动网络中扮演着重要的角色,通过多种物理媒介在基站(eNode B)和控制端(MME/SGE/PGW)之间建立一个安全可靠的电路传输手段。

移动回传网(Mobile Backhaul Transport Network)指移动网络 RAN 层的传送网络,目前主流承载 RAN 层的传送网络主要是采用的 PTN 与 IPRAN 技术,如图 1-1-2 所示。

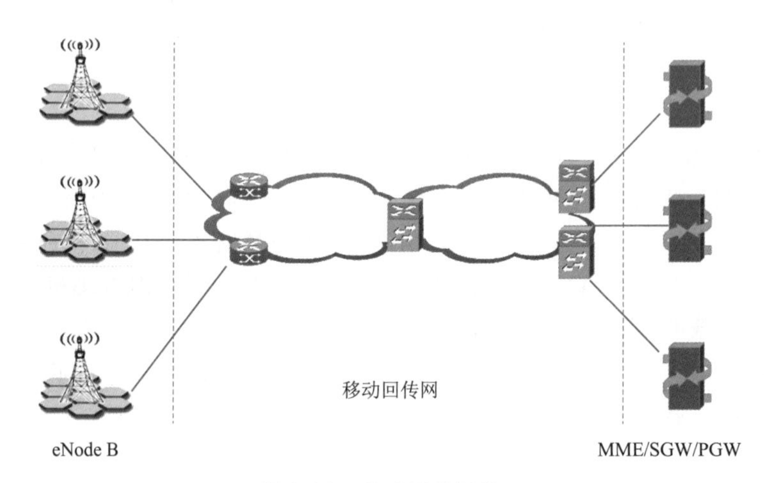

图 1-1-2　移动回传网络

2. 分组传送网

分组传送网是一个将复接、线传输及交换功能集为一体的,并由统一管理系统操作的综合信息传送网络。可实现诸如网络的有效管理,开业务时的性能监视、动态网络维护、不同供应厂商设备的互通等多项功能,它大大提高了网络资源利用率,并显著降低了管理和维护费用,实现了灵活可靠和高效的网络运行与维护,因而在现代信息传输网络中占据重要地位。

分组传送网的主要拓扑结构如图 1-1-3 所示。

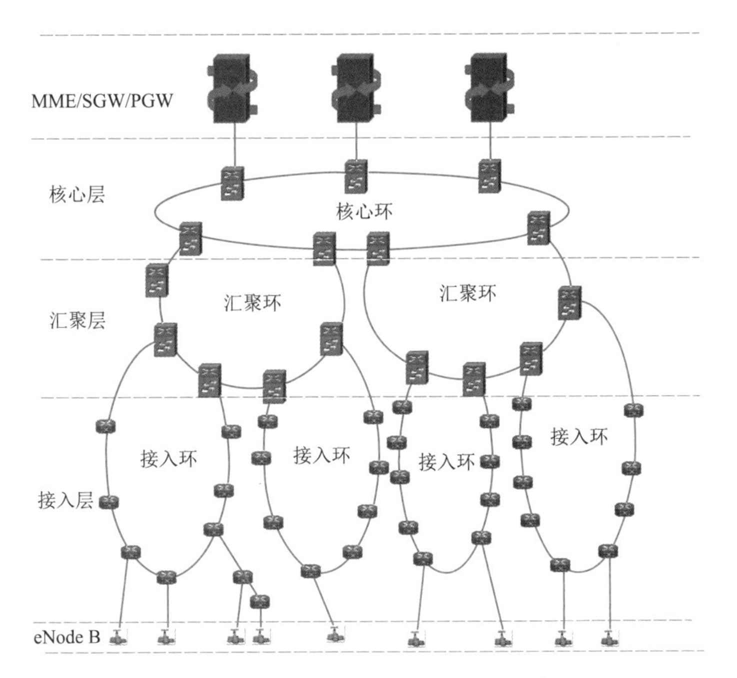

图 1-1-3 分组传送网的主要拓扑结构

分组传送网主要分为三个层次,分别为核心层、汇聚层与接入层。

(1)核心层

核心层是一个高速的交换式主干。其设计目标是使得交换分组所耗费的时间延时最小。核心层的主要功能是使各个汇聚层设备之间提供高速的连接。

(2)汇聚层

汇聚层是核心层和接入层之间的分界点。它能帮助定义和区分核心层。汇聚层的功能是对网络的边界进行定义,汇聚层负责处理路由选择域之间的信息重分配,并且通常是静态和动态路由选择协议之间的分界点。数据包的处理、过滤、路由总结、路由过滤、路由重新分配、VLAN 间路由选择、策略路由和安全策略是汇聚层的一些主要功能。

(3)接入层

接入层是本地终端用户被许可接入网络的点。

3. 网元

网元是网络设备的逻辑统称。网元由一个或多个机盘或机框组成,能够独立完成一定的传输功能。网元是组成网络的主要结构之一。

网元是一个网络系统中的某个网络单元,该单元能独立完成一种或几种功能。

分组传送网元的逻辑结构如图 1-1-4 所示。

(1)信元交换单元

信元交换单元实现分组交换功能,完成各业务处理单元之间的数据转发。

(2)多业务接口单元

多业务接口单元为系统提供多种低速业务接口,如 E1、FE、Ch. STM-1/4、CEP STM-1/4。

(3)PW 交换代理单元

PW 交换代理单元将多业务接口单元过来的低速信号进行汇聚处理之后,再送入信元交换单元，从而节省系统的交换带宽。

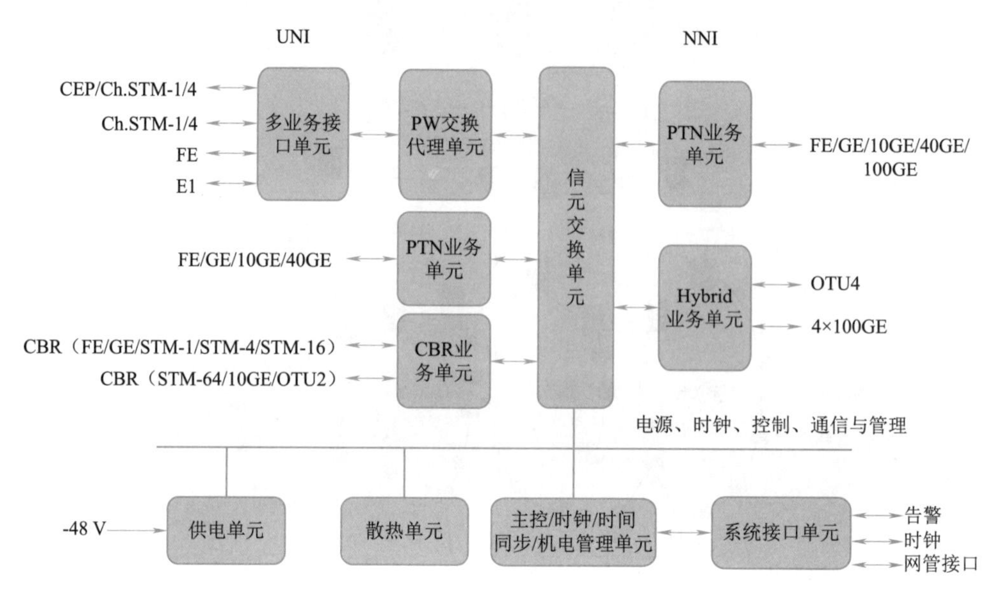

图 1-1-4　分组传送网元的逻辑结构

(4)PTN 业务单元

PTN 业务单元为系统提供各种分组传送业务接口，如 FE、GE、10GE、40GE、100GE 等，实现各种业务的分类、流控、信元切片等处理。

(5)CBR 业务单元

CBR 业务单元为系统提供各种 CBR 业务的客户侧(UNI 侧)接入功能。

(6)Hybrid 业务单元

Hybrid 业务单元为系统提供分组(Packet)和 ODU 业务的线路侧(NNI 侧)混合传输功能。

(7)主控单元

主控单元是系统的核心单元，用于完成系统管理平面、控制平面的主要功能。物理上通过系统各单元之间的以太网通信网络实现管理控制信息的传送。

(8)时钟/时间同步单元

时钟/时间同步单元为系统的各个单板提供统一的系统时钟和 1PPS 信号，并实现系统 1588 时间同步功能。

(9)机电管理单元

机电管理单元实现系统各单板基础信息的管理，包括单板电源上电控制、复位控制、单板生产信息查询、日志操作、温度查询。

(10)系统接口单元

系统接口单元对外提供系统非业务用户接口，包括系统 2M 外时钟接口(BITS)、系统 Qx 接口(网管接口)、GPS 信息接口(1PPS + ToD)、告警级联输入接口、外部告警输入接口、告警输出接口、子架告警显示接口。

(11)供电单元

供电单元为系统所有单板提供 -48 V 电源输入的分配，支持防雷击浪涌、滤波、保护、主备电源选择等功能。

(12)散热单元

散热单元为系统提供强制散热功能,由风扇、风扇告警检测和控制单元组成。风扇支持智能调速功能,根据系统温度调节风扇转速。

分组传送网元的系统软件结构包括三个平面,分别为管理平面、控制平面和数据平面。主控软件根据功能分别运行在各平面上,实现对网元和全网的管理和控制。

系统软件采用分层的设计原则,每层完成其特定的功能,并向上层提供服务,如图 1-1-5 所示。

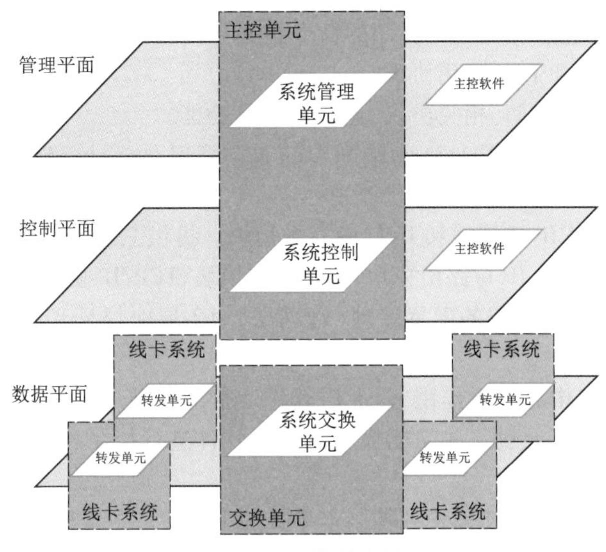

图 1-1-5　软件结构

4. 机盘的软件结构

机盘是网元的组成部分之一,不同的机盘功能也不尽相同。主要的机盘分类有主控交换盘、时钟盘、接口盘、电源盘、业务处理盘等。

(1)主控软件结构

主控软件采用集中控制、集中交换的统一架构,将主控单元、交换单元和时钟同步单元集中在主控交换时钟板上,由主控软件集中管理。

主控软件的逻辑结构如图 1-1-6 所示。其功能包括:

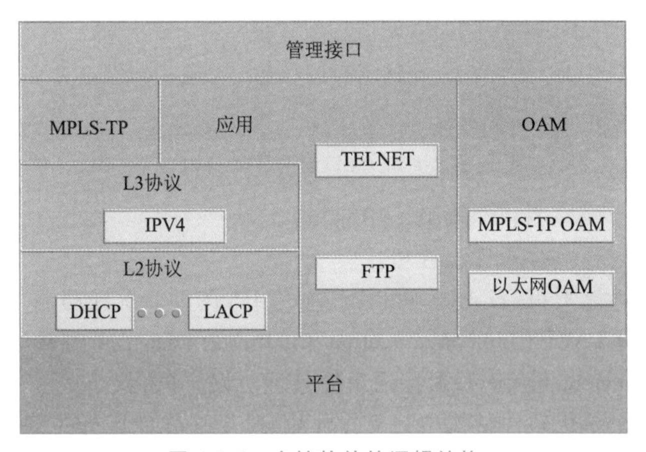

图 1-1-6　主控软件的逻辑结构

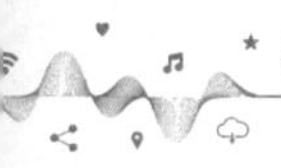

①实现监控、控制和管理网元中各单板的运行状况。

②作为网管系统或命令终端与单板之间的通信单元，实现网管系统或命令终端对网元的控制和管理。

③对主控交换时钟板的软件加载、包加载和补丁进行管理。

各组成部分的功能说明如下：

①管理接口：与网管系统或命令终端的接口配合使用。接收方向将来自不同网管系统或命令终端的命令报文，分解、转换成设备能够识别的命令报文。发送方向将网元上的各种信息通过该接口适配成不同网管系统或命令终端的命令报文。

②应用：提供 Telnet 和 FTP 应用协议。

③MPLS-TP：支持 MPLS-TP 相关协议、遂道和转发功能。

④OAM：提供基于 MPLS-TP OAM 的端到端的业务管理、故障检测和性能监视，提供基于以太网链路层和业务层的 OAM 告警和性能监视。

⑤L3 协议：包括 TCP/IP 协议栈和 IP 转发支撑模块。提供三层业务层和三层数据转发功能，实现 IPv4 业务的传送。提供 IP 单路由模块、标签协议模块、TCP/IP 协议栈和 IP 转发支撑模块。

⑥L2 协议：实现数据链路层的配置管理（管理层）、L2 层协议处理（控制层）、数据转发（数据层）功能。

⑦平台：在整个系统中起支撑作用，是上层软件运行的基础。如果将平台架构进行细化，平台是大量功能模块的集合，通过这些功能模块对上层软件进行控制和管理。

（2）接口盘的软件结构

接口盘的软件主要负责管理、监视和控制本单板的工作状态。单板软件接收主控软件发出的命令，并进行处理、应答，以及向网管上报告警和性能事件。接口盘的软件结构如图 1-1-7 所示。其功能包括：

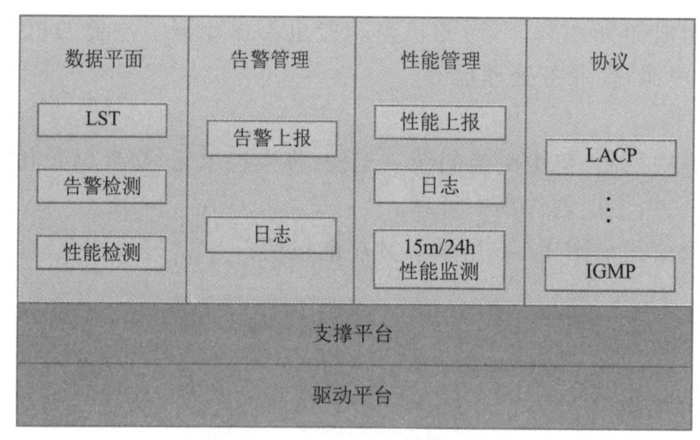

图 1-1-7　接口盘的软件结构

①数据平面完成告警检测和性能统计功能。

②告警管理完成告警上报和日志管理。

③性能管理完成性能上报、日志管理和 15 min/24 h 的性能统计功能。

④协议部分处理 LACP（Link Aggregation Control Protocol，链路聚合控制协议）、IGMP（Internet Group Management Protocol，因特网组播管理协议）等协议。

⑤支撑平台在整个单板软件结构中起支撑作用，是上层软件运行的基础。

⑥驱动平台接收并处理主控软件发出的命令，管理和监视本单板的运行状态。

四、技术现状与发展趋势

PTN 技术的发展历程是 T-MPLS 到 MPLS-TP 的历程。早在 2005 年,国际电信联盟电信标准部门(ITU-T)SG15 就开始了 T-MPLS 的标准制定工作。T-MPLS 是在 MPLS 技术的基础上,基于传送网的网络架构对 MPLS 进行了简化,去掉了与面向连接无关的技术内容和复杂的协议族,增加了传统传送网风格的 OAM 和保护方面的内容。2006 年,ITU 首次通过了关于 T-MPLS 的架构、接口、设备功能特性等 3 个标准建议,随后 OAM、保护、网络管理等方面的标准建议相继制定。到目前 IETF 已通过多个 RFC,并在继续完善转发机制、OAM、生存性、网管和控制平面等部分。

目前,IP 层与传送层的融合焦点在网络的承载性和业务的可靠性、可管理性及可扩展性,在下一代经济有效的传输技术出现之前,PTN 技术应该是融合传输技术和 IP 技术,兼容传统业务和 IP 业务。

在节点业务 IP 化和全业务启动初期,接入层出现零星的 IP 业务接入需求,PTN 设备的引入主要集中在接入层,通过在 IP 业务需求量大的点增加或替换成 PTN 设备,与既有的 SDH 设备混合组建 SDH 环,提供 E1、FE 等业务的接入。考虑到接入 IP 业务需求量不大,这时汇聚层采用 MSTP 组网方式就可以满足需求。随着节点业务 IP 化的深入和全业务的持续推进,在业务发达的局部地区将在接入层形成由 PTN 单独构建的 GE 环,此时下挂 GE 接入环的汇聚层节点可通过 MSTP 直接替换成 PTN 或者 MSTP 逐渐升级为 PTN 设备的方式,使此类节点具备 GE 环的接入能力,但整个汇聚层仍然以 MSTP 设备为主。在 IP 业务的爆发期,接入层的 PTN 设备和 GE 环数量剧增,对汇聚层的分组传输能力提出了更高要求,此时可以把下挂 GE 环和 PTN 设备占多数的接入环的汇聚层节点替换或升级成 PTN 设备,如投资允许,可把这类汇聚环建成纯 PTN 网络,使其充分发挥分组传送能力。在网络发展远期,全网实现全 IP 化后,城域汇聚层和接入层建成全 PTN 设备的分组传送网,网络的投入产出比将大大提高,管理维护进一步简化,分组传送网的技术优势也将得以最大的体现。

PTN 技术已经趋近成熟,但目前 IPRAN 还没有统一清晰的技术标准,国际标准组织中主要是 IETF 等组织针对 IP/MPLS 技术应用于移动回传提出了一些建议。与 IPRAN 相关的中国通信标准化协会主导的国内行业标准目前有两个公示稿(《支持多业务承载的 IP/MPLS 网络技术要求》《IP/MPLS 和 MPLS-TP 的互操作性技术要求》),尚无清晰的标准体系。

三大运营商分别制定了自有的企业标准。从表 1-1-2 中可以看出,中国移动坚持了 PTN 技术,整个技术要求基于 MPLS-TP 规范,但基于需求,对动态路由协议和 L3VPN 业务支持要求了后续的演进能力;中国电信采用了传统的 IP/MPLS 技术,IP 化要求比较彻底,对 MPLS-TP 未做要求,甚至对 PWE3 也未作要求;中国联通采用了折中方案,技术要求上整体偏向于 IP/MPLS 技术,但也吸取了 MPLS-TP 的一些优势,包括 OAM、低成本等。

表 1-1-2　国内移动回传网络发展现状

技术要求	运营商情况	中国电信	中国移动	中国联通
		IPRAN	PTN	IPRAN(UTN)
IGP 协议要求		汇聚设备必须同时支持 RIP V1、RIP V2、OSPF、BGP4、IS-IS 协议;接入设备必须同时支持 RIP V1、RIP V2、OSPF、IS-IS 协议	PTN 设备可具有支持控制平面路由和信令功能的演进能力。路由协议包括 IS-IS-TE 或 OSPF-TE,信令协议包括 RSVP-TE 和 LDP	应支持 OSPF 和 IS-IS 等域内路由协议

续表

技术要求	运营商情况	中国电信	中国移动	中国联通
		IPRAN	PTN	IPRAN(UTN)
BGP 协议要求		汇聚设备必须支持，接入设备不需要	不要求	应支持 BGP4 域间路由协议
MPLS-TP		无要求	PTN 设备基于 MSTP-TP 标准实现	可选支持
业务承载需求	L2VPN	必须支持	PTN 设备应支持采用 L2VPN 技术为 E-LINE、E-LAN、E-TREE 业务提供承载能力	必须支持
	L3VPN	必须支持	核心节点设备应具有未来支持 L3VPN 的后续演进能力	必须支持
	PWE3	无要求	PTN 设备应支持 PWE3 协议，在分组传送网上为以太网、TDM、ATM 等业务提供仿真隧道	必须支持
MPLS 信令要求		建议支持 LDP 和 RSVP-TE	PTN 设备可具有支持控制平面路由和信令功能的演进能力。路由协议包括 IS-IS-TE 或 OSPF-TE，信令协议包括 RSVP-TE 和 LDP	应支持通过 RSVP-TE 信令，可支持 LDP 信令
OAM		设备必须支持 MPLS OAM 及 Ethernet OAM 协议	设备在 MPLS-TP 网络层应支持三层 OAM 结构，包括 PW OAM、LSP OAM 和段层 OAM；同时支持业务 OAM 和链路 OAM，用于与用户侧设备之间的故障管理和性能监测	要求支持 MPLS OAM 及 Ethernet OAM 协议，要求支持 MPLS-TP OAM 要求
同步		设备建议支持对时钟同步和时间同步的传送。IEEE 1588V2 解决时间同步问题，同步以太网解决时钟同步问题	设备应支持 CES 时钟恢复、同步以太网和 1588V2 等基本同步功能	应能以同步以太网和外部定时方式提供频率同步并以 1588V2 的方式提供时间同步

虽然 IPRAN 的发展现状稍乱，但也反映了其走向统一的发展趋势，各标准组织在标准制定中，均以移动回传业务作为技术风向标。LTE 对三层功能的需求，促进标准向动态三层转向。各运营商虽然网络部署中存在不同，但对未来网络演进方向的认识逐渐趋同。各设备上的产品线逐步统一，基于分组的传送平台趋于统一。LTE 的规模部署和发展，将进一步促进 IPRAN 技术发展，促进标准走向统一。

任务小结

本任务学习了分组传送网技术的产生背景；由于移动网络由 3G 向 4G 的演进，分组传送网络由 PTN 演进至 IPRAN 技术；介绍了移动回传网络的整体结构及分组传送技术现状及发展趋势。

※思考与练习

一、填空题

1. 随着(　　)、(　　)、(　　)业务在IP层面的不断融合,各种业务都向IP化发展。

2. 移动回传网(Mobile Backhaul Transport Network)指移动网络RAN层的传送网络,目前主流承载RAN层的传送网络主要是采用(　　)与(　　)技术。

3. 网元是(　　)的逻辑统称,是组成网络的主要结构之一。

4. PTN设备供电单元为系统单板提供(　　)电源输入的分配。

5. 分组传送网元的系统软件结构包括三个平面,分别为(　　)、(　　)和(　　)。

二、判断题

1. (　　)网元是一个网络系统中的某个网络单元,该单元能独立完成一种或几种功能。

2. (　　)在分组传送网络中,汇聚层是核心层和接入层之间的分界点。

3. (　　)PTN技术侧重于三层路由功能,IPRAN技术侧重于二层交换功能。

4. (　　)PTN网络只支持LTE业务承载,不支持2G、3G业务承载。

5. (　　)PTN网络保护倒换时间为≤50 ms。

三、简答题

1. 当前移动通信网络对传送技术提出了哪些技术需求?

2. 简述PTN的概念。

任务二　了解MPLS技术

任务描述

多协议标签交换(MPLS)是一种用于快速数据包交换和路由的体系,它为网络数据流量提供了目标、路由地址、转发和交换等能力。更特殊的是,它具有管理各种不同形式通信流的机制。MPLS技术是目前运营商承载业务最主要的方式。本任务学习MPLS的基础,为后续任务奠定理论知识基础。

任务目标

- 识记:MPLS的基本概念。
- 领会:MPLS体系结构。
- 应用:MPLS关键技术。

任务实施

一、MPLS概述

Internet的网络规模和用户数量迅猛发展,如何进一步扩展网上运行的业务种类和提高网络的服务质量是目前人们所关心的问题。由于 IP 协议是无连接协议，Internet 中没有服务质量的概念，不能保证足够的吞吐量和符合要求的传送时延，只是尽最大的努力（Best-effort）来满足用户的需要，所以如不采取新的方法改善目前的网络环境就无法大规模发展新业务。

在现有的网络技术中，从支持 QoS 的角度来看，ATM 作为继 IP 之后迅速发展起来的一种快速分组交换技术具有得天独厚的技术优势。但是，纯 ATM 网络的实现过于复杂，导致应用价格高。另外，在网络发展的同时相应的业务开发没有跟上，导致目前 ATM 的发展举步维艰。再者，虽然 ATM 交换机作为网络的主干节点已经被广泛使用，但 ATM 信元到桌面的业务发展却十分缓慢。

由于 IP 技术和 ATM 技术在各自的发展领域中都遇到了实际困难，彼此都需要借助对方以求得进一步发展，所以这两种技术的结合有着必然性。多协议标签交换（Multi Protocol Label Switching，MPLS）技术就是为了综合利用网络核心的交换技术和网络边缘的 IP 路由技术各自的优点而产生的。

MPLS 协议特点就是使用标签交换（Label Switching），网络 CTN 设备只需要判别标签后即可进行转送处理，并且 MPLS 支持任意的网络层协议（IPv6、IPX、IP 等）及数据链路层协议（如 ATM、FR、PPP 等）。

1. IP 转发特点

路由设备通过各种路由协议收集网络中的各网段信息，构建路由表。数据包到达 CTN 设备后根据路由表中的路由信息决定转发的出口和下一跳设备的地址，数据包一旦被转发后，就不再受这台 CTN 设备的控制。数据包能否被正确转发至目的地址，取决于整条路径上所有的 CTN 设备是否都具备正确的路由信息。

传统 IP 转发的过程如图 1-2-1 所示。

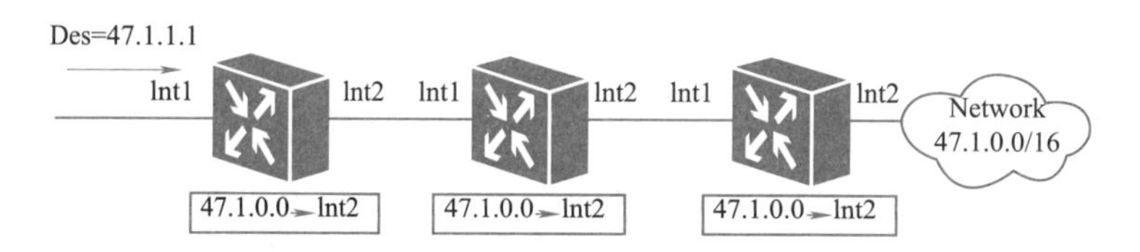

图 1-2-1　传统 IP 转发的过程

传统的 IP 转发具有以下特征：

①报文进行路由查找时采用最长匹配原则，无法实现高速转发。最长匹配就是路由查找时，使用路由表中到达同一目的地址的子网掩码最长的路由。

②IP 是无连接网络，QoS 无法得到保障。

2. ATM 的转发特点

ATM 交换机的数据转发是通过 VPI（Virtual Path Identifier，虚路径标识符）和 VCI（Virtual Channel Identifier，虚通道标识符）实现的。VPI/VCI 只在本地有效，转发 ATM 信元时不判断路由信息。

当 ATM 交换机收到报文时，查找 VPI/VCI 表，通过交换的方式转发报文，如图 1-2-2 所示。

ATM 交换机对报文的处理比 CTN 设备简单得多，具有以下特点：

①ATM 基于链路层选路，且 VPI/VCI 只在本地有意义，查找快速，便于硬件实现，而 IP 通信需要遵循最长匹配原则。

②ATM 是一种面向连接的网络，可根据 VPI/VCI 的不同，轻松实现 QoS，而 IP 通信需要通过五元组方式（源 IP、目的 IP、协议号、源端口号、目的端口号）区分 QoS 数据流。

③ATM 具有流量控制机制。

④ATM 支持多种业务，如实时业务等。

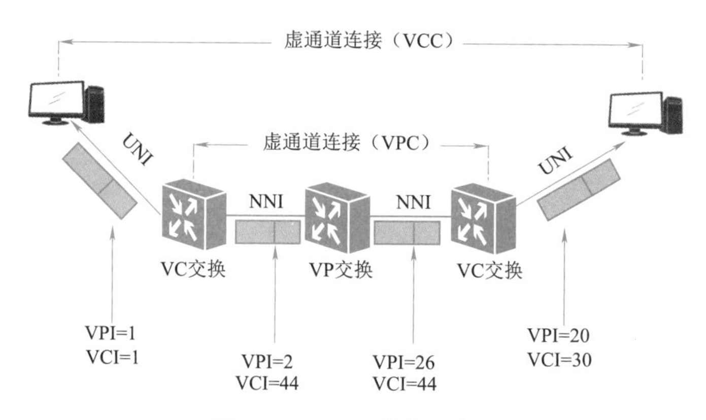

图 1-2-2　ATM 转发示意图

3. MPLS 的转发特点

MPLS 即多协议标签交换，属于第三代网络架构，是新一代 IP 高速主干网络交换标准，由 IETF（Internet Engineering Task Force，因特网工程任务组）提出。

MPLS 采用简化了 ATM 的技术，来完成第三层和第二层的转换，为每个 IP 数据包提供一个标签，与 IP 数据包一起封装到新的 MPLS 数据包，标签决定 IP 数据包的传输路径及优先顺序。

MPLS CTN 设备在 IP 数据包转发前仅读取包头标签，而不会去读取 IP 数据包中的 IP 地址等信息，因此，数据包的交换转发速度大大加快，如图 1-2-3 所示。

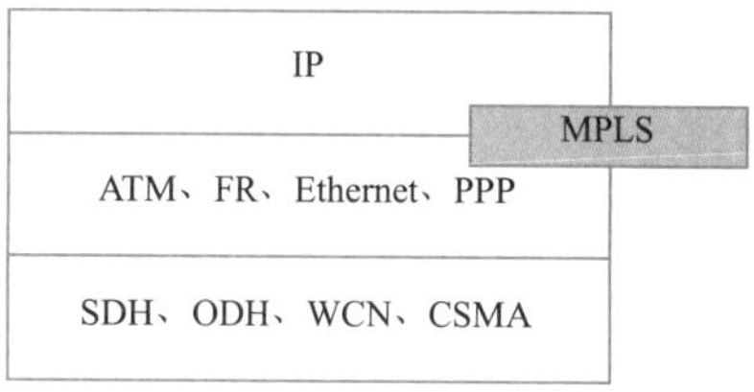

IP
MPLS
ATM、FR、Ethernet、PPP
SDH、ODH、WCN、CSMA

图 1-2-3　MPLS 在协议中的位置

MPLS 可以使用各种第二层协议，MPLS 工作组已经实现了标签在帧中继、ATM、PPP 链路以及 IEEE 802.3 局域网上的标准化使用。MPLS 在帧中继和 ATM 上运行的一个好处是为这些面向连接的技术带来了 IP 的任意连通性。

MPLS 网络工作的机制就是在 MPLS 网络外部通过 IP 进行三层路由查找，在 MPLS 网络内部通过对标签的查找实现二层交换。

MPLS 技术具有如下特点：

①MPLS 为 IP 网络提供面向连接的服务。

②通过集成链路层（ATM、帧中继）与网络层路由技术，解决了 Internet 扩展、保证 IP QoS 传输的问题，提供了高服务质量的 Internet 服务。

③通过短小固定的标签，采用精确匹配寻径方式取代传统 CTN 设备的最长匹配寻径方式，提供了高速率的 IP 转发。

④在提供 IP 业务的同时，提供高可靠的安全和 QoS 保证。

⑤利用显式路由功能，同时通过带有 QoS 参数的信令协议，建立受限标签交换路径（CR-LSP），因而能够有效地实施流量工程。

⑥利用标签嵌套技术，MPLS 能很好地支持 VPN。

4. MPLS 的工作原理

MPLS 的工作原理是在 MPLS 域外采用传统的 IP 转发方式,在 MPLS 域内按照标签交换方式转发,无须查找 IP 信息,如图 1-2-4 所示。

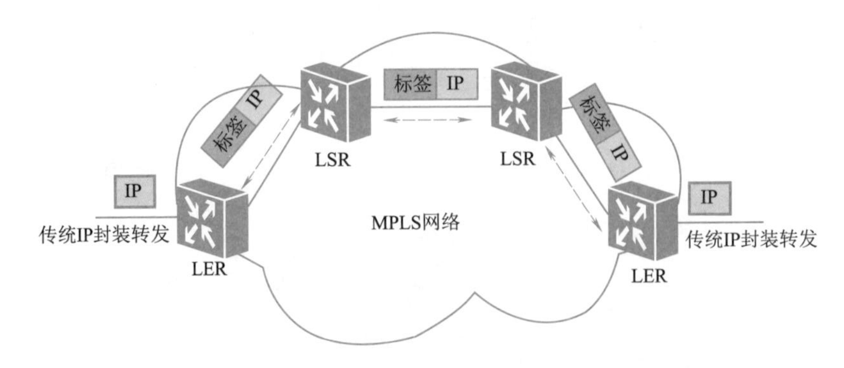

图 1-2-4　MPLS 的工作原理

在 MPLS 的网络内(即 MPLS 域内),CTN 设备之间运行 MPLS 标签分发协议(如 LDP、RSVP 等),使 MPLS 域内的各设备都分配到相应的标签。

IP 数据包通过 MPLS 域的传播过程如下:

①入口边界 LER 接收数据包,为数据包分配相应的标签,用标签来标识该数据包。

②主干 LSR 接收到被标识的数据包,查找标签转发表,使用新的出栈标签代替输入数据包中的标签。

③出口边界 LER 接收到该标签数据包,删除标签,对 IP 数据包执行传统的第三层查找。

二、MPLS 体系结构

MPLS 网络的基本构成单元是标签交换路由器(Label Switching Router LSR),主要运行 MPLS 控制协议和第三层路由协议,并负责与其他 LSR 交换路由信息来建立路由表,实现 FEC 和 IP 分组头的映射,建立 FEC 和标签之间的绑定,分发标签绑定信息,建立和维护标签转发表等工作。

1. MPLS 标签

标签(Label)是一个比较短的、定长的、通常只具有局部意义的标识。MPLS 标签通常位于数据链路层的二层封装头和三层数据包之间,标签通过绑定过程同 FEC 相映射。

如图 1-2-5 所示,MPLS 标签头是一个固定长度的整数,具有 32 bit 长度,用来识别某个特定的 FEC。

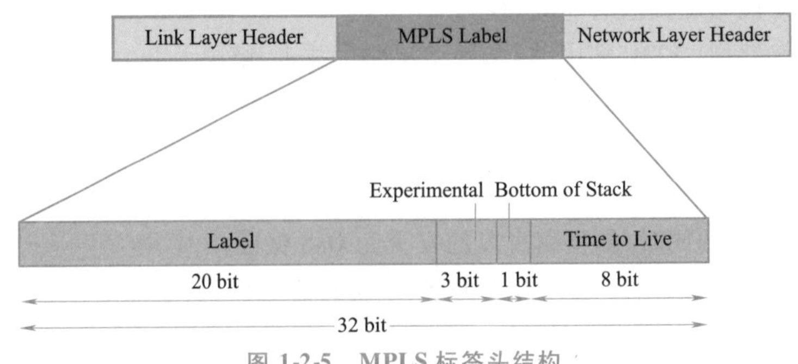

图 1-2-5　MPLS 标签头结构

MPLS 标签头封装于数据链路层分组头之后，所有网络层分组头之前，由下列字段组成：

(1)标签值(Label)

该字段为 20 bit，包含标签的实际值。

(2)实验字段(EXP)

该字段为 3 bit，CoS(服务代码)，目前是 MPLS-EXP，用作 MPLS QoS。

(3)栈底标志(S)

该位置为 1 时，表示相应的标签是栈底标签；为 0 时，表示不是栈底标签。

(4)生存期(TTL)

该字段为 8 bit，用于生存时间值的编码。

MPLS 支持多种数据链路层协议，标签栈都是封装在数据链路层信息之后，三层数据之前，只是每种协议对 MPLS 协议定义的协议号不同。

在以太网中使用值 0x8847(单播)和 0x8848(组播)来标识承载的是 MPLS 报文；在 PPP 中，增加了一种新的 NCP，MPLSCP，使用 0x8281 来标识。

MPLS 标签栈如图 1-2-6 所示，在 MPLS 网络中可以对报文嵌套多个标签。两个或更多的 MPLS 标签称为标签堆栈。

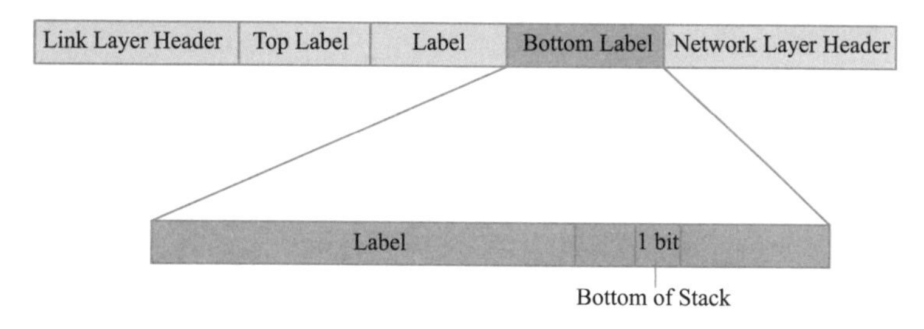

图 1-2-6　MPLS 标签栈

当报文被打上多个标签时，LSR 对其进行先入先出的操作，即 LSR 仅根据最顶部的标签进行转发判断，而不查看内部标签。

正因为 MPLS 提供了标签嵌套技术，因此，可应用于各种业务当中，如 MPLS VPN、流量工程等都是基于多层标签嵌套实现的。

2. 转发等价类

转发等价类(FEC)是在转发过程中以等价方式处理的一组数据分组，可以通过地址、隧道、CoS 等来标识创建 FEC。通常在一台设备上，对一个 FEC 分配相同的标签。

MPLS 实际是一种分类转发技术，将具有相同转发处理方式(目的地相同、使用的转发路径相同、服务等级相同等)的分组归为一类，就是转发等价类。

属于相同转发等价类的分组在 MPLS 网络中将获得完全相同的处理。在 LDP 的标签绑定过程中，各种转发等价类将对应不同的标签，在 MPLS 网络中，各个节点将通过分组的标签来识别分组所属的转发等价类。

当源地址相同、目的地址不同的两个分组进入 MPLS 网络时，MPLS 网络根据 FEC 对这两个分组进行判断，发现是不同的 FEC 则使用不同的处理方式(包括路径、资源预留等)，在入口节点处打上不同的标签，送入 MPLS 网络。MPLS 网络内部的节点将只依据标签对分组进行转发。当这两个分组离开网络时，出口节点负责去掉标签，此后，两个分组将按照所进入网络的要求进行转发。

传统的路由转发中，分组在每个 CTN 设备中都是一个 FEC(如第三层查找)，但 MPLS 中仅在网络入口处给分组赋予一个 FEC。

3. LSR、LER、LSP 和 LDP

MPLS 中 LSR、LER、LSP 和 LDP 的概念如下：

(1)LSR

LSR(Label Switching Router)即 MPLS 标签交换 CTN 设备，是 MPLS 网络的核心 CTN 设备，提供标签交换和标签分发功能。

(2)LER

LER(Label Switching Edge Router)即 MPLS 边缘标签交换 CTN 设备，处于 MPLS 的网络边缘，进入 MPLS 域的流量由 LER 分配相应的标签，提供流量分类和标签映射、标签移除功能。

(3)LSP

一个 FEC 的数据流，在不同的节点被赋予确定的标签，数据转发按照这些标签进行，数据流所走的路径就是 LSP。LSP 的建立是面向连接的，路径总是在数据传输之前建立。

(4)LDP

LDP(Label Distribution Protocol，标签分发协议)在 MPLS 域内运行，完成设备之间的标签分配。

如图 1-2-7 所示，MPLS 域即运行 MPLS 协议的节点范围，包括 LSR 及 LER。

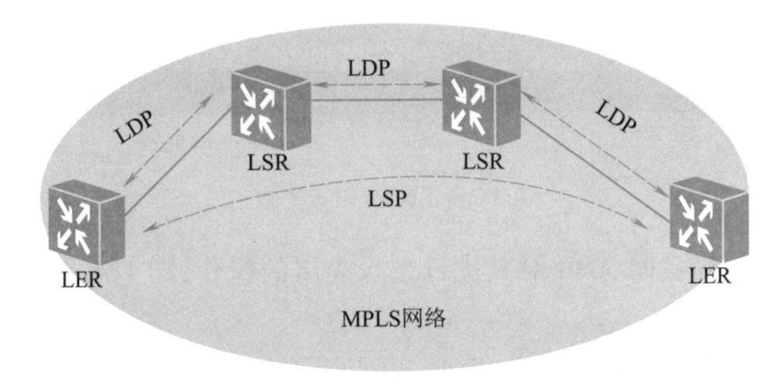

图 1-2-7　运行 MPLS 的网络

MPLS 主要由 LER 和 LSR 构成：

①LER 主要完成 FEC 的划分、流量工程、LSP 建路发起、IP 包转发、Diff-Serv 等任务。

②LSR 完成 LSP 的建立和标签交换。

4. MPLS 网络组成部分

LSP 是从 Ingress 到 Egress 的一条隧道。LSP 的建立过程实际就是将 FEC 和标签进行绑定，并将这种绑定通告给相邻 LSR，以便在 LSR 上建立标签转发表的过程。在分组转发路径上，数据分组的发送方路由器是一条 LSP 的上游 LSR，接收方路由器是下游 LSR。如图 1-2-8 所示，Router A 为 Router B 的上游 LSR，Router B 为 Router C 的上游 LSR。下游 LSR 将特定标签分配给特定 FEC(即标签绑定)后，将标签发布给上游 LSR；上游 LSR 保存标签和 FEC 的绑定关系。分组在 MPLS 域内沿着 LSP 从 Ingress 传递到 Egress。当上游 LSR 接收到某 FEC 的分组后，为分组添加下游为该 FEC 分配的标签，并转发给下游 LSR。

如图 1-2-9 所示，MPLS 网络中包括以下几个组成部分：

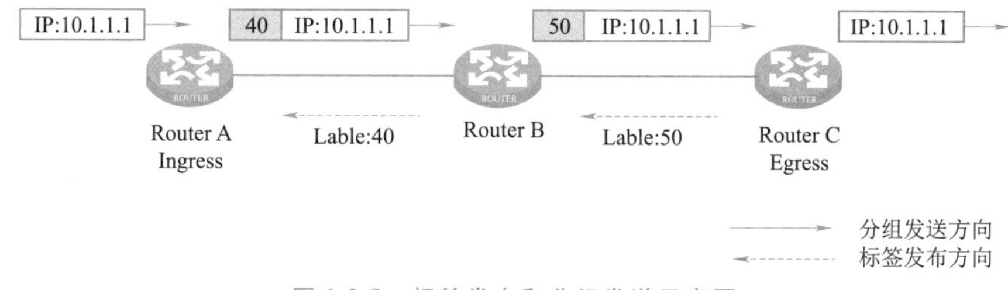

图 1-2-8　标签发布和分组发送示意图

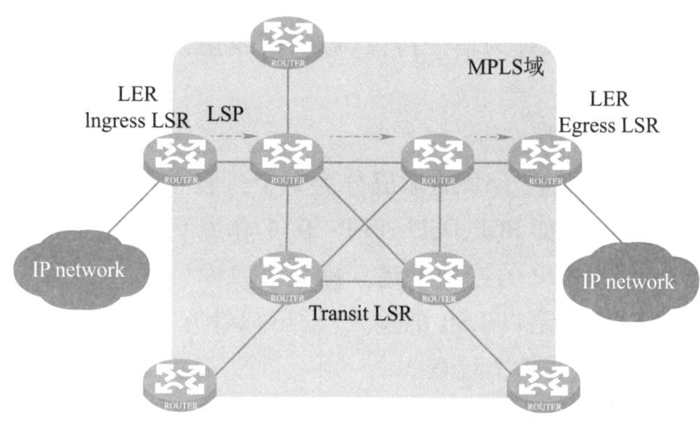

图 1-2-9　MPLS 网络结构

①入节点(Ingress):分组的入口 LER,负责为进入 MPLS 域的分组添加标签。

②中间节点(Transit):MPLS 域内部的 LSR,根据标签沿着由一系列 LSR 构成的 LSP 将分组传送给出口 LER。

③出节点(Egress):分组的出口 LER,负责剥离分组中的标签,并转发给目的网络。

三、MPLS 关键技术

多协议标签交换(MPLS)不但能提高分组转发效率,还能与综合服务模型(Int-Serv)、差分服务模型(Diff-Serv)集成,使 IP 网络具备流量控制和服务质量等性能。

1. LSP 的概述

标签交换路径 LSP 是使用 MPLS 协议建立起来的分组转发路径。这一路径由标签分组源 LSR 与目的 LSR 之间的一系列 LSR 及链路构成,类似于 ATM 中的虚电路。从另一个角度来说,LSP 的建立实际上就是路径上各个节点标签分配的过程。

常见驱动 LSP 建立即标签分配的方式有三种:流驱动、拓扑驱动和应用驱动。

(1)流驱动

数据流驱动,由到达 LSR 的数据流量“触发”标签分配。

此方式中,标签分配带来的开销与数据流量成正比,存在与标签分配相关的时延。如果想要将特定的标签分配给特定的网络资源以支持特定的网络程序,就需要用数据流驱动方式。

(2)拓扑驱动

拓扑驱动就是将标签分配对应于正常的路由协议来处理。

当 LSR 处理 OSPF 或者 BGP 等路由协议的路由更新时,一方面修改其转发表中的条目,另一方面给这些条目分配相应的标签。只要有一条路由存在,网络就预先完成标签分配,这样转发时就没有标签建立延时。

(3)应用驱动

将标签分配与基于正常请求的控制业务量处理相对应,所对应的协议是 RSVP。当 LSR 处理 RSVP 时，一方面修改其转发表中的条目，另一方面给这些条目分配标签。这种方案要求应用程序事先提出使用标签请求和流规范，以得到标签，也是根据已存在的路由预先完成标签赋值，没有标签建立延时。但是，在全网实现 RSVP 不容易，因此较少使用这种驱动方式。

与数据流驱动相比，拓扑驱动的标签赋值有两个优点：

①标签赋值和分发对应于控制信息，因此不会造成大的网络开销。

②在数据到达之前建立标签赋值和分发，没有标签建立时延。

因此，网络中常用拓扑驱动的方式来分配标签。

在 LSR 之间分配标签的协议称为信令协议，通过信令协议的交互完成标签的分配，从而形成 LSP。

2. LSP 的建立过程

在 MPLS 网络中标签交换路径 LSP 的形成分为 3 个过程：

①网络启动之后在路由协议（如 BGP、OSPF、IS-IS 等）的作用下，各节点建立自己的路由表。

②根据路由表，各节点在 LDP 的控制下建立标签信息库（LIB）。

③将入口 LSR、中间 LSR 和出口 LSR 的输入/输出标签互相映射后，构成一条 LSP。

下面举例说明 LSP 建立的这 3 个过程。

（1）路由表的形成

如图 1-2-10 所示，网络中各 CTN 设备在动态路由协议（如 OSPF）的作用下交互路由信息，形成自己的路由表。例如，RA、RB、RC 三台 CTN 设备上都学习到边缘网络的路由信息 47.1.0.0/16。

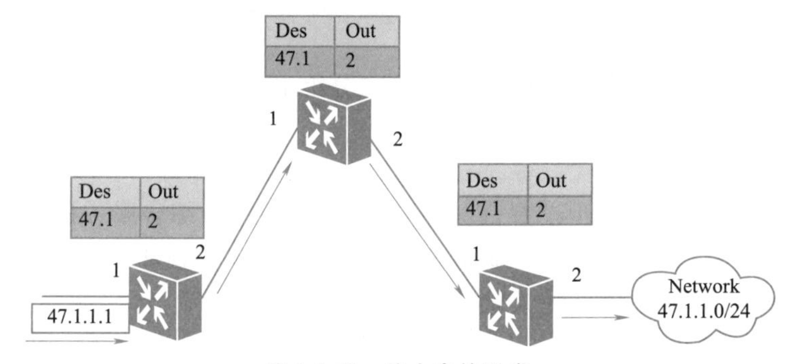

图 1-2-10　路由表的形成

（2）LIB 的形成

如图 1-2-11 所示，CTN 设备之间运行标签分发协议来分配标签。

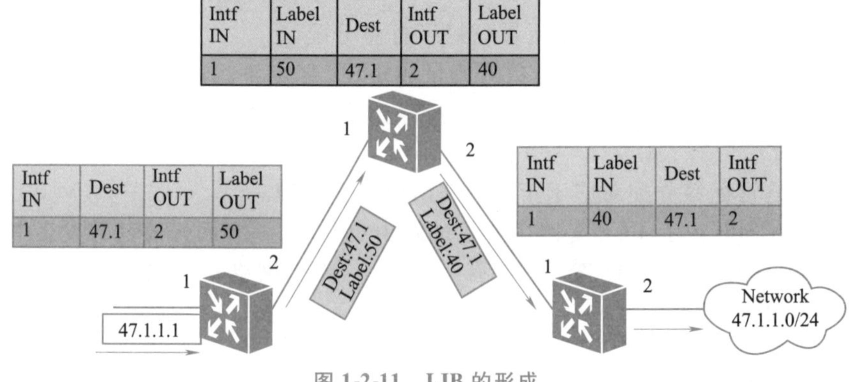

图 1-2-11　LIB 的形成

CTN 设备 RC 作为 47.1.0.0/16 网段的出口 LSR,随机分配标签 40,发送给上游邻居 RB,并记录在标签信息数据库 LIB 中。当 CTN 设备 RC 收到标签 40 的报文时就知道这是发送给 47.1.0.0/16 网段的信息。

当 CTN 设备 RB 收到 RC 发送的关于 47.1.0.0/16 网段及标签 40 的绑定信息后,将标签信息及接收端口记录在自己的 LIB 中,并为 47.1.0.0/16 网段随机分配标签发送给除接收端口外的邻居。假设 RB 为 47.1.0.0/16 网段分配标签 50 发送给邻居 RA。在 RB 的 LIB 中就产生如下信息:

Intf In	Label In	Dest	Intf Out	Label Out
1	50	47.1.0.0	2	40

该信息表示,当 CTN 设备 RB 从接口 int1 收到标签为 50 的报文时,将标签改为 40 并从接口 Int2 转发,不需要经过路由查找。

同理,RA 收到 RB 的绑定信息后将该信息记录,并为该网段分配标签。

标签信息库(LIB)总是和 IP 路由表同步,一旦一条新的非 BGP 路由出现在 IP 路由表中,就会为该路由生成一个新标签。LSR 默认不会为 BGP 路由分配标签。

(3)LSP 的形成

随着标签的交互过程的完成,就形成了标签交换路径 LSP;当进行报文转发时只需按照标签进行交换,而不需要路由查找,如图 1-2-12 所示。

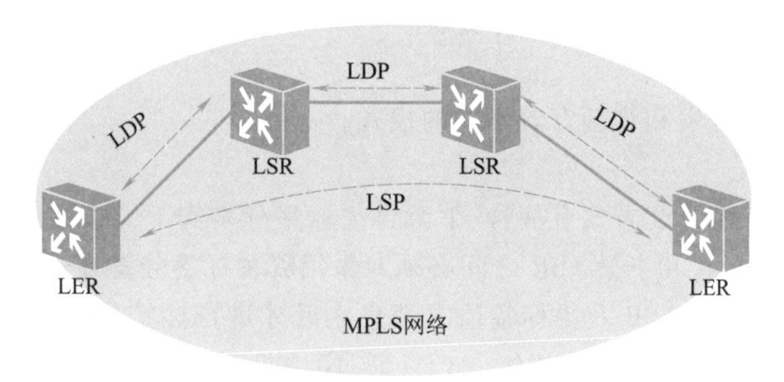

图 1-2-12 LSP 的形成

当 CTN 设备 RA 收到一个目的地址为 47.1.1.1 的报文后,先查找路由表,再查找标签转发表,找到 FEC 47.1.0.0/16 的对应标签 50 后,加入报文头部,从 Intf Out 端口 Int2 发送。

CTN 设备 RB 从接口 Int1 收到标签为 50 的报文后直接查找标签转发表,改变标签为 40,从接口 Int2 发送。

CTN 设备 RC 从接口 Int1 收到标签为 40 的报文后查找标签转发表,发现是属于本机的直连网段,删除标签头部信息,发送 IP 报文。

3. 倒数第二跳弹出机制

MPLS 域中的出口 LER 在收到 MPLS 邻居发送过来的数据包时,可能需要进行两次查找:查找标签表,弹出标签;查找路由表,转发 IP 数据包。两次查找降低了该 LER 的性能,增加了转发的复杂性,需要使用倒数第二跳弹出机制解决该问题。

只需要为直连路由或汇聚路由使用倒数第二跳弹出机制。对于直连路由,数据在发往直连目的地之前必须进行三层查找,获得下一跳信息。对于汇聚路由,也必须进行三层查找,获得更精确的路由。其他情况下,数据包的二层信息已经存在于 LFIB 中,因此无须三层查找,数据包可以被直接交换出去。

如图 1-2-13 所示，RC 是 47.1.0.0/16 网段的出口 LER，因此 RC 为 47.1.0.0/16 网段分配了特殊标签 3（implicit-null）。当上游 CTN 设备 RB 收到 RC 分配的标签 3 时，就知道自己是倒数第二跳 LSR。

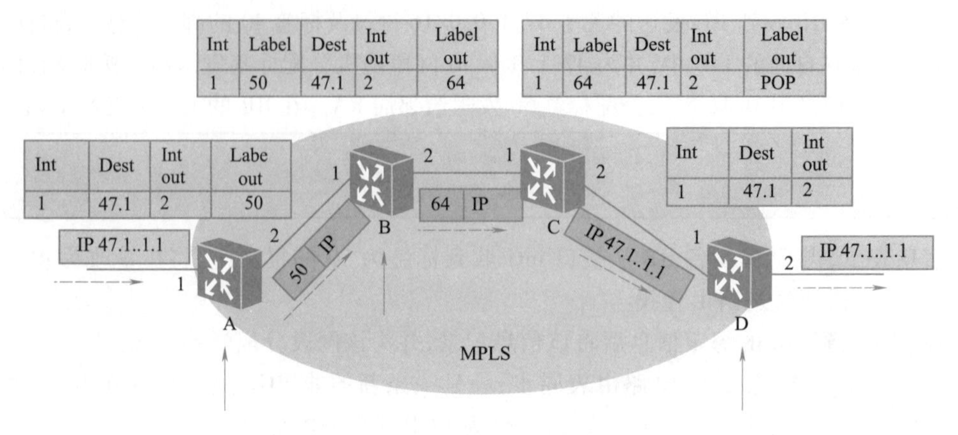

图 1-2-13　倒数第二跳弹出机制

在数据转发过程中，RB 从 RA 收到标签为 50 的数据包时，查找标签表发现出口标签是 3（POP），因此数据包中的标签被弹出后转发给 RC。RC 收到未携带标签的 IP 报文后，按照目的地址查找路由表转发数据，无须再查找标签表。

4. 标签分发及管理模式

MPLS 中对标签的分发和管理有着不同的模式。

（1）标签分配模式

MPLS 中使用的标签分配方式有两种：下游自主标签分发和下游按需标签分发。具有标签分发邻接关系的上游 LSR 和下游 LSR 之间必须对采用哪种标签分发方式达成一致。

对于一个特定的 FEC，LSR 获得标签请求消息之后才进行标签分配与分发的方式，称为下游按需标签分配。如图 1-2-14 所示，RC 是 171.68.10.0/24 网段的出口 LSR。当采用下游按需标签分配时 RC 不能主动发送标签绑定信息给其上游 LSR（RB）；RC 必须等到其上游 LSR 发送对该网段的标签请求信息后才能将绑定信息发送出去。

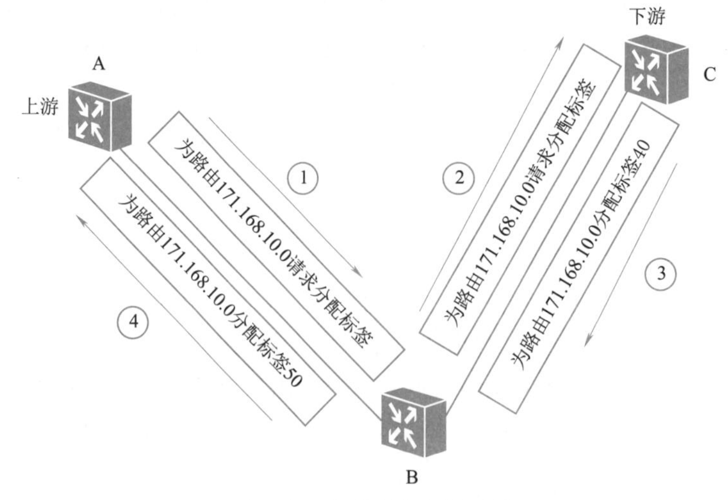

图 1-2-14　下游按需标签分配

对于一个特定的 FEC,LSR 无须从上游获得标签请求消息即进行标签分配与分发的方式,称为下游自主标签分配。如图 1-2-15 所示,当采用下游主动标签分配时,RC 无须等待其上游 LSR 发送标签请求信息便可主动将其 FEC 与标签的绑定情况通告给上游 LSR,RB 同样无须等待自己的上游 CTN 设备 RA 发送标签请求信息便可主动将标签绑定情况通告。

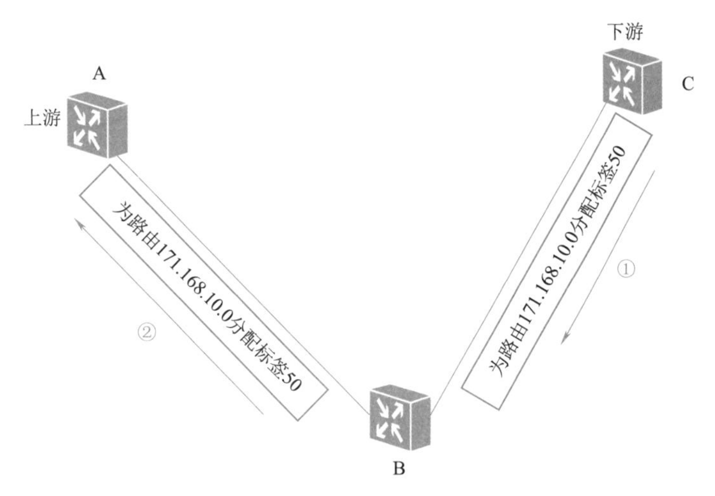

图 1-2-15　下游主动标签分配

(2)标签控制模式

MPLS 中使用的标签控制模式有两种:有序分发和独立分发。

①有序分发:LSR 只有在是一个 FEC 的出口 LSR 时,或者收到其下游 CTN 设备返回的标签映射消息后,才为该 FEC 绑定标签,向其上游发送标签映射消息。有序分发即严格方式,可用于显式路由和组播。

②独立分发:任何一个 LSR,接收到一个 FEC 时,不管有没有收到下游返回的标签映射消息,都可以独立决定为其绑定一个标签,并立即向其上游发送标签映射消息。这类似于传统 CTN 设备中数据分组转发过程,每个 CTN 设备依据自己的路由表独立地转发数据分组,依靠路由协议来保证数据分组被正确传送。

(3)标签保持方式

标签的保持方式分为两种:自由标签保持方式和保守标签保持方式。

对于特定的一个 FEC,LSR1 收到了来自 LSR2、LSR3、LSR4 的标签绑定消息,当 LSR2、LSR3 不是 LSR1 的下一跳时,如果 LSR1 保存这些绑定,则称 LSR1 使用的是自由标签保持方式;如果 LSR1 丢弃这些绑定,则称 LSR1 使用的是保守标签保持方式。

采用自由标签保持方式便于快速适应网络拓扑变化,但会占用更多的内存空间;而采用保守标签保持方式可以减少对内存的需求,但会使 LSR 适应网络拓扑变化的能力变差。

因此,当要求 LSR 能够迅速适应路由变化时可采用自由标签保持方式;当要求 LSR 保存较少的标签数量时可采用保守标签保持方式。

(4)标签转发表

标签转发表即标签转发信息库,是 LSR 存储 FEC 与标签绑定关系的数据库,通过标签分发协议动态维护该表。

标签转发表中主要包含的参数及其含义如表 1-2-1 所示。

表 1-2-1　标签转发表中主要包含的参数及其含义

参数	含义
InLabel	入标签,即由本机分配给上游 LSR 使用的标签
OutLabel	出标签,即由下游 LSR 分配给本机使用的标签
Dest	目的网段或目的主机地址
Pfxlen	前缀的长度
Interface	出接口
NextHop	下一跳

当 LSR 收到报文时,查找此表,按照报文所带标签在 InLabel 项中索引,找到后用 OutLabel 替换报文原有标签,从出接口发送出去。

(5)标签分发协议

有多种协议可以完成标签分发功能:

①LDP,标签分发协议,常用的标签分发协议。

②CRLDP,基于约束路由的标签分发协议。

③RSVP-TE,资源预留协议,通常用于流量工程中的标签分发。

④MP-BGP,多协议 BGP,常在 BGP/MPLS VPN 中使用,用于分配内层标签。

LDP 是一个动态生成标签的协议,建立在 UDP 和 TCP 协议基础之上,协议消息传输根据路由表逐跳路由。LDP 在 LSR 之间通告 FEC(网络前缀)与标签映射关系,最终生成标签交换路径。

任务小结

本任务学习 MPLS 技术基础,了解 IP 转发、ATM 转发、MPLS 转发的特点;熟悉 MPLS 的简要原理,MPLS 的体系结构;掌握 MPLS 的关键技术、标签分发及管理模式。

※思考与练习

一、填空题

1. MPLS 的工作原理是在 MPLS 域外采用传统的(　　)方式,在 MPLS 域内按照(　　)方式转发,无须查找 IP 信息。

2. MPLS 协议是(　　)层协议,网络边缘进行三层路由,内部进行二层交换。

3. ATM 交换机的数据转发是通过(　　)和(　　)实现的。

4. CTN 设备收到一个目的地址为 47.1.1.1 的报文后,先查找(　　),再查找(　　)。

5. MPLS 中使用的标签分配方式有两种:(　　)和(　　)。

二、判断题

1. (　　)MPLS 标签通常位于数据链路层的二层封装头和三层数据包之间,标签通过绑定过程同 FEC 相映射。

2. (　　)MPLS 是介于二层和三层之间的技术,即 2.5 层。

3. (　　)在 MPLS 网络中,常用拓扑驱动的方式来分配标签,完成 LSP 的建立。

4. (　　) LSP 的建立过程中，先形成路由表再形成标签信息库。

5. (　　) 在 MPLS 标签结构中，TTL 生存时间数值最大为 255，可以用来防止环路。

三、简答题

1. 简述 IP 数据包通过 MPLS 域的传播过程。

2. 简述 MPLS 网络中标签交换路径 LSP 的形成过程。

任务三　掌握标签分发协议

任务描述

本任务将深入学习 MPLS 体系中的标签分发协议，为后续学习 VPN 技术奠定基础。

任务目标

- 识记：LDP、RSVP-TE 协议的基本概念。
- 领会：LDP、RSVP-TE 协议的会话。
- 应用：LDP over RSVP 技术。

任务实施

一、LDP 协议

标签分发协议(Label Distribution Protocol，LDP)是 MPLS 体系中的一种主要协议。在 MPLS 网络中，两个标签交换路由器(LSR)必须用在它们之间或通过它们转发流量的标签上达成一致。

1. LDP 的基本概念

LDP 是 MPLS 的一种控制协议，相当于传统网络中的信令协议，负责 FEC 的分类、标签的分配以及 LSP 的建立和维护等操作。

MPLS 支持多层标签，并且转发平面面向连接，故具有良好的扩展性，使在统一的 MPLS/IP 基础网络架构上为客户提供各类服务成为可能。通过 LDP 协议，LSR 可以把网络层的路由信息直接映像到数据链路层的交换路径上，建立起网络层的 LSP。目前，LDP 广泛地应用在 VPN 服务的提供上，具有组网和配置简单、支持路由拓扑驱动建立 LSP、支持大容量 LSP 等优点。

LDP 规定了标签分发过程中的各种消息及相关的处理过程。LSR 之间将依据本地转发表中对应于一个特定 FEC 的入标签、下一跳节点、出标签等信息联系在一起，从而形成标签交换路径 LSP。

(1) LDP 邻接体

当一台 LSR 接收到对端发送过来的 hello 消息，意味着可能存在 LDP 对等体，此时建立维护对端存在的 LDP 邻接体。LDP 邻接体存在两种类型：本地邻接体(Local Adjacency)和远端邻接体(Remote Adjacency)。

（2）LDP 对等体

LDP 对等体是指相互之间存在 LDP 会话、使用 LDP 来交换标签消息的两个 LSR。LDP 对等体通过它们之间的 LDP 会话获得对方的标签。

（3）LDP 会话

LDP 会话用于 LSR 之间交换标签映像、释放等消息。LDP 会话分为两种类型：

①本地 LDP 会话（Local LDP Session）：建立会话的两个 LSR 之间是直连的。

②远端 LDP 会话（Remote LDP Session）：建立会话的两个 LSR 之间可以是直连的，也可以是非直连的。

本地 LDP 会话和远端 LDP 会话可以共存。

2. LDP 邻接体/对等体/会话之间的关系

LDP 通过邻接体来维护对等体的存在，对等体的类型取决于维护它的邻接体的类型。一个对等体可以由多个邻接体来维护，可以由本地邻接体和远端邻接体两者来维护，则对等体类型为本远共存对等体。只有存在对等体才能建立 LDP 会话。

3. LDP 消息类型

LDP 协议主要使用四类消息：

①发现（Discovery）消息：用于通告和维护网络中 LSR 的存在。

②会话（Session）消息：用于建立、维护和终止 LDP 对等体之间的会话。

③通告（Advertisement）消息：用于创建、改变和删除 FEC 的标签映射。

④通知（Notification）消息：用于提供建议性的消息和差错通知。

为保证 LDP 消息的可靠发送，除了 Discovery 消息使用 UDP 外，LDP 的 Session 消息、Advertisement 消息和 Notification 消息都使用 TCP 传输。

4. 标签空间与 LDP 标识符

（1）标签空间

LDP 对等体之间分配标签的数值范围称为标签空间（Label Space）。标签空间可以分为：

①全局标签空间（Per-platform Label Space）：整个 LSR 使用一个标签空间。

②接口标签空间（Per-interface Label Space）：为 LSR 的每个接口指定一个标签空间。

（2）LDP 标识符

LDP 标识符（LDP Identifier）用于标识特定 LSR 的标签空间范围。LDP 标识符的格式为 < LSR ID > : < Label space ID >，长度为 6 字节，其中：

①LSR ID：表示 LSR 标识符，占 4 字节。

②Label space ID：表示标签空间标识符，占 2 字节。

5. LDP 会话

（1）LDP 发现机制

LDP 发现机制用于 LSR 发现潜在的 LDP Peer。LDP 有两种发现机制：

①基本发现机制：用于发现链路上直连的 LSR。

LSR 通过周期性的发送 LDP Hello 报文，实现 LDP 基本发现机制，建立本地 LDP 会话。

Hello 报文中携带 LDP Identifier 及一些其他消息（如 hold time、transport address）。如果 LSR 在特定接口接收到 LDP Hello 消息，则表明该接口存在 LDP 对等体。

②扩展发现机制：用于发现链路上非直连 LSR。

LSR 周期性地发送 Targeted Hello 消息到指定地址,实现 LDP 扩展发现机制,建立远端 LDP 会话。

Targeted Hello 消息使用 UDP 报文,目的地址是指定地址,目的端口是 LDP 端口(646)。Targeted Hello 消息同样携带 LDP Identifier 及一些其他信息(如 transport address、hold time)。如果 LSR 在特定接口接收到 Targeted Hello 消息,则表明该接口存在 LDP 对等体。

(2)LDP 会话的建立与维护

LSR 根据标签与 FEC 之间的绑定信息建立和维护 LIB。两个使用标签分发协议交换 FEC/标签绑定的 LSR 就称为 LDP Peer。LDP 的主要功能是让 LSR 实现 FEC 与标签的绑定,并将这种绑定通知给相邻的 LSR,以使各 LSR 间对收到的标签绑定达成共识。

ZXCTN 设备支持 RFC 规定的 LDP 规程,包括邻居发现、标签请求、标签映射、标签撤销、标签释放、错误处理等机制。

发现阶段:通过周期性地向相邻 LSR 发送 Hello 消息,自动发现 LDP 对等体。

会话建立和维护:主要完成 LSR 之间的 TCP 连接和会话初始化(各种参数的协商)。

标签交换路径建立与维护:LSR 之间为有待传输的 FEC 进行标签分配并建立 LSP。

会话的撤销:会话保持时间到时后中断会话。

LDP 邻居之间在进行标签交换之前要建立 LDP 会话,下面简要介绍 LDP 会话的建立和维护。LDP 会话建立过程如图 1-3-1 所示。

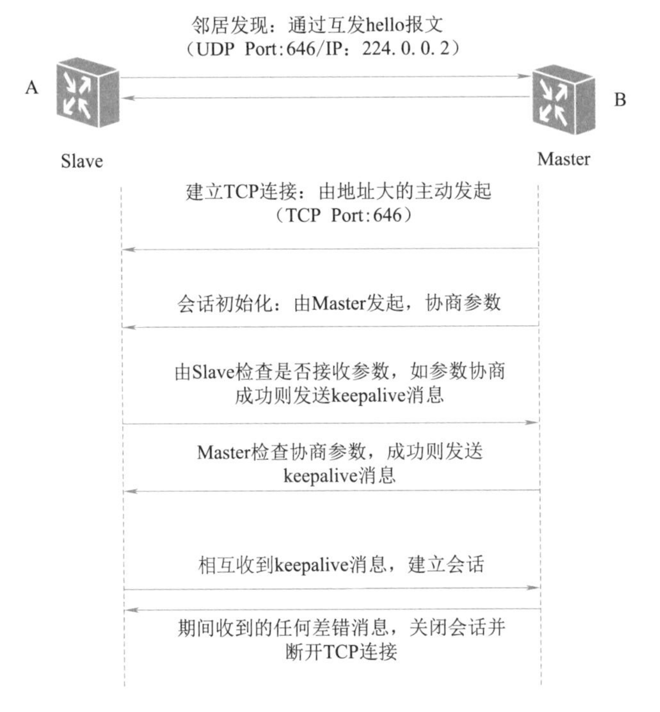

图 1-3-1　LDP 会话建立过程

LDP 会话建立过程描述如下:

①在建立会话之前,R1、R2 向其协议接口发送组播类型的 hello 报文,该报文采用 UDP 封装,端口号为 646;同时 R1、R2 的协议接口实时监听 LDP 的 hello 报文以便发现邻居。

②R1、R2 收到 hello 报文后,判断与对方是否已经建立会话;如未建立,则开始准备会话连

接过程。该会话是一个 TCP 建立的过程,采用端口号 646。在建立 TCP 连接前,R1、R2 先要根据传输地址进行主动方的选择,地址大的被选为主动方,由其发起 TCP 连接。本例中假设 R2 的传输地址大于 R1 的传输地址,则由 R2 作为主动方发起 TCP 的建立请求。

③主动方 R2 发起初始化消息来建立会话,其中携带协商参数等信息。

④被动方 R1 收到 R2 发送的初始化消息后,检验其携带的协商参数;若通过检查,被动方 R1 则发送携带自身协商参数的初始化消息及 keepalive 报文给 R2。

⑤主动方 R2 收到 R1 发送的初始化消息后进行检验,若通过检查则发送 keepalive 报文。

⑥R1、R2 收到 keepalive 报文后会话建立。在此期间只要收到任何差错消息,都会关闭会话,断开 TCP 连接。

(3)LDP LSP 的建立

LSP 的建立过程实际就是将 FEC 和标签进行绑定,并将这种绑定通告 LSP 上相邻 LSR。下面结合下游自主标签发布方式和有序标签控制方式来说明其主要步骤:

①当网络的路由改变时,如果有一个边缘节点发现自己的路由表中出现了新的目的地址,并且这一地址不属于任何现有的 FEC,则该边缘节点需要为这一目的地址建立一个新的 FEC。

②如果 MPLS 网络的出节点有可供分配的标签,则为 FEC 分配标签,并主动向上游发出标签映像消息,标签映像消息中包含分配的标签和绑定的 FEC 等信息。

③收到标签映像消息的 LSR 在其标签转发表中增加相应的条目,然后主动向上游 LSR 发送对于指定 FEC 的标签映像消息。

④当入节点 LSR 收到标签映像消息时,它也需要在标签转发表中增加相应的条目。这时,就完成了 LSP 的建立,接下来就可以对该 FEC 对应的数据分组进行标签转发。

(4)LDP 的多实例概念

在市场竞争的驱动下,二级运营商出现了。二级运营商依赖一级运营商提供服务,再将服务提供给用户。为了便于管理、控制服务的提供以及其他各种目的,一级运营商需要区分哪些路径是给某一特定二级运营商的,这就是 Carrier of Carrier(运营商的运营商)的应用。

ZXCTN 设备实现了 LDP 多实例的功能,以支持 COC 场景的应用。在 LDP 多实例中,一个 LSR 上能配置多个 LDP 实例,每个实例都属于一个 VPN 域,并与 VRF 绑定。每个实例独立为本 VPN 域中的地址、路由等创建 FEC,为 FEC 绑定和分发标签。从功能上看,各个实例之间相互独立,但是所有实例占用的资源,受 LDP 性能参数的限制,即所有 LDP 实例占用的资源不能超过 LDP 性能参数提供的资源。

①IGP 同步。网络运营商会部署某些业务经过开启了 LDP 协议的网络,而这些业务依赖于端到端的 LSP。例如,在 L2VPN 和 L3VPN 业务场景中,PECTN 设备间需要一条完整的 MPLS 转发路径来承载 VPN 流量。这意味着,PECTN 设备间的 IP 最短路径所经过的所有链路,都需要有可操作的 LDP 会话,且这些 LDP 会话的标签绑定信息必须已经交换完成了。只要其中有一个链路没有被 LDP 会话覆盖,这里称为存在“黑洞”,则依赖于 MPLS 转发的业务将中断。

IGP 同步组网如图 1-3-2 所示,其功能如下:

主干网中各设备和各链路都开启 LDP 功能,且各链路的 cost 值均相等。同时,PE1 到 PE2 形成两条主备 LDP LSP,即主 LSP 为 PE1→P3→PE2,备 LSP 为 PE1→P1→P2→PE2。

如果 P3→PE2 的链路发生故障断链后,VPN 流量从主 LSP 切换到备 LSP。

当 P3→PE2 的链路修复后重新 UP,路由会很快收敛到主路径(PE1→P3→PE2)。这样,

VPN 流量会立即回切到主 LSP 上。但由于 P3 与 PE2 间的 LDP 会话建立和标签绑定信息分发的过程较慢,因此会导致 VPN 流量发生较长时间的断流。

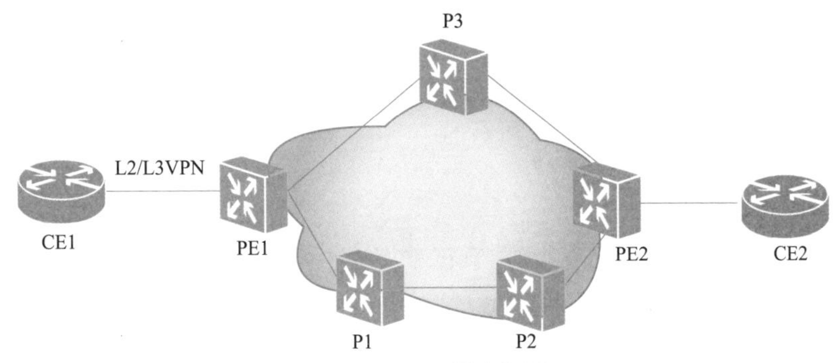

图 1-3-2 IGP 同步组网

ZXCTN 设备实现了 IGP 同步功能,实现 LDP LSP 与 IGP 路由同步收敛。可以支持的 IGP 协议包括 OSPF 和 IS-IS。

当开启了 LDP 功能的链路 UP 后,如果该链路没有实现 LDP“完全可操作”,则 IGP 通告该链路的 cost 值为最大值,避免路由收敛到该链路。OSPF 通告的 cost 值为 0xFFFF,IS-IS 通告的 cost 值为 0xFFFFFE。

LDP 要实现“完全可操作”需要满足 3 个条件:

- LDP Hello 邻居已建立。
- 包含该链路的 LDP 会话已建立。
- LDP 标签交换已完成。

发生 GR 时,会话保持发生 GR 前的状态直到 GR 时间到。

②GTSM。基于 GTSM(Generalized TTL Security Mechanism)的 TTL hack 可以有效降低攻击者进行攻击造成的损失。以 LDP 为例说明 GTSM 处理的基本思想。

GTSM 机制通过对 IP 报文头中 TTL 的检测来达到防止攻击的目的。如果攻击者模拟真实的 LDP 协议报文,对一台设备不断地发送报文,设备转发层面接收到报文后,检测是否是 LDP 报文。

对于非 LDP 报文,将按照配置的默认处理策略进行转发或丢弃。

对于 LDP 报文,如果设备开启了 GTSM 功能,进行 GTSM 策略匹配,匹配上 GTSM 策略后再判断报文的 TTL 是否在策略允许的范围内,超过则认为是攻击报文,丢弃;不匹配 GTSM 策略则按照默认策略丢弃或者上送。如果设备没有开启 GTSM 功能,则报文直接上送控制层面。

③LDP 最长匹配 LSP 概念。在无缝 MPLS(MPLS Seamless)网络应用场景中,要求将 MPLS 应用从运营商的核心主干网延伸到用户接入侧,接入网(Access Network,AN)将直接面向用户接入侧。这样全网中 AN 节点数目非常庞大,AN 节点的 Loopback 地址只能在其所在的 IGP Area 通告。在跨 IGP Area 时需要采用聚合路由的方式通告,以减少核心域/其他接入域设备 IGP 的负担。因此,要求 LDP 进行标签学习,路由匹配时按最长匹配原则进行而非传统的精确匹配原则。

如图 1-3-3 所示,运营商边缘 CTN 设备 PE2、PE3 上分别有 Loopback 地址 10.1.1.1/32 和 10.1.1.2/32,通告给域边界 CTN 设备 ABR2,而 ABR2 只向其他域通告聚合路由 10.1.1.0/24,因此,ABR1 和 PE1 只学习到聚合路由 10.1.1.0/24,图中虚线表示路由通告流程。这样带来的问题是 PE1 无法获得 PE2 和 PE3 的精确路由信息,无法建立从 PE1 到远端域 PE2 和 PE3 的跨域 LSP。

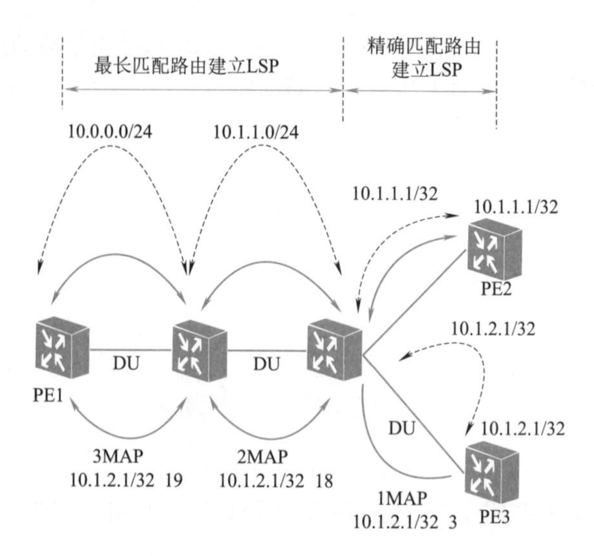

图 1-3-3 最长匹配 LSP 场景形成过程

为了解决此问题,ZXCTN 设备支持最长匹配方式创建 LSP,该流程为:LSR 接收到下游 LSR 发来的 FEC 的标签 MAPPING 消息,如果本地路由可最长匹配出与该 FEC 对应的路由,且该路由对应下一跳为发送该标签 MAPPING 消息的 LSR,则该上游 LSR 将用于该 FEC 的转发,为该 FEC 分配标签,同时通告该 FEC 的标签 MAPPING 消息。

如图 1-3-3 所示,具体的路由匹配及 LSP 建立流程如下:

步骤 1:PE2 为 FEC(10.1.1.1/32)分配标签值 3,向 ABR2 通告 FEC(10.1.1.1/32)的标签 MAPPING 消息。

步骤 2:ABR2 接收到 FEC(10.1.1.1/32)的标签 MAPPING 消息后,为 FEC(10.1.1.1/32)分配标签值 16,同时上游通告 FEC(10.1.1.1/32)的标签 MAPPING 消息。

步骤 3:ABR1 根据接收到的标签 MAPPING 消息,在本地路由模块最长匹配出 10.1.1.0/24,且 ABR2 是到达 10.1.1.0/24 的下一跳,则 ABR1 将用于转发 FEC(10.1.1.1/32),为 FEC(10.1.1.0/24)分配标签值 17,同时向上游通告 FEC(10.1.1.1/32)的标签 MAPPING 消息。

步骤 4:图中实线表示上述标签分发过程,从 ABR1 节点到 PE2 节点都向上游通告了 FEC(10.1.1.1/32)的标签 MAPPING 消息,生成了相应的转发表项,通过上述流程建立了 PE1→ABR1→ABR2→PE2 的跨域 LSP。

上述流程同样适用于 PE1→ABR1→ABR2→PE3 跨域 LSP 的建立。

④报文过滤。ZXCTN 设备实现了报文过滤功能,能够对接收到的 LDP UDP/TCP 报文做安全性过滤,当报文不符合 ACL 策略时丢弃报文。

二、RSVP-TE 协议

1. RSVP 概述

资源预约协议 RSVP 是用于建立 Internet 上资源预留的网络控制协议,它支持端系统进行网络通信带宽的预约,为实时传输业务保留所需要的带宽。RSVP 是为保证服务质量而开发的,主机使用 RSVP 协议代表应用数据流向网络请求保留一个特定量的带宽,路由器使用 RSVP 协议向数据流沿途所有节点转发带宽请求,建立并维护状态以提供所申请的服务。RSVP 请求一般将导致沿数据路径的每个节点预约保留资源,其基本的工作原理如图 1-3-4 所示。

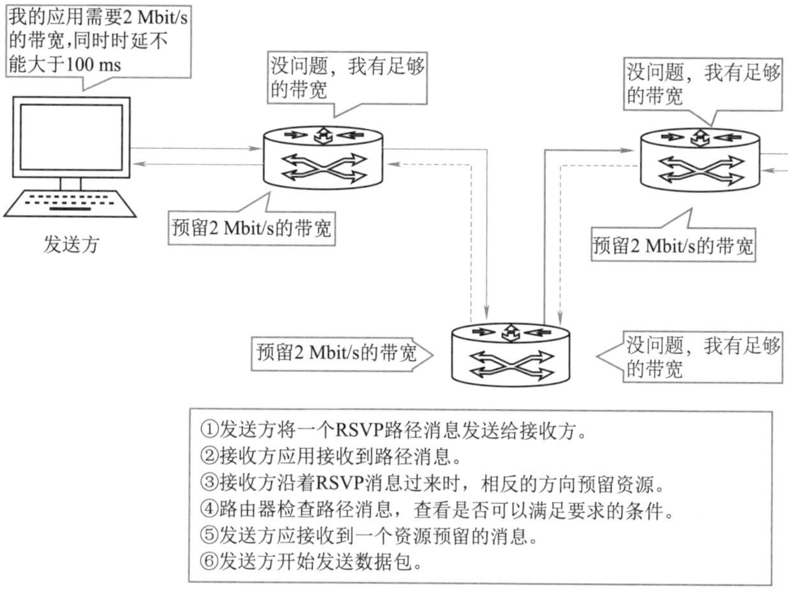
我的应用需要2 Mbit/s的带宽,同时时延不能大于100 ms
没问题,我有足够的带宽
没问题,我有足够的带宽
我的应用需要2 Mbit/s的带宽,同时时延不能大于100 ms
预留2 Mbit/s的带宽
发送方
预留2 Mbit/s的带宽
接收方
预留2 Mbit/s的带宽
没问题,我有足够的带宽
①发送方将一个RSVP路径消息发送给接收方。
②接收方应用接收到路径消息。
③接收方沿着RSVP消息过来时,相反的方向预留资源。
④路由器检查路径消息,查看是否可以满足要求的条件。
⑤发送方应接收到一个资源预留的消息。
⑥发送方开始发送数据包。

图 1-3-4 RSVP 工作原理

RSVP 运行在网络层 IPv4 或 IPv6 之上,但 RSVP 并不传送应用数据,它不是网络传送协议,也不是路由选择协议,RSVP 是一个 Internet 控制协议,类似于 ICMP(互联网络控制报文协议)和 IGMP(路由协议)。为了执行 RSVP 协议,在接收端、发送端和路由器中都必须有执行 RSVP 协议的软件。

2. RSVP-TE

RSVP-TE(Resource ReSerVation Protocol-Traffic Engineering,基于流量工程扩展的资源预留协议)作为 RSVP 协议的一个补充协议,用于为 MPLS 网络建立标签交换路径。RSVP-TE 主要用于支持明确传送 LSP 的实例,也支持 LSP 的平滑重新路由、优先权及环路监测。

现在使用两种 QoS 体系:IntServ(Integrated Service,综合业务模型)和 DiffServ(Differentiated Service,区分业务模型)。

RSVP(Resource Reservation Protocol,资源预留协议)是为 IntServ 而设计的,用于在一条路径的各节点上进行资源预留。RSVP 工作在传输层,但不参与应用数据的传送,是一种 Internet 上的控制协议,类似于 ICMP。

简单来说,RSVP 具有以下几个主要特点:

①单向。

②面向接收者,由接收者发起对资源预留的请求,并维护资源预留信息。

③使用“软状态”(Soft State)机制维护资源预留信息。

RSVP 经扩展后可以支持 MPLS 标签的分发,并在传送标签绑定消息的同时携带资源预留信息,这种扩展后的 RSVP 称为 RSVP-TE,作为一种信令协议用于在 MPLS TE 中建立 LSP 隧道。

3. RSVP 的基本概念

(1)软状态

“软状态”是指在 RSVP 中,通过消息的定时刷新来维持节点上保存的资源预留状态。

资源预留状态包括由路径状态(Path State)和预留状态(Reservation State)。这两种状态分别由 Path 消息和 Resv 消息定时刷新。对于某个状态,如果连续一定的次数没有收到刷新消息,这个状态将被删除,TE LSP 也会被删除。

(2)资源预留类型

资源预留类型(Reservation Style)是指 RSVP-TE 协议在建立 LSP 时预留带宽资源的方式。TE LSP 使用的资源预留方式,由隧道的首端决定,并通过 RSVP 协议在路径上的各个节点实现。

Comware 支持以下两种预留类型:

①FF(Fixed-Filter Style):固定过滤器类型。为每个发送者单独预留资源,不能与同一会话中其他发送者共享资源。

②SE(Shared-Explicit Style):共享显式类型。为同一个会话的发送者建立一个预留,可以共享资源。

SE 资源预留方式主要用于中断前建立(Make-before-Break)。

4. Make-before-Break

Make-before-Break 是指一种可以在尽可能不丢失数据,也不占用额外带宽的前提下改变 MPLS TE 隧道属性的机制。

在图 1-3-5 中,假设需要建立一条 Router A 到 Router D 的路径,保留 30 Mbit/s 带宽,开始建立的路径是 Router A—Router B—Router C—Router D。

现在希望将带宽增大为 40 Mbit/s,Router A—Router B—Router C—Router D 路径不能满足要求。而如果选择 Router A—Router E—Router C—Router D,则 Router C—Router D 也存在带宽不够的问题。

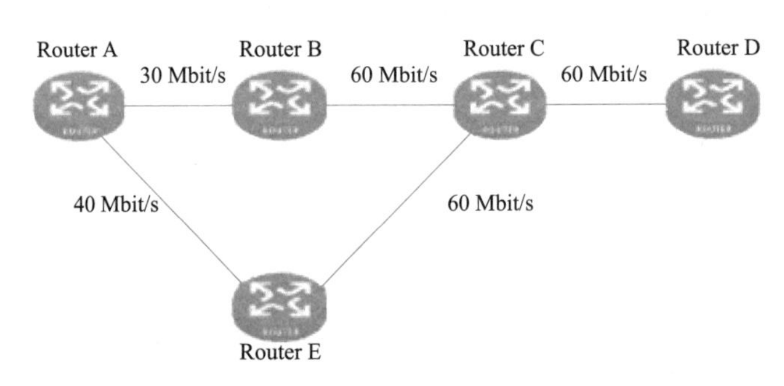

图 1-3-5　Make-before-Break 示意图

采用 Make-before-Break 机制,新建立的路径在 Router C—Router D 可以共享原路径的带宽,新路径建立成功后,流量转到新路径上,之后拆除原路径。

5. Rsvp-TE 消息类型

Rsvp-TE 使用 Rsvp 的消息类型,并进行了扩展。Rsvp 使用以下消息类型:

①Path 消息:由发送者沿数据报文传输的方向向下游发送,在沿途所有节点上保存路径状态。

②Resv 消息:由接收者沿数据报文传输的方向逆向发送,在沿途所有节点上进行资源预留的请求,并创建和维护预留状态。

③PathTear 消息:此消息产生后马上向下游发送,并立即删除沿途节点的路径状态和相关的预留状态。

④ResvTear 消息:此消息产生后马上向上游发送,并立即删除沿途节点的预留状态。

⑤PathErr 消息:如果在处理 Path 消息的过程中发生了错误,就会向上游发送 PathErr 消息,PathErr 消息不影响沿途节点的状态,只是把错误报告给发送者。

⑥ResvErr 消息:如果在处理 Resv 消息的过程中发生了错误,或者由于抢占导致预留被破坏,就会向下游节点发送 ResvErr 消息。

⑦ResvConf 消息:该消息发往接收者,用于对预留消息进行确认。

RSVP 的 TE 扩展主要是在 Path 消息和 Resv 消息中增加新的对象,新增对象除了可以携带标签绑定信息外,还可以携带对沿途 LSR 寻径时的限制信息,从而支持 LSP 约束路由的功能,并支持快速重路由 FRR(Fast ReRoute)。

6. 控制通路

在控制通路中,有两个基本的消息:Path 和 Resv,用来建立资源预留的通路。

①发送者在发送数据前先发送 Path 消息与接收者建立一个传输路径,Path 消息含有唯一标识 LSP 的五元组和其他控制信息,源应用程序通过应用程序接口将用户的业务特征和期望的服务质量要求送到 RSVP 进程,RSVP 进程根据要求形成 Path 消息送到下一跳。

②沿途中间节点的各个路由器的 RSVP 进程收到 Path 消息之后都记录这个流标识符,建立 Path 软状态,保存该业务的参数和前一跳的地址,收集该节点可用资源的信息,并做好保留资源的准备,形成新的 Path 消息转发至下一跳。

③接收者的 RSVP 进程收到 Path 消息通过 RSVP 应用程序接口送到目的应用程序,该应用程序根据收到的业务特征和可用资源参数形成 Resv 消息,该消息包括服务质量参数和满足该参数的业务特征,将该消息按保存的前一跳地址原路返回。

④Resv 消息沿相同的路径传送给发送者,途经各个路由器时,对 Path 消息指定的 QoS 参数给予确认。中间节点的 RSVP 进程收到 Resv 消息,建立 Resv 软状态,包括设置包分类器和包转发器的参数,并将该消息按保存的前一跳地址转发。

⑤当发送者收到来自接收者 Resv 消息之后,LSP 隧道建成。以后发送者和接收者之间通过这条路径传输数据流,沿途的各个路由器为该数据流保留资源,按所协商的 QoS 提供转发服务。

为适应路由、QoS 要求等变化,RSVP 定期发送刷新消息,包括 Path 和 Resv 刷新消息。

RSVP 消息处理模块负责消息处理,建立、维护和删除 QoS 连接资源预留状态,并根据从路由处理模块获得的路由转发相应的消息。根据收到的 Path、Resv、Path 刷新、Resv 刷新等消息为该数据流建立和修改通道状态 PSB 和预留状态 RSB,这两个状态中包含每个数据流的业务参数和资源预留参数。

在多路广播的情况下,RSVP 消息处理模块需对来自不同接收者发往同一接收者的资源预留消息进行合并,并修改本地资源预留状态。因业务特征和预留要求都是多维的,故不是简单地选择某参数的较大值来确定合并的资源预留,而是对其中的每个参数按一定的算法综合成能满足合并的每个消息的资源预留状态,即最低上限(LUB)。

RSVP 是一种复杂的信令系统,包括对资源预留链路的建立、刷新和删除,并需对各种出错信息进行处理,若某个数据流的状态发生变化,则利用 RSVP 消息处理模块和业务控制模块间的应用程序接口触发业务控制模块在链路层上对预留的资源进行调整。

为了维护路径状态信息,路由器的 RSVP 设有两个计时器:清除计时器和更新周期计时器。更新周期计时器的时间间隔比清除计时器要小,这样偶尔发生的 Path 消息丢失不会引起不必要的路径状态信息删除。建议用最小网络带宽来配置 RSVP 报文,以免因拥挤而丢失数据。

7. 建立 LSP 隧道

图 1-3-6 所示为使用 RSVP 建立 LSP 隧道的示意图。

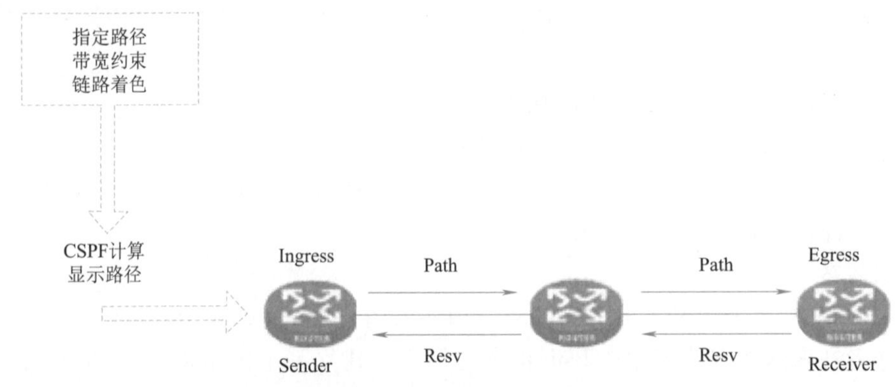

图 1-3-6　RSVP 建立 LSP 隧道

使用 RSVP 建立 LSP 隧道的过程可以简单描述如下：

①在 Ingress 上依据 TE 隧道所配置的约束，如指定路径、带宽约束、链路着色等条件通过 CSPF 计算得出 CR-LSP 隧道所要经过的路径。

②Ingress LSR 产生携带相应带宽预留信息和路径信息的 Path 消息，依据计算的路径向 Egress LSR 方向发送。Path 消息经过的 LSR，都依据 Path 消息生成路径状态。

③Egress LSR 收到 Path 消息后，产生携带预留信息和标签的 Resv 消息，沿 Path 消息发送的相反路径逐跳返回 Ingress LSR。同时，Resv 消息在沿途的 LSR 上预留资源，并生成预留状态，生成标签交换路径。

④当 Ingress LSR 收到 Resv 消息时，CR-LSP 建立成功。

采用 RSVP-TE 建立的 CR-LSP 具有资源预留功能，沿途的 LSR 可以为该 CR-LSP 分配一定的资源，使在此 LSP 上传送的业务得到保证。

8. LSP 隧道的维护

由于 RSVP 是软状态协议，因此，需要定时发送消息来维护路径和预留状态，从而实现 LSP 隧道的维护。

RSVP 是通过 Refresh 消息完成刷新，这并不是一种新的消息，它是将以前发布过的消息再次传送。Refresh 消息中携带的主要信息和传送时使用的路径都与它要刷新的消息完全一致。Refresh 消息只能刷新 Path 消息和 Resv 消息。CR-LSP 路径上各节点间的消息刷新是独立的，即并不需要 Ingress LSR 或者 Egress LSR 定时发送消息来触发。

由于 Refresh 消息是定时发送的，当网络中的 RSVP 会话比较多时，Refresh 消息会加重网络负载；而对于时延敏感的应用，当消息丢失时，等待通过 Refresh 消息恢复的时间可能无法接受。简单地调整刷新间隔并不能同时解决这两类问题。

用于解决 Refresh 消息带来的上述问题，定义了几种新的扩展机制。

(1) Message ID 扩展

RSVP 使用 Raw IP 发送消息，Message ID 扩展机制增加了可以在 RSVP 消息中携带的对象，其中，Message ID 和 Message ID ACK 对象用于 RSVP 消息确认，从而提高 RSVP 消息发送的可靠性。

在接口使能 Message ID 机制后，可以配置重传功能，设定 RSVP 消息的重传参数。如果在重传时间间隔内（假设为 Rf 秒），没有收到应答消息 ACK，经过(1 + Delta) × Rf 秒后，将重传此消息。Delta 决定发送方增加重传间隔的速率。重传将一直持续到收到一个 ACK 消息或达到增量值 RI。

(2)摘要刷新扩展

RSVP 协议是一种典型的软状态协议,其相关的 LSP 状态信息必须依靠定时的刷新消息才能够维持,一旦在规定的时间内某个 RSVP 节点没能收到刷新消息,则其相关的 LSP 状态将被拆除。

RSVP 的这种特性决定了,当其隧道数量达到了某个量级(几千条)之后,为了维持这些隧道的刷新消息,将会对整个系统的负荷造成很大压力,将很多带宽流量都花费在维持已有隧道的功能上面。如果能够使用某种方式来减少刷新消息所产生的流量负荷,就可以更有效地利用有限的系统资源。

消息重传和消息确认机制通过在触发消息中携带 MESSAGE_ID 对象,当邻居接收到该消息时,向消息发送者确认接收到该消息,确认消息通过携带方式或者确认消息进行确认。消息重传和消息确认机制只应用于触发消息,对于 Path 和 Resv 的刷新消息,没有进行处理。

摘要刷新的原理是通过一个新的消息类型:摘要刷新消息(携带有标识 Path 或 Resv 的 MESSAGE-ID)替代标准的 Path 和 Resv 消息,而 MESSAGE_ID 对象就是在消息重传和消息确认机制运用的对象。

为了实现 RSVP 摘要刷新功能,RFC 扩充了 MESSAGE_ID 对象、MESSAGE_ID_ACK 对象、MESSAGE_ID_LIST 对象、MESSAGE_ID_NACK 对象,以及 ACK 消息、Srefresh 消息。

①MESSAGE_ID_LIST 对象:用来标识之前发送过的消息。

接收方接收到 MESSAGE_ID,就像接收到之前一个完整的 Path 或 Resv 消息一样。

②MESSAGE_ID_NACK 对象:在接收到 MESSAGE_ID 后如果没有找到对应的状态块,产生 MESSAGE_ID_NACK 对象,这个对象利用重传和确认机制,在单独的 ACK 消息中发送或携带在其他消息中进行发送。

③Srefresh 消息:可以携带一个或多个 MESSAGE_ID_LIST 对象,从而完成对先前通告过的多个 Path 或 Resv 进行刷新。

Srefresh 消息本身是需要回复的,所以还应该携带一个 MESSAGE_ID 对象。

邻居接收到摘要刷新消息后,通过 MESSGE_ID 确定该 MESSGE_ID 对应的 Path 或 RSB 状态块,如果找到了对应的控制块,认为从上游接收到了 PATH 刷新消息,或者从下游接收到了 Resv 刷新消息,更新 PSB 或者 RSB 的 TTD 时间。

如果邻居通过 MESSGE_ID 没有找到对应的 Path 或 RSB 状态块,需要向源端发送 MESSAGE_ID_NACK 对象,源端接收到 NACK 对象后,根据 MESSAGE_ID 代表的 Path 或 RSB 状态块,构建标准的 Path 或 Resv 刷新消息,向邻居发送。

摘要刷新的优势在于发送端不用构建标准的 Path 和 Resv 消息,邻居节点也不用创建 PKT,比较报文中对象等操作,从而减少刷新消息所产生的流量负荷,从而更加有效地利用了有限的系统资源。

9.消息确认与重传

RSVP 报文是基于 IP 协议的,而 IP 协议本身在报文转发方面是不可靠的,存在发送报文丢失、失败等可能。并且在发生报文丢失等异常情况下,IP 协议也不会通知发送方。在引入摘要刷新功能之前,单个 RSVP 报文只对一条 LSP 进行刷新,如果刷新报文中途丢失,可以通过频繁的刷新来弥补。即使在最坏的情况下,某条 LSP 在一定时间内始终没有收到刷新报文而导致拆除,也只是影响单条 LSP 的业务,危害并不非常严重。

RFC 提出的摘要刷新方式,虽然可以减少刷新报文的数量,但是也带来了一个负面作用:单个刷新报文的功能与重要性大大增加,一个报文的丢失将会导致多条 LSP 无法收到刷新消息,甚至导致多条 LSP 的拆除和业务中断,这种危害非常严重。

为了缓解和消除这种负面作用,产生了消息确认与重传功能,也就是说,消息确认与重传最主要的用途是为摘要刷新功能提供保障基础，使需要确认的报文在接收到确认之前进行重传，从而保证消息的可靠性。

为了实现 RSVP 消息确认与重传功能，RFC 扩充了 MESSAGE_ID 对象、MESSAGE_ID_ACK 对象及 ACK 消息。

①MESSAGE_ID 对象：用来唯一标识一个消息，并表示此消息是否需要对端的 ACK 回复。

②MESSAGE_ID_ACK 对象：唯一作用是为对应的 MESSAGE_ID 对象进行回复。

如果发送方的 MESSAGE_ID 对象中的 Flags 没有置 1，则一定不能回复该对象。

③ACK 消息：可以携带多个 MESSAGE_ID_ACK 对象，从而完成对先前接收的多个报文的回复。

ACK 消息本身是不需要回复的，所以不允许携带任何 MESSAGE_ID 对象。

正常情况下，接收到 MESSAGE_ID_ACK 对象的回复方式称为"显式回复"。有些时候，接收到的 RSVP 报文不携带 MESSAGE_ID_ACK 对象，但其携带的 MESSAGE_ID 对象本身可以起到 MESSAGE_ID_ACK 对象的回复作用，这种回复方式称为"隐式回复"。

作为报文的接收方，如果判定接收到的报文需要 ACK 应答，则存在以下两种选择：立刻针对这个报文，专门回复一个 ACK 消息，这种回复方式称为"即时回复"。NOTIFY 报文的回复方式就属于这一种，即时回复的优点是实时性比较强，缺点是效率相对较低，一个 ACK 消息只能回复之前接收到的一个报文。批量延时回复：将用来回复这个报文的 ACK 对象先缓存起来，等积攒到一定数量以后，再将这些 ACK 对象一次性全部发送出去，从而完成一次批量回复的过程。

三、LDP over RSVP

1. 技术简介

(1) LDP Remote Session

LDP 的 Session 分为两种，即 Local Session 和 Remote Session。Local Session 是用于两台直接相连的路由器来处理 LSP 消息。Remote Session 是 LDP 通过 target hello 发现的非直接相连的邻居建立的 Session。一般情况下，如果需要把 LSP 跨过某一个区域时，就会用 Remote Session 来传送 LSP 消息。如 L2VPN 中的 Martini 方式，就是用 Remote Session 来建立 L2VPN 的 VC LSP。

(2) LDP LSP

LDP 是 MPLS 的 LSP 建立协议，目前广泛应用于 VPN 服务的提供，它具有组网简单、配置容易、可以提供路由拓扑驱动建立 LSP、可以支持大容量 LSP 等优点。LDP over RSVP 使用的 LDP LSP 是 LDP 通过 Remote Session 创建的 LSP，它的出接口是 Tunnel 的出接口。

(3) RSVP TE

RSVP 是一种基于 TCP/IP 的传送层协议。通过 RSVP 协议，主机可以向网络申请特定的 QoS，为特定的应用程序提供有保障的数据流服务。同时，RSVP 在数据流经过的各个路由器节点上对资源进行预留，并维持该状态，直到应用程序释放这些资源。RSVP-TE 协议对 RSVP 进行了扩展，能够携带带宽、部分明确路由、着色等约束参数，通过流量工程的约束路由计算建立满足这些约束条件的 LSP，实现链路备份、节点备份及负载均衡等功能。

(4) IP over TE

IP over TE 是指在 TE 隧道建立完毕后，IGP（如 OSPF、ISIS）让路由的出接口选中 TE 的隧道。这时，就可以简单认为此路由器和 TE 隧道的目的路由器通过 TE 的隧道接口（逻辑接口）直接相连，报文实际转发时，是通过 TE 的隧道透传。IP over TE 有两种实现方法：一种是 IGP Shortcut，即通过本地计算来实现；还有一种是 FA，即通过发布 LSA 来实现，IGP Shortcut 因为配置和控制简单,更为常用。

2. 关键技术

在 RSVP TE 域建立好隧道,同时使能 LDP 的 Remote Session,并且使能 IGP Shortcut,让路由以 TE 的隧道接口作为出接口。这样,LDP 就会通过 Remote Session 发送 Label Mapping 消息,把 LSP 建立起来,使 LSP 的出接口为 TE 的隧道接口。因此,LDP over RSVP 的关键技术要点为 RSVP TE、LDP Remote Session、IGP Shortcut,以及通过 LDP Remote Session 建立 LSP。

(1)LSP 建立过程

如图 1-3-7 所示,P1、P2、P3 为 RSVP TE 域,运行 RSVP TE。PE1、PE2 为 VPN 的 PE,运行 MBGP 和 VPN。PE1 和 P1 之间运行 LDP,P3 和 PE2 之间运行 LDP。

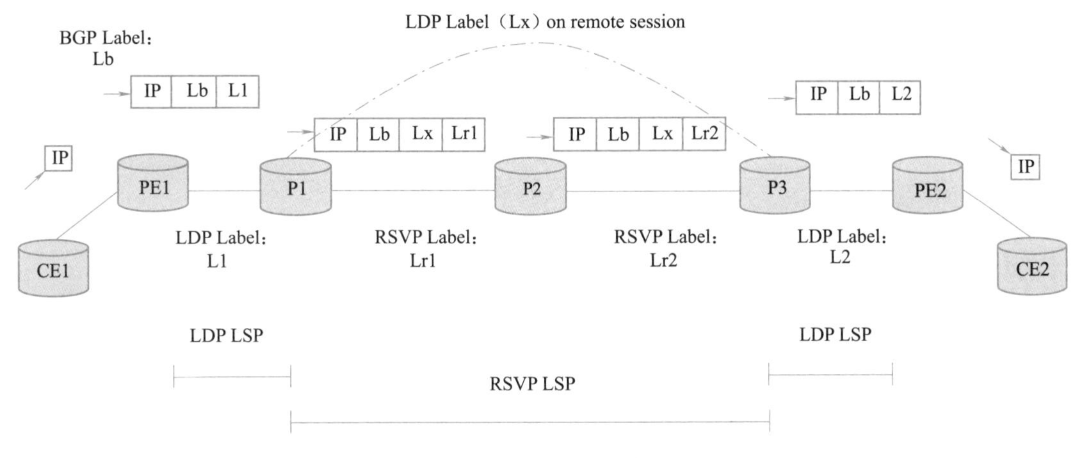

图 1-3-7　LSP 建立过程

流程解释如下:(以建立 PE1 到 PE2 的 LSP 为例,LSP 的 FEC 为 FecPE2)

①建立 P1 到 P3 的 RSVP TE 隧道 Tunnel0,P3 给 P2 分的标签为 Lr2,P2 给 P1 分的标签是 Lr1。

②在 P1 和 P3 之间建立 LDP 的 Remote Session。

③在 P1 和 P3 上使能 IGP Shortcut,保证在 P1 上看到 FecPE2 的路由的出接口为 Tunnel0。

④在 PE2 上触发建立 LSP(FecPE2),发送 Label Mapping 消息到 P3,标签为 L2。

⑤P3 收到 Label Mapping 消息后,通过 LDP Remote Session 把 Label Mapping 消息发给 P1,标签为 Lx。

⑥P1 收到 Label Mapping 消息,同时查路由的出接口是 Tunnel0,这样 PE1 到 PE2 的 LSP 将在 RSVP TE 内传送,最外层标签为 RSVP TE 的标签,即 Lr1。

⑦P1 继续发 Label Mapping 消息给 PE1,标签为 L1。

⑧PE1 生成 Ingress LSP(FecPE2)。

⑨MBGP 从 PE2 发送 CE2 的私网路由给 PE1,其私网标签为 Lb。

至此,PE1 到 PE2 的 LSP 建立完毕,此 LSP 跨过了 RSVP TE 域(P1 ~ P3)。

(2)数据转发过程

结合 VPN 的应用,报文的转发流程如下:

①PE1 收到 CE1 来的报文后,压入私网 BGP 标签 Lb,然后再压入 LDP 的公网标签 L1。

②在 P1 上收到 PE1 的标签报文(Lb、L1)后,先把 L1 交换为 Lx(P3 通过 LDP Remote session 发给 P1 的标签),然后在压入 RSVP TE 隧道的标签 Lr1,此时报文中的标签为(Lb、Lx、Lr1)。

③从 P2 到 P3,报文通过 RSVP TE 的透传,Lr1 被交换为 Lr2,即 P3 收到的报文中有如下标

签:(Lb、Lx、Lr2)。

④到 P3 后,先弹出 RSVP 的标签 Lr2,露出 Lx,Lx 为 LDP 的标签,被交换为 L2,然后发送给 PE2,此时报文的标签为(Lb、L2)。

⑤PE2 收到后,弹出 L2,再弹出 Lb,最后发送给 CE2。

CE2 到 CE1 的数据报文转发流程与上文类似。

任务小结

本任务学习 LDP 与 RSVP-TE 协议的基本概念,了解 LDP over RSVP 技术,熟悉 LDP 与 RSVP-TE 的消息类型,掌握 LDP 与 RSVP-TE 协议的 LSP 建立与维护。

※思考与练习

一、填空题

1. LDP 邻接体存在(　　)邻接体和(　　)邻接体两种类型。

2. RSVP 协议使用(　　)机制维护资源预留信息。

3. LDP over RSVP 使用的 LDP LSP,是 LDP 通过(　　)创建的 LSP。

4. ZXCTN 设备实现了 IGP 同步功能,实现 LDP LSP 与 IGP 路由同步收敛。可以支持的 IGP 协议包括(　　)和(　　)。

5. LDP 会话建立和维护过程中,主要完成(　　)之间的 TCP 连接和会话初始化(各种参数的协商)。

二、判断题

1. (　　)通过 LDP 协议,LSR(Label Switched Router,标签交换路由器)可以把网络层的路由信息直接映像到数据链路层的交换路径上,建立起网络层的 LSP。

2. (　　)LDP 对等体是指相互之间存在 LDP 会话、使用 LDP 来交换标签消息的两个 LSR。

3. (　　)LSR 通过周期性的发送 LDP Hello 报文,实现 LDP 基本发现机制,建立本地 LDP 会话。

4. (　　)RSVP 对资源的申请是单向的;由接收者发起对资源预留的请求,并维护资源预留信息。

5. (　　)RSVP 是一个 Internet 控制协议,同时传送应用数据。

三、简答题

1. 简述 LDP 发现机制。

2. 简述 RSVP-TE 协议中断前建立机制。

任务四　学习 MPLS L2VPN 技术

任务描述

MPLS L2VPN 是运营商的分组传送网中常用的业务。由于二层业务接入较为普遍,如 2G 业务采用的是 CES 业务端口接入,3G 业务采用的是百兆以太网口接入,接入的业务均是二层业务,而对于中国移动大部分城域网来说,其城域网的接入层大部分都是二层 PTN 设备,所以其上运行的业务均是L2VPN业务。L2VPN业务外层是VC虚拟通道,而VC虚拟通道的外层是Tunnel隧道。Tunnel隧道内可承载一条或多条VC虚拟通道,一条VC虚拟通道内可承载一条或多条L2VPN业务。

任务目标

- 识记:L2VPN的基本概念。
- 领会:L2VPN的实现方式。
- 应用:L2VPN的分类与PWE3技术。

任务实施

一、MPLS L2VPN

1. MPLS L2VPN概述

MPLS L2VPN提供基于MPLS网络的二层VPN(Virtual Private Network,虚拟专用网络)服务,使运营商可以在统一的MPLS网络上提供基于不同数据链路层的二层VPN,包括ATM、FR、VLAN、Ethernet、PPP等。

简单来说,MPLS L2VPN就是在MPLS网络上透明传输用户二层数据。从用户的角度来看,MPLS网络是一个二层交换网络,可以在不同节点间建立二层连接。

以ATM为例,每个用户边缘设备(Customer Edge,CE)配置一条ATM虚电路(Virtual Circuit,VC),通过MPLS网络与远端CE相连,如图1-4-1所示。这与通过ATM网络实现互联类似。

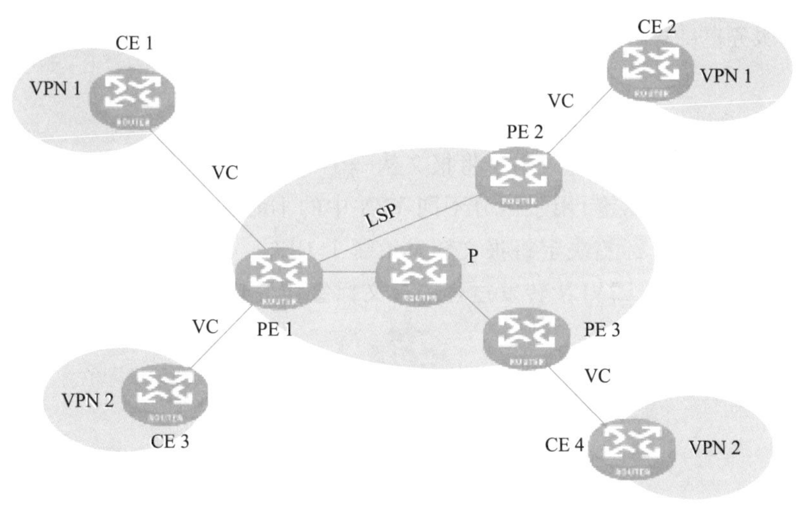

图1-4-1　MPLS L2VPN组网示意图

(1)MPLS L2VPN与传统的VPN对比

传统的基于ATM或Frame Relay(帧中继,FR)的VPN应用非常广泛,它们能在不同VPN间共享运营商的网络结构。这种VPN的不足在于:

①依赖于专用的介质(如ATM或FR):为提供基于ATM的VPN服务,运营商必须建立覆盖全部服务范围的ATM网络;为提供基于FR的VPN服务,又需要建立覆盖全部服务范围的

FR 网络,在网络建设上造成浪费。

②部署复杂:尤其是向已有的 VPN 加入新的 Site(站点)时,需要同时修改所有接入此 VPN 站点的边缘节点的配置。

MPLS L2VPN 克服了上述缺陷,提供了更好的 VPN 解决方案。

(2)MPLS L2VPN 与 MPLS L3VPN 对比

相对于 MPLS L3VPN,MPLS L2VPN 具有以下优点:

①可扩展性强:MPLS L2VPN 只建立二层连接关系,不引入和管理用户的路由信息。这大大减轻了 PE(Provider Edge,服务提供商网络边缘)设备甚至整个 SP(Service Provider,服务提供商)网络的负担,使服务提供商能支持更多的 VPN 和接入更多的用户。

②可靠性和私网路由的安全性得到保证:由于不引入用户的路由信息,MPLS L2VPN 不能获得和处理用户路由,保证了用户 VPN 路由的安全。

③支持多种网络层协议:包括 IP、IPX、SNA 等。

2. MPLS L2VPN 的基本概念

在 MPLS L2VPN 中,CE、PE、P 的概念与 MPLS L3VPN 一样,原理也相似。

(1)CE(Customer Edge)设备

CE 设备是指用户网络边缘设备,由接口直接与 SP 相连。CE 可以是路由器或交换机,也可以是一台主机。CE“感知”不到 VPN 的存在,也不需要必须支持 MPLS。

(2)PE 设备

PE 设备是指服务提供商网络边缘设备,与用户的 CE 直接相连。在 MPLS 网络中,对 VPN 的所有处理都发生在 PE 上。

(3)P(Provider)设备

P 设备是指服务提供商网络中的主干设备,不与 CE 直接相连。P 设备只需要具备基本 MPLS 转发能力。

MPLS L2VPN 通过标签栈实现用户报文在 MPLS 网络中的透明传送:

①外层标签(称为 Tunnel 标签)用于将报文从一个 PE 传递到另一个 PE。

②内层标签(称为 VC 标签)用于区分不同 VPN 中的不同连接。

③接收方 PE 根据 VC 标签决定将报文转发给哪个 CE。

图 1-4-2 所示为 MPLS L2VPN 转发过程中报文标签栈变化的示意图。

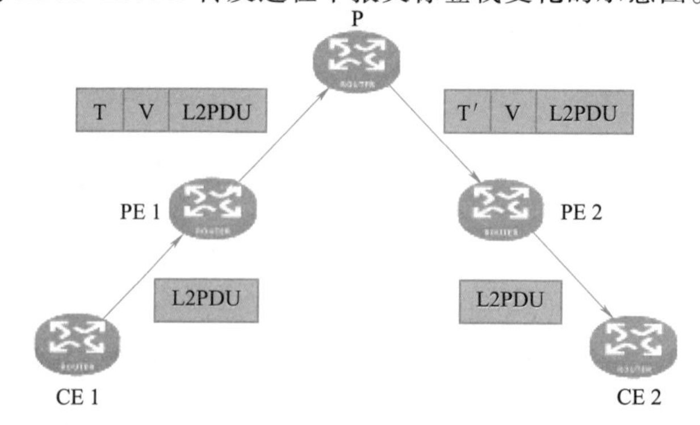

图 1-4-2　MPLS L2VPN 转发过程中报文标签栈变化的示意图

注:①L2PDU 是链路层报文,PDU 即 Protocol Data Unit,协议数据单元。

②T 是 Tunnel 标签;V 是 VC 标签;T′表示转发过程中外层标签被替换。

3. MPLS L2VPN 的实现方式

MPLS L2VPN 主要有 CCC 连接方式、Martini 连接方式和 Kompella 连接方式。

(1) CCC 连接方式

CCC(Circuit Cross Connect,电路交叉连接)连接方式采用静态配置、VC 标签的方式实现 MPLS L2VPN 的方法。其可以分为本地连接和远程连接两种方式。

①本地连接:在两个本地 CE 之间建立的连接,即两个 CE 连在同一个 PE 上。PE 的作用类似二层交换机,可以直接完成交换,不需要配置静态 LSP。

②远程连接:在本地 CE 和远程 CE 之间建立的连接,即两个 CE 连在不同的 PE 上,需要配置静态 LSP 来把报文从一个 PE 传递到另一个 PE。

CCC 方式的结构:CCC 方式的 MPLS L2VPN 既支持远程连接,又支持本地连接。CCC 方式支持的拓扑结构如图 1-4-3 所示。

如图 1-4-3 所示,VPN1 的 Site1 和 Site2 通过 CCC 远程连接(蓝色虚线)互联。Site1 与 Site2 间需要两条静态 LSP,一条从 PE1 到 PE2,表示从 Sitel 到 Site2 的 LSP;另一条从 PE2 到 PE1,表示从 Site2 到 Site1 的 LSP。VPN1 的 Site1 和 Site2 通过 CCC 远程连接,为客户提供类似传统二层 VPN 的二层连接。VPN2 的 Site1 和 Site2 通过 CCC 本地连接(蓝色实线)互联,它们接入的 PE3 相当于一个二层交换机,CE 之间不需要 LSP 隧道。可以直接进行 VLAN、Ethernet、FR、ATM AAL5、PPP、HDLC 等不同链路类型的数据交换。

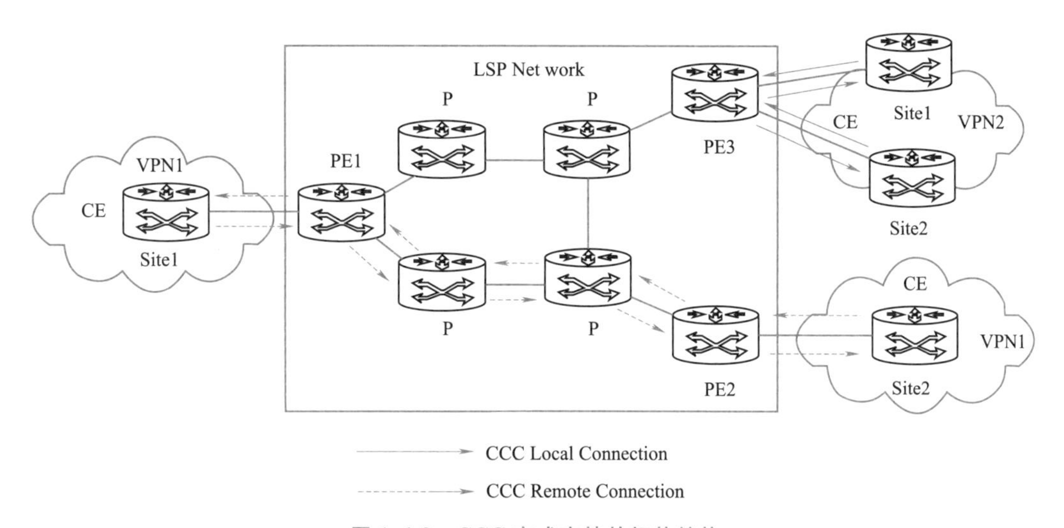

图 1-4-3 CCC 方式支持的拓扑结构

这种方式的最大优点是:不需要任何标签信令传递二层 VPN 信息,ISP 网络支持 MPLS 转发即可。此外,由于 CCC 的 LSP 是专用的,因此可以提供 QoS 保证。

(2) Martini 连接方式 VLL

Martini 连接方式使用 LDP 作为传递 VC 信息的信令,是 MPLS L2VPN 的一种实现方式。此种方式遵循 RFC 4906,其中对标准的 LDP 进行了扩展,增加了 FEC 类型(VC FEC)用于 VC 标签的交换。PE 为 CE 之间的每条连接分配一个 VC 标签。二层 VPN 信息将携带着 VC 标签,通过 LDP 建立的 LSP,转发到 Remote Session 的对端 PE。这样实际上在普通的 LSP 上建立了一条 VC LSP。

Martini 连接方式支持的拓扑结构如图 1-4-4 所示，VPN1 和 VPN2 的 Site1 和 Site2 通过 Martini 远程连接互联。VPN1 和 VPN2 在 ISP 的网络里可以分别通过两条不同的 LSP 互联，也可以复用一条 LSP 进行互联。

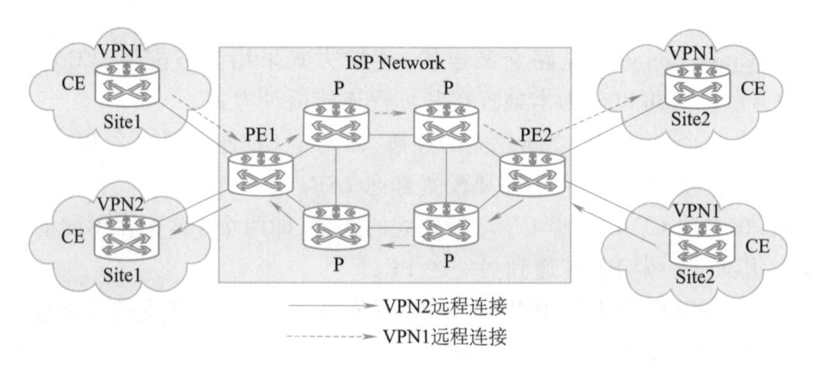

图 1-4-4 Martini 连接方式支持的拓扑结构

Martini 连接方式只支持远程连接，而不支持本地连接。Martini 连接方式支持 GR，设备发生倒换后，VC 标签保持不变。倒换过程中，VC 状态保持 UP。报文在 VC 上的转发不受倒换影响。

Martini 连接方式在引入 PW 冗余之后，除了 VC Type + VC ID 外，还需要 Peer IP 来唯一识别一个 VC。基本概念如下：

①VC Type：表明 VC 的封装类型，例如 ATM、PPP 或 VLAN。

②VC ID：标识 VC。在没有配置冗余 PW 时，相同 VC Type 的所有 VC，其 VC ID 必须在整个 PE 唯一。

③Peer IP：VC 对端 PE 的 IP 地址，通常为 Loopback 接口地址。

连接两个 CE 的 PE 通过 LDP 交换 VC 标签，并通过 VC ID 将对应的 CE 绑定起来。如果交换 VC 标签的两个 PE 不是直接相连的，必须建立 Remote LDP 会话，在这个会话上传递 VC FEC 和 VC 标签。传递二层数据的 VC 建立成功必须同时满足：

- AC 接口物理状态为 UP。
- PE 间的隧道建立成功。
- 双方的标签交换和绑定完成。
- PW 的建立和拆除。

PW 采用 LDP 作信令时，通过扩展标准 LDP 的 TLV 来携带 VC 的信息，增加了 128 类型的 FEC TLV。建立 PW 时的标签分配顺序采用下游自主分发 DU(Downstream Unsolicited)模式，标签保留模式采用自由模式(Liberal Label Retention)，PE 与 PE 之间需要建立 LDP Session。

如果 PE 之间有 P 设备，则采用 Remote 方式建立 PE 与 PE 之间的 LDP Session。

如果 PE 与 PE 直连，则直接配置普通的 LDP Session。

(3) Kompella 连接方式

Kompella 连接方式是使用 BGP 作为信令协议在 PE 间传递二层信息和 VC 标签的一种 MPLS L2VPN 技术。

Kompella 连接方式 VLL 使用 VPN Target 来进行 VPN 路由收发的控制，给组网带来了很大的灵活性。采取分配标签块的方式进行 VC 标签的分配，事先为每个 CE 分配一个标签块，标签块的大小决定了这个 CE 可以与其他 CE 建立多少条连接。允许为 VPN 分配一些额外的标签,留待以后扩容使用。PE 根据这些标签块进行计算,得到实际的内层标签,用于报文的传输。Kompella 连接方式的 VLL 扩展性好,并且支持本地连接和远程连接。Kompella 连接方式支持的拓扑结构如图 1-4-5 所示。

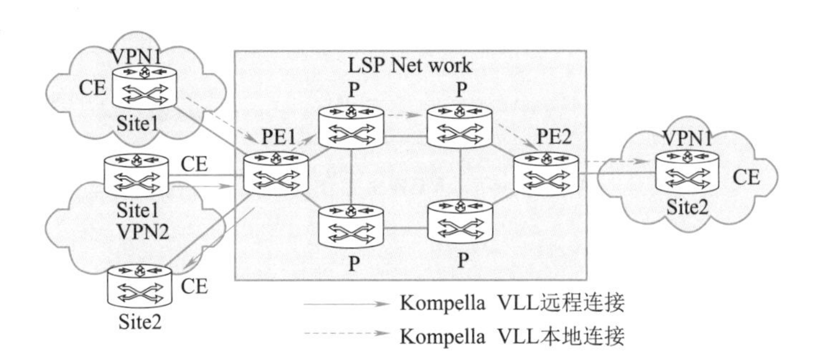

图 1-4-5 Kompella 连接方式支持的拓扑结构

Kompella 连接方式对各种复杂拓扑的支持能力较好,这得益于 BGP 的节点自动发现能力。

在 Martini 中用 LDP 进行 VC 标签的交互,如果不使用 LDP,而是在 PE 上直接手工指定内层标签,这就是 SVC 的模式。可以认为 SVC 是 Martini 的简化。

SVC 方式 VLL 的 VC 标签是静态配置的,不需要 VC 标签映射,所以不需要 LDP 信令传输 VC Label。

4. MPLS L2VPN 的分类

二层 MPLS VPN 主要有 VPWS、VPLS、MSPW、VLSS。

(1) VPWS

VPWS 建立在 MPLS 网络的基础设施之上,使用点到点连接方式实现 VPN 内每个站点之间的通信。这种方式多用于正在使用 PPP、HDLC、ATM、FR 连接的用户,用户和网络提供商之间的连接保持不变,但业务经封装后在网络提供商的 IP 主干网上传输。

在两个 PE 路由器之间要建立穿过 MPLS 网络的 LSP 隧道。LSP 隧道提供了隧道标记(Tunnel Label),在两个 PE 路由器之间透传数据。同时,在两个 PE 路由器之间还要定义直接的标记分发协议进程,用来传递虚拟链路的信息,其中最关键的是通过匹配 VCID 来分发虚拟链路标记(VC Label)。

当二层透传的端口有数据包进入 PE 路由器时,PE 路由器通过匹配 VCID 找到与之对应的隧道标记和虚拟链路标记。PE 路由器会将此数据包打上两层标记,其中外层标记为隧道标记,指示从该 PE 路由器到目的 PE 路由器的路径;内层标记为虚拟链路标记,指示在目的 PE 路由器上属于哪个 VCID 对应的路由器端口。

PE 路由器要监视各自端口上的二层协议状态,如帧中继的 LMI 或 ATM 的 ILMI。当出现故障时,通过标记分发协议来取消虚拟链路标记,从而断开此二层透传,避免产生单向无用数据流。这种基于 MPLS 的二层透传方式,改变了传统的二层链路必须通过交换网络实现的限制,从根本上形成了“一个网多种业务”的业务模式,让运营商可以在一个 MPLS 网络中同时提供二层业务和三层业务。

在 MPLS 网络的基础设施之上,在两个 PE 路由器的一对端口之间建立专线提供二层透传服务,属于点到点的 L2VPN 业务,其原理图如图 1-4-6 所示。

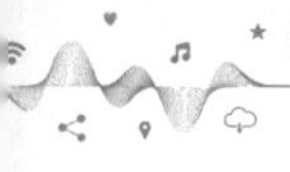

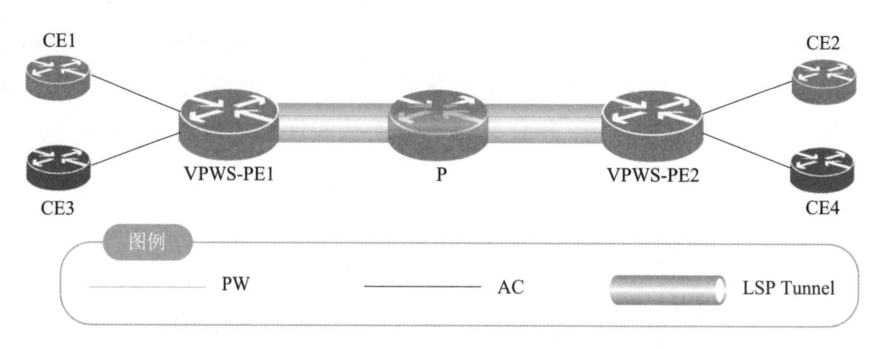

图 1-4-6 VPWS 工作原理

VPWS 的工作模式是点到点。

VPWS 的 VC 建立过程如下：

①LSP 建立：通过 MPLS 网络建立 LSP 隧道。

②VC 分配：PE 配置 VCID 分发 VC Label 并和远端 PE 交互。

③PW 建立：两台 PE 之间通过 mapping 消息协商交互，建立 PW。

(2) VPLS

VPLS(Virtual Private LAN Service，虚拟专用 LAN 服务)在 MPLS 网络中提供以太网的仿真业务，将多个 LAN/VLAN(Virtual Local Area Network，虚拟局域网)网络连在一起，属于多点到多点的 L2VPN 业务。

VPLS 也称透明局域网服务(Transparent LAN Service，TLS)，是局域网之间通过虚拟专用网段互联，是局域网在 IP 公共网络上的延伸。不同于普通 L2VPN 的点到点业务，利用 VPLS 技术，服务提供商可以通过 MPLS 主干网向用户提供基于以太网的多点业务。以太网技术由于其灵活的 VLAN 逻辑接口定义、高带宽低成本等优势，越来越被广泛地使用。突破传统以太网技术的限制，VPLS 主干网不需要运行 STP，而是使用全连接和水平分割来消除主干网的环路。对于单播或多播不可知帧，可采取丢弃、本地处理和广播的处理方式。因此，VPLS 将实现 VLAN 的范围扩展至全国各地，甚至世界各地。尤其是 QinQ(802. lq-in-802. lq)方式的 VPLS，不受 VLAN 地址空间的限制，更加扩大了 VPLS 的地域范围。但 VPLS 中存在广播风暴问题，同时，PE 设备要进行私网设备的 MAC(Medium Access Control)地址学习，协议、存储开销大。

VPLS 是虚拟专用局域网的简称，在 VPLS 原理介绍中会提到如下术语。

①AC：接入链路，用户与服务提供商之间的连接，即连接 CE 与 PE 的链路。

②PW：虚链路，两个 PE 设备上的 VSI 之间的一条双向虚拟连接，由一对方向相反的单向的 MPLS VC(Virtual Circuit，虚电路)组成，也称仿真电路。

③TAG：一个服务提供商网络为了区分用户而添加的"服务定界符"，即 Service Delimiting (SDT)，也称 PTAG。

服务提供商 ISP 通过可扩展的 IP/MPLS 网络提供城域内和城域间的多点到多点二层连接，对于用户而言，遍布各地的站点就好像连接到一个简单的以太网 LAN。VPLS 工作原理图如图 1-4-7所示。

用户可以通过 MAN(Metropolitan Area Network，城域网)或 WAN(广域网)来实现自己的 LAN。

①VPLS 的工作过程。

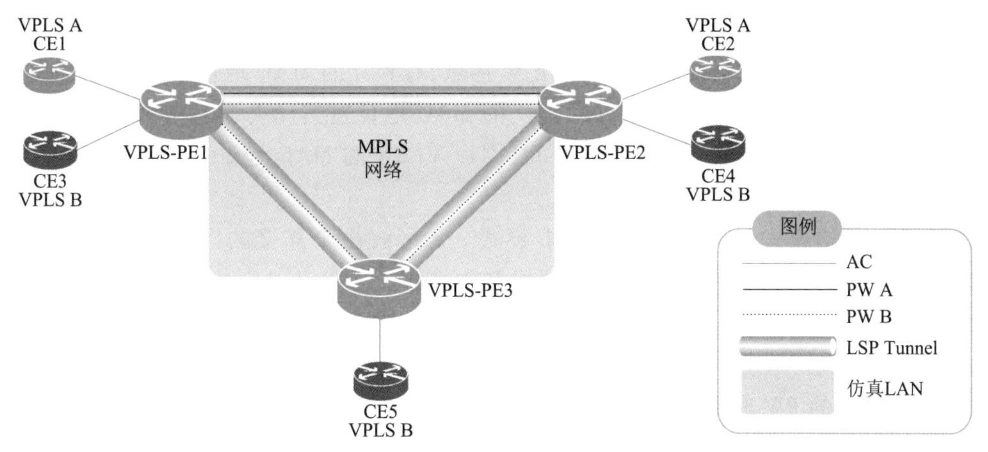

图 1-4-7 VPLS 工作原理图

如图 1-4-8 所示,VPLS 网络的工作过程大致如下:

步骤 1:VPLS 要在 PE1、PE2 和 PE3 的 VPLS 实例之间建立 PW 的全连接,同一个 VPLS 域中的所有 VPLS 实例将使用相同的 VCID。

假定 PE1 为 PE2 和 PE3 分别分配 VC 标签 102 和 103,PE2 为 PE1 和 PE3 分别分配 VC 标签 201 和 203,而 PE3 为 PE1 和 PE2 分配的标签为 301 和 302。

步骤 2:如果 CE1 后面的一个主机有一个源 MAC 地址为 X,目的 MAC 地址为 Y 的 MAC 帧从 PE1 发出。如果 PE1 不知道 MAC 地址 Y 所在的 PE,则将这个 MAC 帧加上标签 201 发给 PE2,加上标签 301 发给 PE3。

步骤 3:当 PE2 收到 MAC 帧以后,将根据 VC 标签 201 判断 MAC 地址 X 在 PE1 后面,从而学习到 MAC 地址 X,并将 MAC 地址 X 和 VC 标签 102(PE1 分配的)绑定。

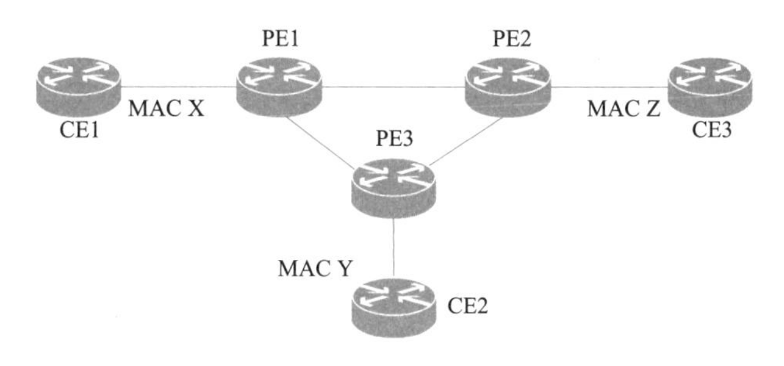

图 1-4-8 VPLS 拓扑实例

②VPLS 的特性。

PW 模拟以太网时有两种模式:Raw 模式和 Tagged 模式:

Raw 模式:PW 是 Ethernet 类型,PW 传输时不携带 PTAG 信息。如果 AC 的报文含有 PTAG,PW 传输时需要剥离 PTAG;AC 的报文没有 PTAG,PW 传输时不改变报文的 Vlan tag 信息。

Tagged 模式:PW 是 Ethernet-VLAN 类型,PW 传输时需要携带 PTAG 信息。如果 AC 的报文含有 PTAG,PW 传输时直接携带 PTAG,传输给对端 PE;AC 的报文没有 PTAG,PW 传输时需要增加 PTAG 信息,或者增加一种特殊的 PTAG—Vlan 0 tag。

MAC 地址学习有两种模式:Qualified 模式和 Unqualified 模式。

Qualified 模式:PE 根据用户以太报文的 MAC 地址和 VLAN tag 进行 MAC 地址学习。在 Qualified 模式下,每个用户 VLAN 形成自己的广播域,有独立的 MAC 地址空间。

Unqualified 模式:PE 仅根据用户以太报文的 MAC 地址进行学习。这种模式下,所有用户 VLAN 共享一个广播域和一个 MAC 地址空间,用户 VLAN 的 MAC 地址必须唯一,不能发生地址重叠。

PW 有两种传输模式:Spoke 模式和 Hub 模式。为了解决全连接的广播环路问题和实现层次化接入,定义了 PW 的传输属性 Spoke 模式和 Hub 模式,以及 AC 的 Server 和 Client 模式。VPLS 工作机制中,PE 路由器对于广播(Broadcast)、组播(Multicast)和未知(Unknown)包(Frames)要进行广播(或称洪泛)给其他成员,各种模式广播方式规则如下:

从 Spoke 模式的 PW 收到广播包要向所有 AC(Client 和 Server)、其他 Spoke 模式的 PW 和 Hub 模式的 PW 广播。

从 Server(Server-AC)收到的广播包要向其他 AC(Client 和 Server)、Spoke 模式的 PW 和 Hub 模式的 PW 广播。

从 Hub 模式的 PW 收到的广播包要向 Server-AC、Spoke 模式的 PW 广播,不能再向 Hub 模式的 PW 和 Client-AC 广播。

从 Client(Client-AC)收到的广播包要向 Server-AC 和 Spoke 模式的 PW 广播,不能向 Hub 模式的 PW 和 Client-AC 广播。

(3)MSPW

MSPW 是 Multi-Segmented PW(Pseudo Wires)的简称,即多分段伪线。顾名思义,MSPW 是指一条伪线,是由多条单段伪线构成的,通常是为了实现伪线的跨域。目前,MSPW 业务支持动静 PW 功能。

在 MSPW 网络应用中,有两种相关的设备,分别为 T-PE 和 S-PE。

T-PE:即 Terminate PE,其作用和普通的 PE 基本一致。

S-PE:即 Switching PE,是 MSPW 的关键设备,主要用来接收 T-PE 发送的 mapping 消息并处理。S-PE 上的流量转发时不需要学习 MAC 地址,直接根据标签转发,从而大大降低了 S-PE 的负担。

MSPW 的出现使 VPLS 网络中所需建立的 LDP session 数目减少,而 TCP 连接也随之减少。

①PW 的转发流程。MSPW 在业务转发方面与普通 VPLS 的不同之处在于 S-PE 设备上。T-PE 与 PE 一样,但是 S-PE 与 PE 的不同之处在于 S-PE 既交换外层标签,也交换内层标签。

MSPW 业务转发示意图如图 1-4-9 所示,L2 PDU(Protocol Data Unit,协议数据单元)是链路层报文,T 是 Tunnel 标签(外层标签),V 是 VC 标签(内层标签),T′表示转发过程中外层标签被替换,V′表示转发过程中内层标签被替换。

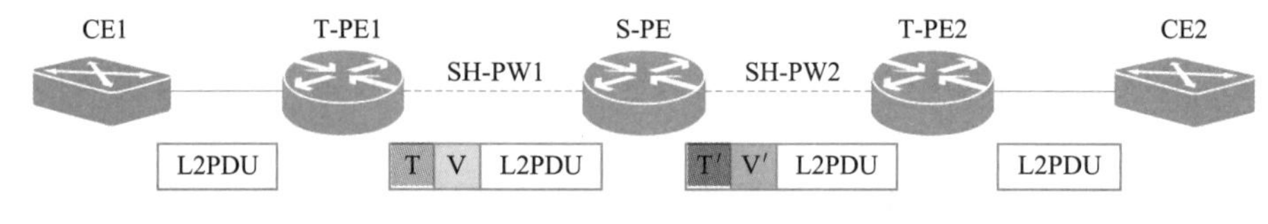

图 1-4-9　MSPW 业务转发示意图

简单的业务转发,流量从 CE1 发送给 CE2 的过程为:T-PE1 收到 CE1 发过来的报文,T-PE1 为 CE1 打上内外两层标签,这两层标签都由 S-PE 分配(如果 S-PE 换成 P,外层标签是 P 分配,内层标签是 T-PE2 分配）。T-PE1 根据外层标签将报文转发给 S-PE,S-PE 收到报文后,交换内外两层标签(既交换外层标签,也交换内层标签),即换上由 T-PE2 分配的内外层标签,发现自己是倒数第二跳,弹出外层标签,并根据外层标签转发到 T-PE2 上,T-PE2 再根据内层标签转发给 CE2。

②PW 的建立与拆除。MSPW 的建立与拆除与普通 VPLS 的 PW 的建立与拆除类似,都是通过发送 Mapping 消息和 Withdraw 消息来建立 PW 和拆除 PW。但依然存在差别,因为 MSPW 多了 S-PE 设备。因此不同之处也在于 MSPW 需要通过 S-PE 设备来转发 Mapping 和 Withdraw 消息。

对于 PW 的建立,如图 1-4-10 所示,当 T-PE1 配置了一个 VPLS 实例,并指定 S-PE 为其 peer 后,会进行以下步骤。

图 1-4-10　SPW 的 PW 建立与拆除示意图

步骤 1:T-PE1 会分配一个 VC 标签并给 S-PE 发送 Mapping 消息。

步骤 2:S-PE 收到 Mapping 消息后检查本地是否配置了相应 MSPW 的 VPLS 实例(这里的相应指的是 MSPW 指向 T-PE1 的 peer 的 VCID 必须与 T-PE1 上的 VFI 的 VCID 一致,指向 T-PE2 的 peer 的 VCID 与指向 T-PE1 的 VCID 既可以相同也可以不同)。如果已经配置,S-PE 就会转发这个 Mapping 到 T-PE2(注意这里 S-PE 并不只是简单地对 T-PE1 发送过来的 Mapping 进行转发,而是进行了 VC 标签的交换,即将 T-PE1 发送过来的 Remote VC 标签替换成为 T-PE2 分配的 Local VC 标签,再转发到 T-PE2)。

步骤 3:T-PE2 收到 Mapping 消息后检查本地是否配置了同样的 VPLS 实例(VCID 与 S-PE 指向 T-PE2 的 VCID 相同),如果配置,则协商彼此的各种参数,参数一致,协商成功,则 T-PE2 端的 PW 就建立起来了。

同理,T-PE1 收到 S-PE 的 Mapping 消息后进行同样的检查和处理。

对于 MSPW 的拆除,如图 1-4-10 所示,当 T-PE1 不想再转发 T-PE2 的报文,例如用户撤销指定 S-PE 为 peer 时,会进行以下的 4 个步骤:

步骤 1:T-PE1 释放自己本地绑定的 VC 标签,发送 Withdraw 消息到 S-PE。

步骤 2:S-PE 收到 Withdraw 消息后,发送标签释放消息,即发送 Release 消息给 T-PE1,通知 T-PE1 已经同步释放了 VC 标签,同时发送 Withdraw 消息到 T-PE2。

步骤 3:T-PE2 收到 S-PE 发送的 Withdraw 消息后,发送 Release 消息给 S-PE。

步骤 4:当各设备完成了各种消息的收发之后,VC 就会被同步撤销。PW 被拆除。

(4)VLSS

VLSS(Virtual Local Switch Service,虚拟本地交换业务)是一种本地虚拟专线业务,主要实现 L2VPN 的本地交换功能,使本地成员之间互通。

在一个 VLSS 实例中绑定两个 AC,使流量在两个 AC 间进行交换,即从一个 AC 上来的流量可以从另外一个 AC 转发出去。

二、PWE3 技术

PWE3 是一种端到端的二层业务承载技术,属于点到点方式的 L2VPN。在 PSN 网络的两台

PE 中,它以 LDP/RSVP 作为信令,通过隧道(可能是 MPLS 隧道、GRE、L2TPv3 或其他)模拟 CE 端的各种二层业务,如各种二层数据报文、比特流等,使 CE 端的二层数据在 PSN 网络中透明传递。在 PWE3 方式中,两个 CE 间用 PW Type + PW ID 来识别一个 PW。同一个 PW Type 的所有 PW 中,其 PW ID 必须在整个 PE 中唯一。

1. PWE3 网络的基本传输构件

PWE3 网络的基本传输构件及作用如下:

(1)接入链路(Attachment Circuit,AC)

接入链路是指 CE 到 PE 之间的连接链路或虚链路。AC 上的所有用户报文一般都要求原封不动地转发到对端 SITE 去,包括用户的二三层协议报文。

(2)虚链路(Pseudo Wire,PW)

简单地说,虚连接就是 VC 加隧道,隧道可以是 LSP、L2TPV3、GRE 或者 TE。虚连接是有方向的,PWE3 中虚连接的建立是需要通过信令(LDP 或者 RSVP)来传递 VC 信息,将 VC 信息和隧道管理,形成一个 PW。PW 对于 PWE3 系统来说,就像是一条本地 AC 到对端 AC 之间的一条直连通道,完成用户的二层数据透传。

(3)转发器(Forwarders)

PE 收到 AC 上送的数据帧,由转发器选定转发报文使用的 PW,转发器事实上就是 PWE3 的转发表。

(4)隧道(Tunnels)

隧道用于承载 PW,一条隧道上可以承载多条 PW,一般情况下为 MPLS 隧道。隧道是一条本地 PE 与对端 PE 之间的直连通道,完成 PE 之间的数据透传。

(5)封装(Encapsulation)

PW 上传输的报文使用标准的 PW 封装格式和技术。PW 上的 PWE3 报文封装有多种。

(6)PW 信令协议(Pseudo Wire Signaling)

PW 信令协议是 PWE3 的实现基础,用于创建和维护 PW。

(7)服务质量(Service of Quality)

根据用户二层报文头的优先级信息,映射成在公用网络上传输的 QoS 优先级来转发,一般需要应用支持 MPLS QoS。

PWE3 基本传输构件在网络中的位置如图 1-4-11 所示。

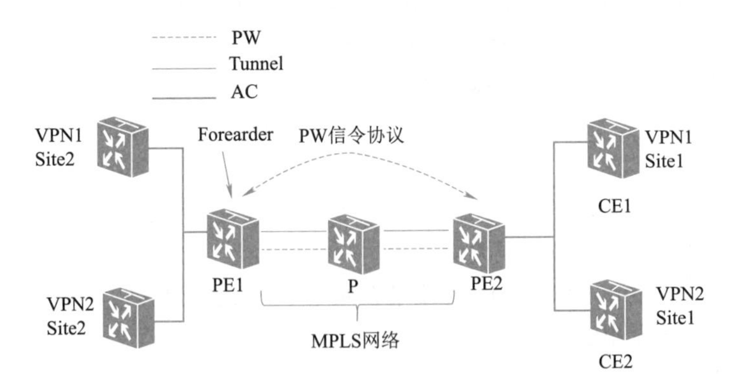

图 1-4-11 PWE3 基本传输构件在网络中的位置

PWE3 是 Martini 协议的扩展,基本的信令过程是一样的,后面介绍的 PWE3 信令交互过程包含了 Martini 的信令,在此不对 Martini 协议作特别的介绍,它们之间的区别和联系如下:

①在控制层面,以 LDP 作为信令建立 PW,在原来 Martini 模型的基础上增加了 Notification 报文,减少了控制报文的交互,并且与 Martini 方式兼容;还可以用 L2TPv3 作为信令。同时,还可以用 RSVP 作为信令建立有带宽保证的 PW,就是 RSVP-TE PW。

②增加了 PW 多跳功能,扩展了组网方式,降低了接入设备对 LDP 连接数目的要求。多跳的接入节点满足了 PW 的汇聚功能。

③在控制层面增加了分片能力协商,定义了转发层面的分片和重组机制。

④增加了 PW 连接性检测的机制和手段(VCCV)。

⑤增加了对低速率电路(TDM)接口的支持。通过对控制字(CW)及转发平面 RTP 协议的使用,引入了对 TDM 的报文排序,时钟提取和同步的功能。

⑥丰富和完善了 PWE3 的 MIB 功能。

PW 隧道的建立常用有两种信令:LDP(draft-ietf-pwe3-control-protocol-x)和 RSVP(draft-raggarwa-rsvpte-pw-x)。

2. LDP 信令的 PW

采用 LDP 作信令时,通过扩展标准 LDP 的 TLV 来携带 VC 的信息,增加了 128 类型和 129 类型的 FEC TLV。建立 PW 时的标签分配顺序采用 DU 模式,标签保留模式采用 liberallabel retention,用来交换 VC 信令的 LDP 连接需要配置成 Remote 方式。

采用 LDP 方式作信令的 PWE3 单跳的典型网络拓扑如图 1-4-12 所示。

图 1-4-13 所示为一个采用 LDP 方式作信令的 PW 单跳建立与拆除的典型过程。当 PE1 配置了一个 VC(Virtual Circuit)并指定 PE2 为其 Peer 后,如果 PE1 与 PE2 间的 LDP Session 已经建立就会分配一个标签并给 PE2 发送 Mapping 消息。PE2 收到 Mapping 消息后检查本地是否配置了同样的 VC,如果配置了,并且 VC ID 相同,则说明这两个 PE 上的 VC 都在一个 VPN 内,如果彼此接口参数都一致,则 PE2 端的 PW 就建立起来了。PE1 收到 PE2 的 Mapping 消息后做同样的检查和处理。

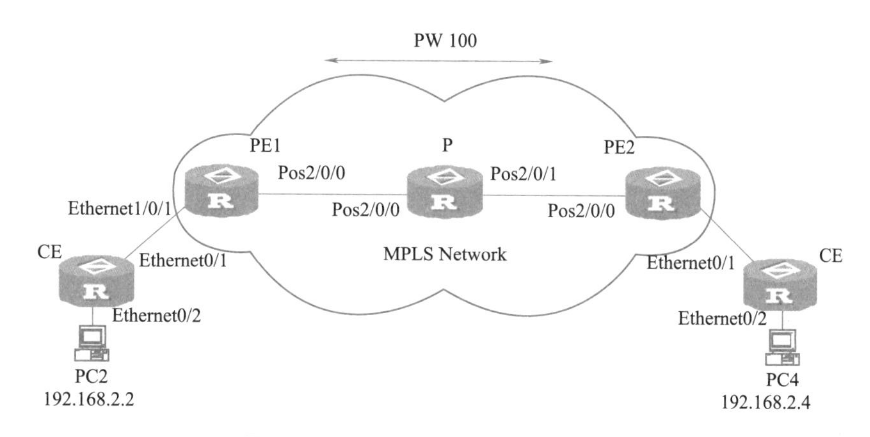

图 1-4-12　PWE3 单跳的典型网络拓扑

当 PW 的 AC 端口,或者 Tunnel Down 的时候,Martini 协议的处理是发送 Withdraw 报文,将 PW 连接断掉,这样等 AC,Tunnel Up 的时候,就需要重新进行一轮协商过程,以便建立连接。PWE3 协议的处理是发送 notification 报文给对端,通知对端当前处于不能转发数据的状态，PW 连接本身并不断掉，等 AC，Tunnel Up 的时候再用 Notification 报文知会对端可以转发数据。

当 PE2 不想再转发 PE1 的报文（如用户撤销指定 PE2 为 peer）时，它发送 Withdraw 消息给 PE1，PE1 收到 Withdraw 消息后拆除 PW，并回应 Release 消息，PE2 收到 Release 消息后释放标签，拆除 PW。

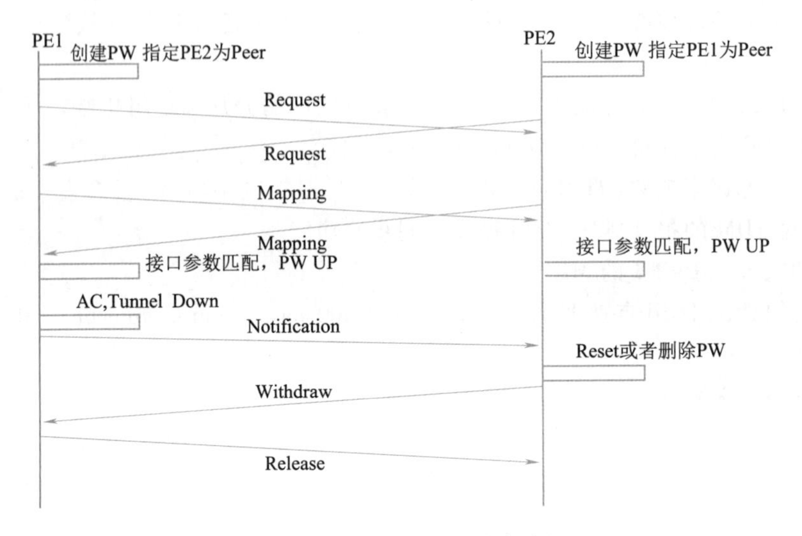

图 1-4-13　PWE3 单跳信令过程

在大多数情况下单跳就可以满足需求，但在如下三种情况下单跳就不能胜任了：

①两台 PE 之间不在同一个域（AS）中，且不能在两台 PE 之间建立信令连接或者建立隧道。

②两台 PE 上的信令不同，比如一端运行 LDP 一端运行 RSVP。

③如果接入设备可以运行 MPLS，但又没有能力建立大量的 LDP 会话，这时可以把 UFPE（User Facing Provider Devices）作为 U-PE，把高性能的设备 S-PE 作为 LDP 会话的交换节点，类似信令反射器。

采用 LDP 方式作信令的 PW 多跳典型网络拓扑如图 1-4-14 所示。

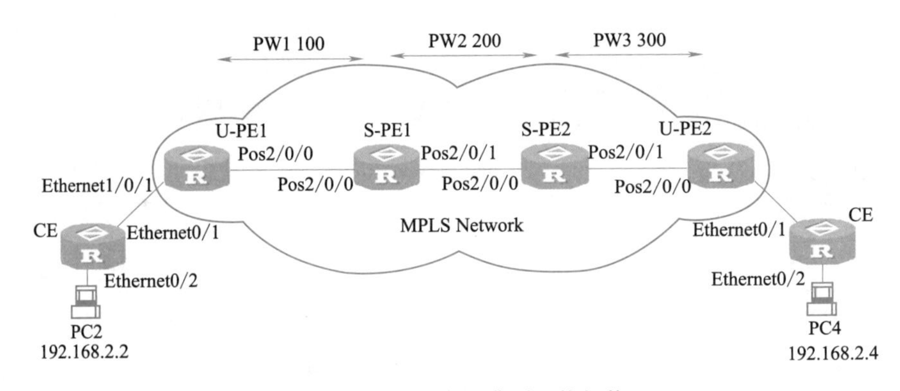

图 1-4-14　PW 多跳典型网络拓扑

图 1-4-15 所示为一个采用 LDP 方式作信令的 PW 多跳建立的典型过程。多跳与单跳相比，两个 PE 之间多了一个 SPE，多跳的连接不是直接在 PE1 与 PE2 之间建立，而是通过 SPE 转

接在一起。PE1 与 PE2 分别与 SPE 建立连接,SPE 将两段 PW 连接在一起。在连接建立的信令协商过程中,PE1 发给 SPE 的 Mapping(图中第 10 步)报文中携带的参数,SPE 会将其转发给 PE2(图中第 12 步),同样,PE2 的参数也通过 Mapping(图中第 11 步)带给 SPE 后,由 SPE 转发给 PE1(图中第 13 步),两端的参数协商一致后,PW 就 Up 起来了。Release、Withdraw、Notification 报文同 Mapping 报文一样也是逐跳传递,已达到停止转发(Notification)或者拆除连接的目的(Withdraw,Release)。SPE 的数量是没有限制的,可以任意多跳。

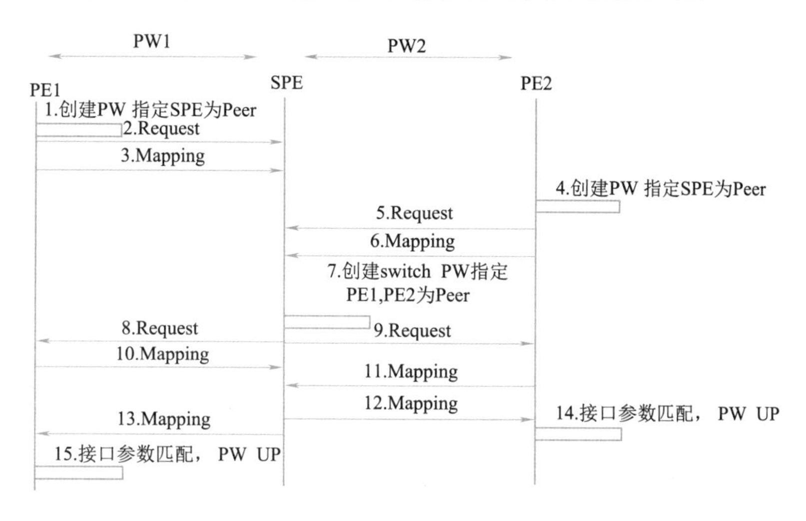

图 1-4-15　PWE3 多跳信令过程

3. 报文转发

PWE3 建立的是一个点到点信道,信道之间互相隔离,用户二层报文在 PW 间透传。对于 PE 设备,PW 连接建立后,用户接入接口(AC)和虚链路(PW)的映射关系就已经完全确定了;对于 P 设备,只需要完成依据 MPLS 标签进行 MPLS 转发,不关心 MPLS 报文内部封装的二层用户报文。

以图 1-4-11 中 CE1 到 CE2 的 VPN1 报文流向为例,说明基本数据流走向:CE1 上送二层报文,通过 AC 接入 PE1,PE1 收到报文后,由转发器选定转发报文的 PW,系统再根据 PW 的转发表项压入 PW 标签,并送到外层隧道(PW 标签用于标识 PW,然后穿越隧道到达 PE2),经公网隧道到达 PE2,PE2 利用 PW 标签转发报文到相应的 AC,将报文最终送达 CE2。

4. 静动混合多跳组网

混合多跳 PW 是指一端是静态 PW,另一端是动态 PW(LDP),其中静态 PW 或者动态 PW 也可能是多跳的,但不包括静态 PW 和动态 PW 交错出现的情况。

除了在静态 PW 和动态 PW 交汇的 SPE 上配置和处理不一致以外,其他单一形式的 PW 在 UPE 和 SPE 上的处理和以上静态 PW 或者动态 PW 的一致。

在动态 PW 和静态 PW 交汇处的 SPE 上,对于动态 PW 一端来说,静态 PW 一端可以认为是动态 PW 的 AC,静态 PW 状态的变化就相当于动态 PW 的 AC 状态变化。为了信令协商,需要指明该 PW 的类型、接口 MTU 等参数,而且这些参数必须和静态 PW 的 CE Interface 一致。

对于静态 PW,如果隧道存在,静态 PW 就 UP;对于动态 PW,如果隧道存在,远端 PW 的状态 UP,远端 PW TYPE 和 MTU 和本地配置的一致,则动态 PW 也 UP。

5. PW 保护

PW 保护是为了在一个 PW 出现问题（如一个 PW 的隧道被删除）后能够快速切换到另一个 PW，实现数据层面的快速切换，如图 1-4-16 所示。

为了实现 PW 的保护，需要做如下工作（多跳的情况下）：

①在两个 UPE 上需要分别配置两个 PW，一一对应，其中一个 UPE（U-PE1）上的一个 PW（PW5）配置为备份 PW；在经过的 S-PE 上分别配上 PW，与 U-PE 的配置一起实现 MH-PW。

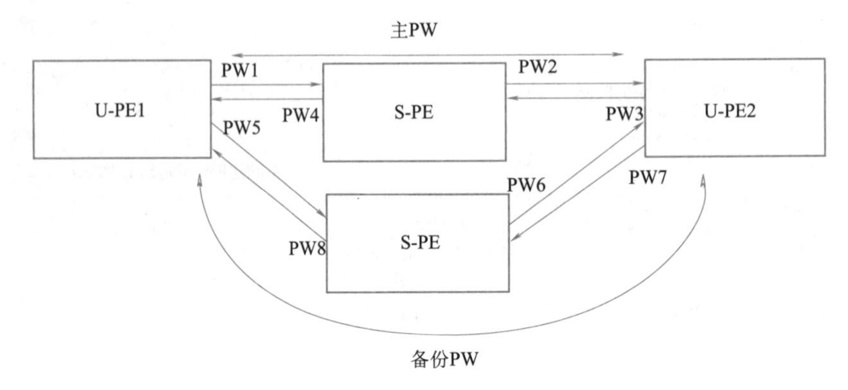

图 1-4-16　PW 保护的拓扑模型

②主备 PW 都需要进行信令协商和处理，且与普通的动态多跳 PW 的信令处理一致。

③如果主 PW 状态出现问题（LDP 会话 DOWN、隧道被删除），需要立即通告备份 PW；如果备份 PW 状态 UP，会升级为主 PW。

6. 控制字

控制字（CW）需要通过控制层面协商，用于转发层面报文顺序检测、报文分片和重组等功能。

协议中明确要求支持 CW 的有 ATM AAL5 和 FR 两种。控制层面控制字的协商比较简单，如果控制层面协商结果支持控制字，则需要把结果下发给转发模块，由转发层面具体实现报文顺序检测和报文重组等功能。

控制字是一个 4 字节的封装报文头，在 MPLS 分组交换网络里用来传递报文信息，位于内层标签之后。控制字主要有 3 个功能：

①携带报文转发的序列号，在支持负载分担时报文才可能乱序，可以使用控制字对报文进行编号，以便对端重组报文，这是 IPRAN 对于仿真 E1 电路的 PW 启用控制字的主要原因。

②填充报文，防止报文过短。

③携带二层帧头控制信息。

7. VCCV-PING

VCCV-PING 是一种手工检测虚电路连接状态的工具，就像 ICMP-PING 和 LSP-PING 一样，它是通过扩展 LSP-PING 实现的。

在信令建立时，需要在 Mapping 报文的 Intf TLV 中携带 VCCV 参数，如图 1-4-17 所示。

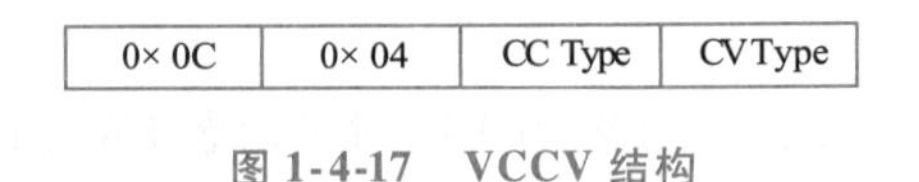

图 1-4-17　VCCV 结构

其中 CC Type 如表 1-4-1 所示。

表 1-4-1　CC Type

值	作　用
0×01	PWE3 控制字与 0x0001 形成第一个半字节
0×02	MPLS 路由器警告标记
0×04	MPLS 内部标签的 TTL=1

CV Type 如表 1-4-2 所示。

表 1-4-2　CV Type

值	作　用
0×01	ICMP Ping
0×02	LSP Ping
0×04	BFD

如果支持 VCCV-PING，CC 需要支持 Control Word 或者 Router Alert Label（如果不支持 CW），CV 需要支持 ICMP PING（PSN 为 IP 网络，如 GRE 或者 L2TPv3 等）或者 LSP PING（PSN 为 MPLS 网络）。

把 VCCV 能力下发转发层，在转发层面 PW 的 Ingress 节点，VCCV-PING 报文封装在数据报文的 PayLoad 中，也就是 CW 或者 Router Alert Label 的后面，走虚电路；在 PW 的 Egress 节点，该报文上送 CPU 而不是直接转到 CE。

VCCV-PING 报文的内容按照 LSP-PING 中的要求，即 UDP 报文，其中包括 PW FEC 信息。

任务小结

PWE3 是 VLL 的一种实现方式，是对 Martini 协议的扩展，具有端到端的特性，能在分组传送网的两个 PE 节点间提供通道，以仿真 CE 的各种业务，实现灵活的组网与演进。PWE3 属于点到点方式的二层 VPN 技术，Martini 方式的 L2VPN 是 PWE3 的一个子集。PWE3 采用了 Martini L2VPN 的部分内容，包括信令 LDP 和封装模式。同时，PWE3 对 Martini 方式的 L2VPN 进行了扩展，两者的基本信令过程是一样的。PWE3 技术除了具有 MPLS L2VPN 的一些固有优点外，通过 PWE3 技术还可以将传统的网络与分组交换网络互联，从而实现资源的共享和网络的拓展。

本任务学习了 MPLS L2VPN 的基本概念、分类以及实现方式，PWE3 技术的结构，LDP 信令在 PW 中的应用，报文转发方式，PW 保护，控制字与 VCC-PING 的概念。

※思考与练习

一、填空题

1. MPLS L2VPN 的实现方式中，CCC 的连接方式可以分为本地连接和（　　）两种方式。

2. VPWS（Virtual Private Wire Service）建立在 MPLS 网络的基础设施之上，使用（　　）连接

方式实现 VPN 内每个站点之间的通信。

3. 在 VPLS 特性中,PW 模拟以太网时有两种模式:Raw 模式和(　　)模式。

4. 隧道用于承载 PW,一条隧道上可以承载(　　)PW。

5. PW 隧道的建立常用有两种信令:(　　)和 RSVP。

二、判断题

1. (　　)Kompella 方式对各种复杂的拓扑支持能力更好,这得益于 BGP 的节点自动发现能力。

2. (　　)在 MSPW 网络应用中,S-PE 即 Switching PE,是 MSPW 的关键设备,主要用来接收 T-PE 发送的 Mapping 消息并处理。

3. (　　)隧道用于承载 PW,一条隧道上只可以承载一条 PW。

4. (　　)PWE3 建立的是一个点到点信道,信道之间互相隔离,用户二层报文在 PW 间透传。

5. (　　)PW 保护是为了在一个 PW 出现问题(如一个 PW 的隧道被删除)后能够快速切换到另一个 PW,实现数据层面的快速切换。

三、简答题

1. 简述 VPWS 的 VC 建立过程。

2. VPLS 是虚拟专用局域网的简称,在 VPLS 原理中 AC、PW、TAG 各是什么含义?

任务五　了解 MPLS L3VPN 技术

任务描述

VPN 诞生后,在通信领域,又区分出了 L2VPN 和 L3VPN 两个分支。这使得在处理业务的时候更加细化。L3VPN 的诞生是为了将私网和公网进行对接,就好比将一个个的私人空间与公共空间对接,同时也能从公共空间获取对个人有用的资源。L3VPN 是基于路由方式的 MPLS VPN 解决方案,L3VPN 也称 BGP/MPLS VPNs。L3VPN 使用类似传统路由的方式进行 IP 分组的转发,在路由器收到 IP 数据包后,通过在转发路由表中查找 IP 数据包的目的地址,然后使用预先建立的 LSP 进行 IP 数据跨运营商骨干的传送。

任务目标

- 识记:MPLS L3VPN 的基本概念。
- 领会:MPLS L3VPN 的网络架构及报文转发方式。
- 应用:MPLS L3VPN 的路由信息发布。

任务实施

L3VPN 是一种基于路由方式的 MPLS VPN 解决方案,ITEF RFC2547 中对这种 VPN 技术进行了描述,MPLS Layer3 VPN 也称 BGP/MPLS VPNs。BGP/MPLS VPN 使用类似传统路由的方式进行 IP 分组的转发,在路由器接收到 IP 数据包以后,通过在转发表查找 IP 数据包的目的地址,然后使用预先建立的 LSP 进行 IP 数据跨运营商主干的传送。为了使运营商的路由器可以感知客户网络的可达性信息,运营商的边界路由器(PE)和客户端路由器(CE)进行路由信息的交互。PE 和 CE 之间的路由交换可以采用静态路由,也可以采用 RIP、OSPF、ISIS 和 BGP 等动态路由协议。BGP/MPLS VPN 的解决方案支持对等方式的 VPN 网络结构。PE 之间属于同一 MPLS VPN 的路由信息通过 BGP 协议承载进行交互。PE 路由器使用 LSP 进行路由转发,对于运营商路由器 P 并不需要知道客户 VPN 网络的信息,这种透明可以有效地减小 P 路由器的负担,提高网络的扩展性和业务开展的灵活性。通过 PE 之间、PE 和 CE 之间的路由交互,客户的路由器可以知道属于同一个 VPN 的网络拓扑信息。

MPLS L3VPN 是服务提供商 VPN 解决方案中一种基于 PE 的 L3VPN 技术,它使用 BGP 在服务提供商主干网上发布 VPN 路由,使用 MPLS 在服务提供商主干网上转发 VPN 报文。

MPLS L3VPN 组网方式灵活、可扩展性好,并能够方便地支持 MPLS QoS 和 MPLS TE,因此得到越来越多的应用。

MPLS L3VPN 模型由 3 部分组成:

①CE(Customer Edge)设备:用户网络边缘设备,有接口直接与 SP(Service Provider,服务提供商)相连。CE 可以是路由器或交换机,也可以是一台主机。CE"感知"不到 VPN 的存在,也不需要必须支持 MPLS。

②PE(Provider Edge)设备:服务提供商网络的边缘设备,与用户的 CE 直接相连。在 MPLS 网络中,对 VPN 的所有处理都发生在 PE 上。

③P(Provider)设备:服务提供商网络中的主干设备,不与 CE 直接相连。P 设备只需要具备基本 MPLS 转发能力。

图 1-5-1 所示为一个 MPLS L3VPN 组网方案的示意图。

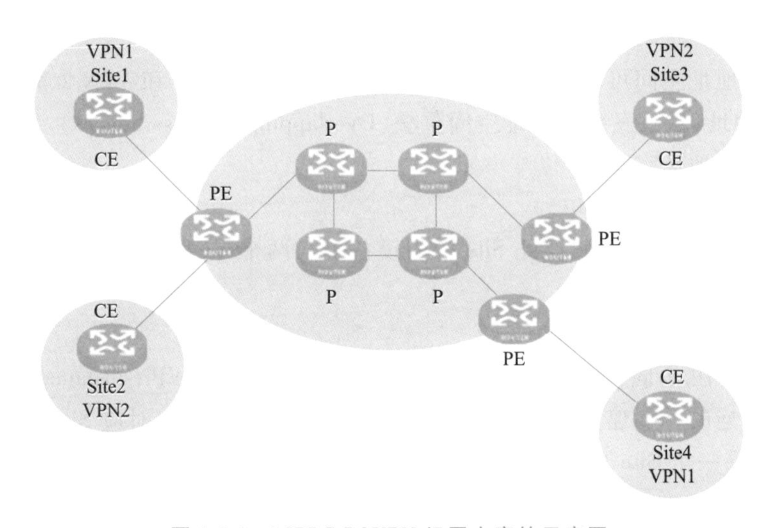

图 1-5-1 MPLS L3VPN 组网方案的示意图

CE 和 PE 的划分主要是根据服务提供商与用户的管理范围,CE 和 PE 是两者管理范围的边界。

CE 设备通常是一台路由器,当 CE 与直接相连的 PE 建立邻接关系后,CE 把本站点的 VPN

路由发布给 PE,并从 PE 学到远端 VPN 的路由。CE 与 PE 之间使用 BGP/IGP 交换路由信息,也可以使用静态路由。

PE 从 CE 学到 CE 本地的 VPN 路由信息后,通过 BGP 与其他 PE 交换 VPN 路由信息。PE 路由器只维护与它直接相连的 VPN 的路由信息,不维护服务提供商网络中的所有 VPN 路由。

P 路由器只维护到 PE 的路由,不需要了解任何 VPN 路由信息。

当在 MPLS 主干网上传输 VPN 流量时,入口 PE 作为 Ingress LSR(Label Switch Router,标签交换路由器),出口 PE 作为 Egress LSR,P 路由器则作为 Transit LSR。

一、MPLS L3VPN 的基本概念

1. Site

在介绍 VPN 时经常会提到 Site,Site(站点)的含义可以从下述几方面理解:

①Site 是指相互之间具备 IP 连通性的一组 IP 系统,并且这组 IP 系统的 IP 连通性不需要通过服务提供商网络实现。

②Site 的划分是根据设备的拓扑关系,而不是地理位置,尽管在大多数情况下一个 Site 中的设备地理位置相邻。

③一个 Site 中的设备可以属于多个 VPN,换言之,一个 Site 可以属于多个 VPN。

④Site 通过 CE 连接到服务提供商网络,一个 Site 可以包含多个 CE,但一个 CE 只属于一个 Site。

⑤对于多个连接到同一服务提供商网络的 Site,通过制定策略,可以将它们划分为不同的集合(set),只有属于相同集合的 Sites 之间才能通过服务提供商网络互访,这种集合就是 VPN。

2. 地址空间重叠

VPN 是一种私有网络,不同的 VPN 独立管理自己使用的地址范围,也称地址空间(Address Space)。

不同 VPN 的地址空间可能会在一定范围内重合,比如,VPN 1 和 VPN 2 都使用了 10.110.10.0/24 网段的地址,这就发生了地址空间重叠(Overlapping Address Spaces)。以下两种情况允许 VPN 使用重叠的地址空间:

①两个 VPN 没有共同的 Site。

②两个 VPN 有共同的 Site,但此 Site 中的设备不与两个 VPN 中使用重叠地址空间的设备互访。

3. VPN 实例

在 MPLS VPN 中,不同 VPN 之间的路由隔离通过 VPN 实例(VPN-instance)实现。

PE 为直接相连的 Site 建立并维护 VPN 实例。VPN 实例中包含对应 Site 的 VPN 成员关系和路由规则。如果一个 Site 中的用户同时属于多个 VPN,则该 Site 的 VPN 实例中将包括所有这些 VPN 的信息。

为保证 VPN 数据的独立性和安全性,PE 上每个 VPN 实例都有相对独立的路由表和 LFIB(Label Forwarding Information Base,标签转发表)。

具体来说,VPN 实例中的信息包括:标签转发表、IP 路由表、与 VPN 实例绑定的接口及 VPN 实例的管理信息。VPN 实例的管理信息包括 RD(Route Distinguisher,路由标识符)、路由

过滤策略、成员接口列表等。

4. VPN-IPv4 地址

传统 BGP 无法正确处理地址空间重叠的 VPN 的路由。假设 VPN1 和 VPN2 都使用了 10.110.10.0/24 网段的地址，并各自发布了一条去往此网段的路由，BGP 将只会选择其中一条路由，从而导致去往另一个 VPN 的路由丢失。

PE 路由器之间使用 MP-BGP 来发布 VPN 路由，并使用 VPN-IPv4 地址族来解决上述问题。VPN-IPv4 地址共有 12 字节，包括 8 字节的 RD 和 4 字节的 IPv4 地址前缀，如图 1-5-2 所示。

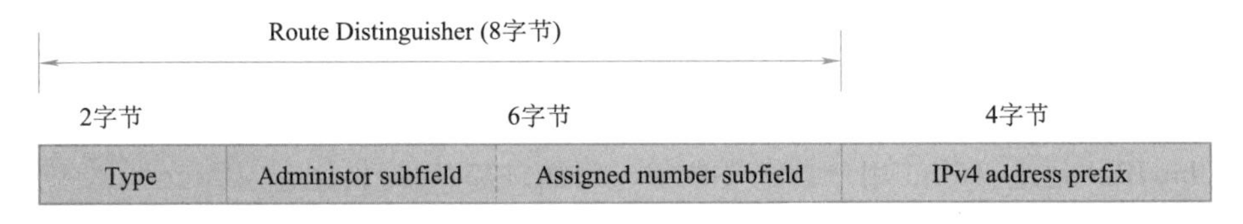

图 1-5-2　VPN-IPv4 地址结构

PE 从 CE 接收到普通 IPv4 路由后，需要将这些私网 VPN 路由发布给对端 PE。私网路由的独立性是通过为这些路由附加 RD 实现的。

SP 可以独立地分配 RD，但必须保证 RD 的全局唯一性。这样，即使来自不同服务提供商的 VPN 使用了同样的 IPv4 地址空间，PE 路由器也可以向各 VPN 发布不同的路由。

建议为 PE 上每个 VPN 实例配置专门的 RD，以保证到达同一 CE 的路由都使用相同的 RD。RD 为 0 的 VPN-IPv4 地址相当于全局唯一的 IPv4 地址。

RD 的作用是添加到一个特定的 IPv4 前缀，使之成为全局唯一的 VPN IPv4 前缀。

RD 或者是与自治系统号（ASN）相关的，在这种情况下，RD 是由一个自治系统号和一个任意的数组成；或者是与 IP 地址相关的，在这种情况下，RD 是由一个 IP 地址和一个任意的数组成。

RD 有三种格式，通过 2 字节的 Type 字段区分：

（1）Type 为 0 时

Administrator 子字段占 2 字节，Assigned number 子字段占 4 字节，格式为“16 bit 自治系统号:32 bit 用户自定义数字”。例如，100:1。

（2）Type 为 1 时

Administrator 子字段占 4 字节，Assigned number 子字段占 2 字节，格式为“32 bit IPv4 地址:16 bit 用户自定义数字”。例如，172.1.1.1:1。

（3）Type 为 2 时

Administrator 子字段占 4 字节，Assigned number 子字段占 2 字节，格式为“32 bit 自治系统号:16 bit 用户自定义数字”，其中的自治系统号最小值为 65 536。例如，65 536:1。

为保证 RD 的全局唯一性，建议不要将 Administrator 子字段的值设置为私有 AS 号或私有 IP 地址。

5. BGP 扩展团体属性

（1）VPN Target 属性

MPLS L3VPN 使用 BGP 扩展团体属性——VPN Target（也称 Route Target）来控制 VPN 路由信息的发布。

PE 路由器上的 VPN 实例有两类 VPN Target 属性：

①Export Target 属性，在本地 PE 将从与自己直接相连的 Site 学到的 VPN-IPv4 路由发布给其他 PE 之前，为这些路由设置 Export Target 属性。

②Import Target 属性，PE 在接收到其他 PE 路由器发布的 VPN-IPv4 路由时，检查其 Export Target 属性，只有当此属性与 PE 上 VPN 实例的 Import Target 属性匹配时，才把路由加入相应的 VPN 路由表中。

也就是说，VPN Target 属性定义了一条 VPN-IPv4 路由可以为哪些 Site 所接收，以及 PE 路由器可以接收哪些 Site 发送来的路由。

与 RD 类似，VPN Target 也有 3 种格式：

①16 bit 自治系统号：32 bit 用户自定义数字。例如，100：1。

②32 bit IPv4 地址：16 bit 用户自定义数字。例如，172.1.1.1：1。

③32 bit 自治系统号：16 bit 用户自定义数字，其中的自治系统号最小值为 65 536。例如：65 536：1。

(2) SOO 属性

SOO(Site of Origin，路由源)是 BGP 的一种扩展团体属性，用来标识路由的原始站点。路由器不会将带有 SOO 属性的路由发布给 SOO 指定的站点。AS 路径丢失时，通过 SOO 属性可以防止自己发布的路由被其他邻居转发回来，避免发生环路。

SOO 属性有 3 种格式：

①16 bit 自治系统号：32 bit 用户自定义数字。例如，100：1。

②32 bit IPv4 地址：16 bit 用户自定义数字。例如，172.1.1.1：1。

③32 bit 自治系统号：16 bit 用户自定义数字，其中的自治系统号最小值为 65 536。例如：65 536：1。

每条路由只能携带一个 SOO 属性。

6. MP-BGP

MP-BGP(Multi Protocol Extensions for BGP-4)在 PE 路由器之间传播 VPN 组成信息和路由。MP-BGP向下兼容，既可以支持传统的 IPv4 地址族，又可以支持其他地址族(如 VPN-IPv4 地址族)。使用 MP-BGP 既确保 VPN 的私网路由只在 VPN 内发布，又实现了 MPLS VPN 成员间的通信。

7. 路由策略

在通过入口、出口扩展团体来控制 VPN 路由发布的基础上，如果需要更精确地控制 VPN 路由的引入和发布，可以使用入方向或出方向路由策略(Routing Policy)。

入方向路由策略根据路由的 VPN Target 属性进一步过滤可引入 VPN 实例的路由，它可以拒绝接收引入列表中团体选定的路由，而出方向路由策略则可以拒绝发布输出列表中的团体选定的路由。

VPN 实例创建完成后，可以选择是否需要配置入方向或出方向路由策略。

8. 隧道策略

隧道策略(Tunneling Policy)用于选择给特定 VPN 实例的报文使用的隧道。

隧道策略是可选配的，VPN 实例创建完成后，就可以配置隧道策略。默认情况下，按照 LSP 隧道→CR-LSP 隧道的优先级顺序选择隧道，负载分担条数为 1，即不进行负载分担。另外，隧道策略只在同一 AS 域内生效。

二、MPLS L3VPN 的报文转发

在基本 MPLS L3VPN 应用中(不包括跨域的情况),VPN 报文转发采用两层标签方式:

①第一层(外层)标签在主干网内部进行交换,指示从 PE 到对端 PE 的一条 LSP。VPN 报文利用这层标签,可以沿 LSP 到达对端 PE。

②第二层(内层)标签在从对端 PE 到达 CE 时使用,指示报文应被送到哪个 Site,或者到达哪一个 CE。这样,对端 PE 根据内层标签可以找到转发报文的接口。

特殊情况下,属于同一个 VPN 的两个 Site 连接到同一个 PE,这种情况下只需要知道如何到达对端 CE 即可。

以图 1-5-3 为例,说明 VPN 报文的转发。

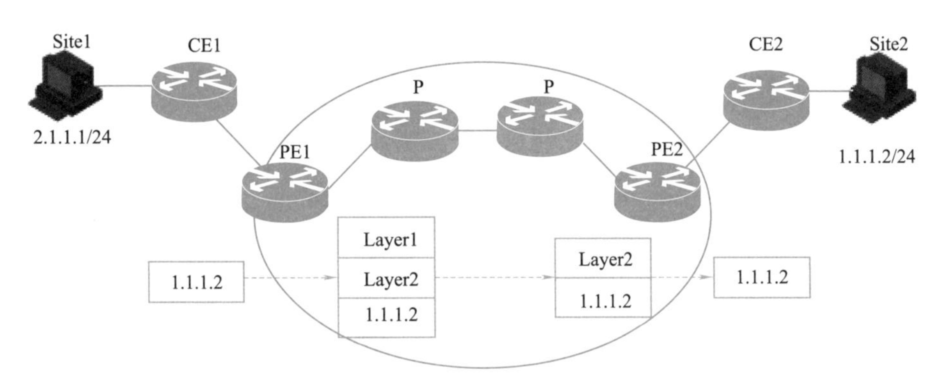

图 1-5-3　VPN 报文转发示意图

①Site1 发出一个目的地址为 1.1.1.2 的 IP 报文,由 CE1 将报文发送至 PE1。

②PE1 根据报文到达的接口及目的地址查找 VPN 实例表项,匹配后将报文转发出去,同时打上内层和外层两个标签。

③MPLS 网络利用报文的外层标签,将报文传送到 PE2(报文在到达 PE2 前一跳时已经被剥离外层标签,仅含内层标签)。

④PE2 根据内层标签和目的地址查找 VPN 实例表项,确定报文的出接口,将报文转发至 CE2。

⑤CE2 根据正常的 IP 转发过程将报文传送到目的地。

三、MPLS L3VPN 的网络架构

在 MPLS L3VPN 网络中,通过 VPN Target 属性来控制 VPN 路由信息在各 Site 之间的发布和接收。VPN Export Target 和 Import Target 的设置相互独立,并且都可以设置多个值,能够实现灵活的 VPN 访问控制,从而实现多种 VPN 组网方案。

1. 基本的 VPN 组网方案

最简单的情况下,一个 VPN 中的所有用户形成闭合用户群,相互之间能够进行流量转发,VPN 中的用户不能与任何本 VPN 以外的用户通信。

对于这种组网,需要为每个 VPN 分配一个 VPN Target,作为该 VPN 的 Export Target 和 Import Target,并且,此 VPN Target 不能被其他 VPN 使用。

在图 1-5-4 中，PE 上为 VPN1 分配的 VPN Target 值为 100:1，为 VPN2 分配的 VPN Target 值为 200:1。VPN1 的两个 Site 之间可以互访，VPN2 的两个 Site 之间也可以互访，但 VPN1 和 VPN2 的 Site 之间不能互访。

2. Hub&Spoke 组网方案

如果希望在 VPN 中设置中心访问控制设备，其他用户的互访都通过中心访问控制设备进行，可以使用 Hub&Spoke 组网方案，从而实现中心设备对两端设备之间的互访进行监控和过滤等功能。

对于这种组网，需要设置两个 VPN Target，一个表示 Hub，另一个表示 Spoke。

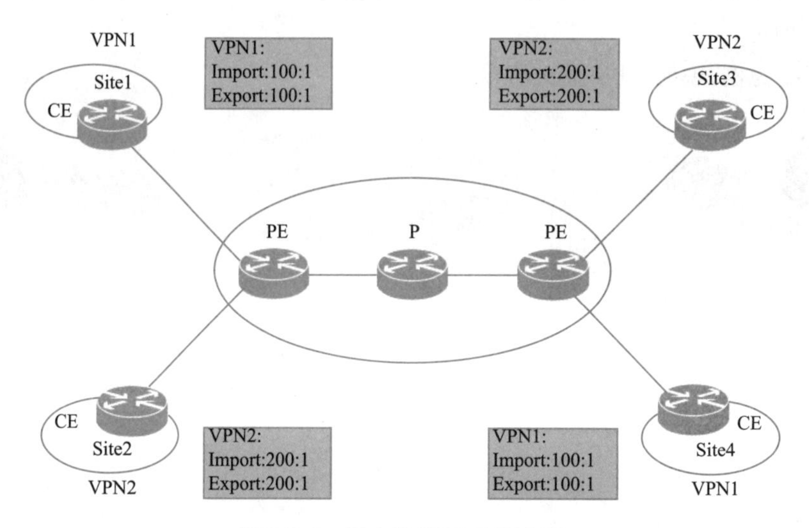

图 1-5-4　基本的 VPN 组网方案

各 Site 在 PE 上的 VPN 实例的 VPN Target 设置规则为：

①连接 Spoke 站点（Site1 和 Site2）的 Spoke-PE：Export Target 为 Spoke，Import Target 为 Hub。

②连接 Hub 站点（Site3）的 Hub-PE：Hub-PE 上需要使用两个接口或子接口，一个用于接收 Spoke-PE 发来的路由，其 VPN 实例的 Import Target 为 Spoke；另一个用于向 Spoke-PE 发布路由，其 VPN 实例的 Export Target 为 Hub。

在图 1-5-5 中，Spoke 站点之间的通信通过 Hub 站点进行（图中箭头所示为 Site2 的路由向 Site1 的发布过程）。

①Hub-PE 能够接收所有 Spoke-PE 发布的 VPN-IPv4 路由。

②Hub-PE 发布的 VPN-IPv4 路由能够为所有 Spoke-PE 接收。

③Hub-PE 将从 Spoke-PE 学到的路由发布给其他 Spoke-PE，因此 Spoke 站点之间可以通过 Hub 站点互访。

④任意 Spoke-PE 的 Import Target 属性不与其他 Spoke-PE 的 Export Target 属性相同。因此，任意两个 Spoke-PE 之间不直接发布 VPN-IPv4 路由，Spoke 站点之间不能直接互访。

3. Extranet 组网方案

如果一个 VPN 用户希望提供部分本 VPN 的站点资源给非本 VPN 的用户访问，可以使用 Extranet 组网方案。

对于这种组网，如果某个 VPN 需要访问共享站点，则该 VPN 的 Export Target 必须包含在共享站点的 VPN 实例的 Import Target 中，而其 Import Target 必须包含在共享站点 VPN 实例的 Export Target 中。

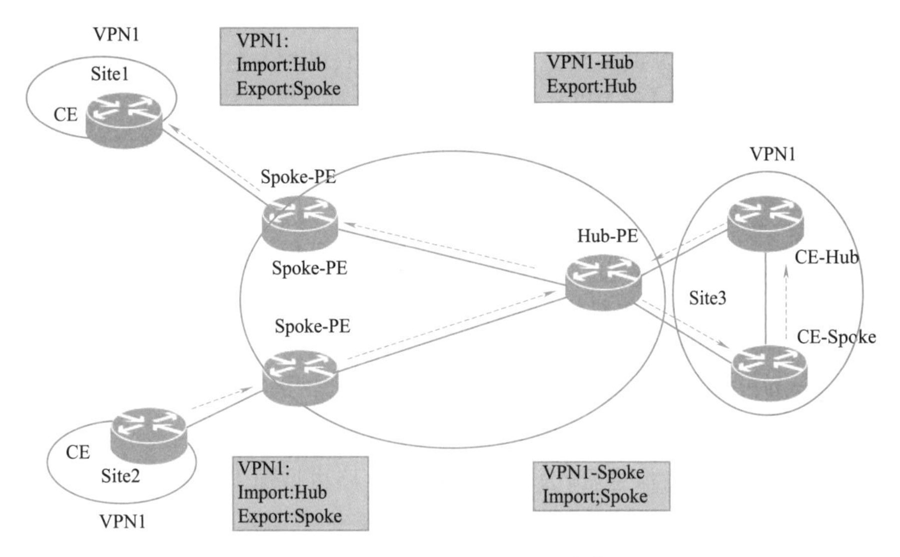

图 1-5-5　Hub&Spoke 组网方案

在图 1-5-6 中，VPN1 的 Site3 能够被 VPN1 和 VPN2 访问：

①PE3 能够接受 PE1 和 PE2 发布的 VPN-IPv4 路由。

②PE3 发布的 VPN-IPv4 路由能够为 PE1 和 PE2 接受。

③基于以上两点，VPN1 的 Site1 和 Site3 之间能够互访，VPN2 的 Site2 和 VPN1 的 Site3 之间能够互访。

PE3 不把从 PE1 接收的 VPN-IPv4 路由发布给 PE2，也不把从 PE2 接收的 VPN-IPv4 路由发布给 PE1（IBGP 邻居学来的条目是不会再发送给别的 IBGP 邻居），因此 VPN1 的 Site1 和 VPN2 的 Site2 之间不能互访。

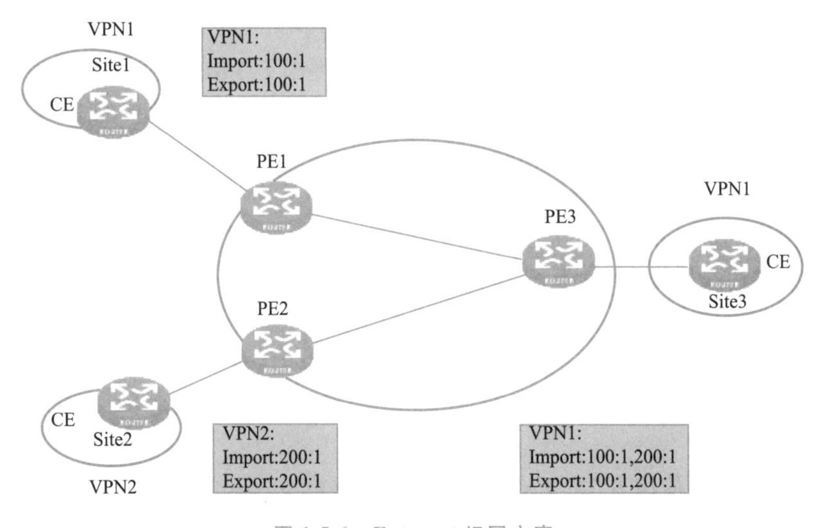

图 1-5-6　Extranet 组网方案

四、MPLS L3VPN 的路由信息发布

在基本 MPLS L3VPN 组网中，VPN 路由信息的发布涉及 CE 和 PE，P 路由器只维护主干网的路由，不需要了解任何 VPN 路由信息。PE 路由器也只维护与它直接相连的 VPN 的路由信息，不维护所有 VPN 路由。因此 MPLS L3VPN 网络具有良好的可扩展性。

VPN 路由信息的发布过程包括三部分：本地 CE 到入口 PE、入口 PE 到出口 PE、出口 PE 到远端 CE。完成这三部分后，本地 CE 与远端 CE 之间将建立可达路由，VPN 私网路由信息能够在主干网上发布。

1. 本地 CE 到入口 PE 的路由信息交换

CE 与直接相连的 PE 建立邻接关系后，把本站点的 VPN 路由发布给 PE。

CE 与 PE 之间可以使用静态路由、RIP、OSPF、IS-IS、EBGP 或 IBGP。无论使用哪种路由协议，CE 发布给 PE 的都是标准的 IPv4 路由。

2. 入口 PE 到出口 PE 的路由信息交换

PE 从 CE 学到 VPN 路由信息后，为这些标准 IPv4 路由增加 RD 和 VPN Target 属性，形成 VPN-IPv4 路由，存放到为 CE 创建的 VPN 实例的路由表中，并触发 MPLS 为其分配私网标签。

入口 PE 通过 MP-BGP 把 VPN-IPv4 路由发布给出口 PE。出口 PE 根据 VPN-IPv4 路由的 Export Target 属性与自己维护的 VPN 实例的 Import Target 属性，决定是否将该路由加入 VPN 实例的路由表。

PE 之间通过 IGP 来保证内部的连通性。

3. 出口 PE 到远端 CE 的路由信息交换

远端 CE 有多种方式可以从出口 PE 学习 VPN 路由，包括静态路由、RIP、OSPF、IS-IS、EBGP 和 IBGP，与本地 CE 到入口 PE 的路由信息交换相同。

任务小结

回顾 L3VPN 几个发挥至关重要作用的概念，分别是：

VRF：为了在边缘侧设备上识别不同的 VPN 信息，提出了 VRF 的概念。在 L3VPN 组网中，不同 VPN 之间的路由通过 VRF 进行隔离。每个 VRF 可以看作一台虚拟的 PE 设备，管理单独的 VPN 业务，存储路由信息。每个 VRF 包含的路由信息有与此 VRF 相关的直连从客户边缘侧接收到的路由，以及从其他网络侧边缘路由器接收到的具有可接受 BGP 属性的路由。

CE：客户边缘侧的设备。

PE：公共网络边缘侧设备，负责 VPN 业务的接入。每个 PE 可以维护一个或多个 VRF。

P：公共网络中间经过设备，负责路由和业务的快速转发。

RD：是 VRF 的标识符，一个 VPN 具备一个 RD，因此 RD 在不同的 VPN 之间具备唯一性。即如果两个 VPN 使用相同的一套 IP 地址，那么 PE 给它们添加不同的 RD。RD 的唯一性避免了 IP 地址空间的冲突。

RT：PE 发布路由时使用 RT 的 EXPORT 规则，将路由发送给其他 PE 设备。

本任务学习了 MPLS L3VPN 的基本概念、报文转发方式、网络架构以及路由信息发布方式。

※思考与练习

一、填空题

1. 在基本 MPLS L3VPN 应用中(不包括跨域的情况),VPN 报文转发采用(　　)方式。

2. Site 是指相互之间具备 IP 连通性的一组(　　)。

3. VPN-IPv4 地址共有 12 字节,包括 8 字节的 RD 和(　　)字节的 IPv4 地址前缀。

4. 如果一个 VPN 用户希望提供部分本 VPN 的站点资源给非本 VPN 的用户访问,可以使用(　　)组网方案。

5. 在基本 MPLS L3VPN 组网中,P 路由器只维护(　　)的路由,不需要了解任何 VPN 路由信息。

二、选择题

1. 在 MPLS L3VPN 网络中,PE 和 CE 之间的路由交换除了可以采用静态路由,也可以采用(　　)动态的路由协议。

A. RIP 协议　　B. OSPF 协议　　C. ISIS 协议　　D. BGP 协议

2. MPLS L3VPN 网络模型由(　　)组成。

A. CE(Customer Edge)设备　　B. PE(Provider Edge)设备

C. P(Provider)设备　　D. R(router)设备

3. 在 MPLS VPN 中,不同 VPN 之间的路由隔离通过 VPN 实例(VPN-instance)实现,VPN 实例中的信息包括(　　)。

A. 标签转发表　　B. IP 路由表

C. 与 VPN 实例绑定的接口信息　　D. VPN 实例的管理信息

4. MPLS L3VPN 路由信息的发布过程包括(　　)。

A. 本地 CE 到入口 PE 的路由信息交换　　B. 入口 PE 到出口 PE 的路由信息交换

C. 出口 PE 到远端 CE 的路由信息交换　　D. 本地 CE 到远端 CE 的路由信息交换

三、判断题

1. (　　)MPLS L3VPN 中 Site 的划分是根据设备的拓扑关系,而不是地理位置。

2. (　　)MPLS L3VPN 中 Site 通过 CE 连接到服务提供商网络,一个 Site 可以包含多个 CE,但一个 CE 只属于一个 Site。

3. (　　)VPN-IPv4 地址族主要用于 PE 路由器之间传递 VPN 路由。

4. (　　)SOO(Site of Origin,路由源)用来标识路由的原始站点,每条路由可以携带多个 SOO 属性。

5. (　　) VPN-IPv4 地址格式中 RD 的作用是添加到一个特定的 IPv4 前缀,使之成为全局唯一的 VPN IPv4 前缀。

任务六　了解 QoS 技术

任务描述

QoS 指一个网络能够利用各种基础技术,为指定的网络通信提供更好的服务能力,是网络的一种安全机制，是用来解决网络延迟和阻塞等问题的一种技术。在正常情况下，如果网络只用于特定的无时间限制的应用系统，并不需要 QoS，比如 Web 应用，或 E-mail 设置等。但是对关键应用和多媒体应用就十分必要。当网络过载或拥塞时，QoS 能确保重要业务量不受延迟或丢弃，同时保证网络的高效运行。

任务目标

- 识记：QoS 概述。
- 领会：QoSb 部署。
- 应用：HQoS。

任务实施

一、QoS 概述

传统的 IP 网络无区别地对待所有的报文，设备处理报文采用的策略是先入先出（First In First Out，FIFO），它依照报文到达时间的先后顺序分配转发所需要的资源。

所有报文共享网络和路由器设备的带宽等资源，至于得到资源的多少完全取决于报文到达的时机。这种服务策略称为 Best-Effort（尽力而为），它尽最大的努力将报文送到目的地，但对分组投递的延迟、延迟抖动、丢包率和可靠性等需求不提供任何承诺和保证。

传统的 Best-Effort 服务策略只适用于对带宽、延迟性能不敏感的 WWW、文件传输、E-mail 等业务。

随着计算机网络的高速发展，越来越多的网络接入因特网。互联网从规模、覆盖范围和用户数量上都拓展得非常快。越来越多的用户使用互联网作为数据传输平台，开展各种应用。同样，服务提供商也希望通过新业务的开展来增加收益。除了传统的 WWW、E-mail、FTP 应用外，用户还尝试在互联网上拓展新业务，比如远程教学、远程医疗、可视电话、电视会议、视频点播等。企业用户也希望通过 VPN 技术，将分布在各地的分支机构连接起来，开展一些事务性应用，比如访问公司的数据库或通过 Telnet 管理远程设备。

这些新业务有一个共同特点，即对带宽、延迟、延迟抖动等传输性能有着特殊的需求。比如电视会议、视频点播需要高带宽、低延迟和低延迟抖动的保证。事务处理、Telnet 等关键任务虽然不一定要求高带宽，但非常注重低延迟，在拥塞发生时要求优先获得处理。

新业务的不断涌现对 IP 网络的服务能力提出了更高的要求，用户已不再满足于能够简单地将报文送达目的地，而是希望在投递过程中得到更好的服务，诸如支持为用户提供专用带宽、减少报文的丢失率、管理和避免网络拥塞、调控网络的流量、设置报文的优先级。所有这些，都要求网络应当具备更为完善的服务能力。QoS 就是针对各种不同的需求，提供不同的服务质量。

1. QoS 模型介绍

QoS 根据网络质量和用户需求，通过不同的服务模型为用户提供服务。通常 QoS 提供以下三种服务模型：Best-Effort Service（尽力而为服务模型）、Integrated Service（综合服务模型，Int-Serv）和 Differentiated Service（区分服务模型，Diff-Serv）。

(1)Best-Effort Service 服务模型

Best-Effort Service 模型是尽力而为服务模型。Best-Effort 是一个单一的服务模型,也是最简单的服务模型。应用程序可以在任何时候发出任意数量报文,而且不需要事先获得批准,也不需要通知网络。对 Best-Effort 服务模型,网络尽最大的可能性来发送报文。但对时延、可靠性等性能不提供任何保证。Best-Effort 服务模型是网络的默认服务模型,通过 FIFO 队列来实现。它适用于绝大多数网络应用,如 FTP、E-mail 等。

(2)Integrated Service 服务模型

Integrated Service 是一个综合服务模型,它可以满足多种 QoS 需求。该模型使用资源预留协议(RSVP),RSVP 运行在从源端到目的端的每个设备上,可以监视每个数据流,以防止其消耗资源过多。这种体系能够明确区分并保证每个业务流的服务质量,为网络提供最细粒度化的服务质量区分。

但是,Integrated Service 模型对设备的要求很高,当网络中的数据流数量很大时,设备的存储和处理能力会遇到很大的压力。Integrated Service 模型可扩展性很差,难以在 Internet 核心网络实施。

这种服务模型在发送报文前,需要向网络申请特定的服务。这个请求是通过信令来完成的,应用程序首先通知网络它自己的流量参数和需要的特定服务质量请求,包括带宽、时延等,应用程序一般在收到网络的确认信息,即确认网络已经为这个应用程序的报文预留了资源后,才开始发送报文。同时,应用程序发出的报文应该控制在流量参数描述的范围以内。

网络在收到应用程序的资源请求后,执行资源分配检查,即基于应用程序的资源申请和网络现有的资源情况,判断是否为应用程序分配资源。一旦网络确认为应用程序的报文分配了资源,则只要应用程序的报文控制在流置参数描述的范围内,网络将承诺满足应用程序的 QoS 需求。而网络将为每个流(Flow,由两端的 IP 地址、端口号、协议号确定)维护一个状态并基于这个状态执行报文的分类、流量监管(Policing)、排队及其调度,来实现对应用程序的承诺。

Integrated Service 可以提供以下两种服务:

①保证服务(Guaranteed Service)。它提供保证的带宽和时延限制来满足应用程序的要求。如 VoIP 应用可以预留 10 Mbit/s 带宽和要求不超过 1 s 的时延。

②负载控制服务(Controlled-Load Service)。它保证即使在网络过载的情况下,也能对报文提供近似于网络未过载类似服务,即在网络拥塞的情况下,保证某些应用程序的报文低时延和高通过。

(3)Differentiated Service 服务模型

Differentiated Service 模型即区分服务模型,简称 Diff-Serv。在采用 Diff-Serv 模型的应用中,应用程序在发送报文前不必预先向网络提出资源申请,而是通过设置 IP 报文头部的 QoS 参数信息来告知网络节点它的 QoS 需求。报文传播路径上的各个路由器设备都可以通过对 IP 报文头的分析来获知报文的服务需求类别。

在实施 Diff-Serv 时,接入路由器设备需要对报文进行分类,并在 IP 报文头部标记服务类别。下游的路由器设备只需简单地识别这些服务类别并进行转发。因此,Diff-Serv 是一种基于报文流的 QoS 解决方案。

①Diff-Serv 网络结构。实现了 Diff-Serv 功能的网络节点称为 DS 节点。DS 域(DS Domain)由一组采用相同的服务提供策略和实现了相同 PHB(Per-Hop Behavior)集合的相连 DS 节点组成,如图 1-6-1 所示。

DS 节点分为 DS 边界节点和 DS 内部节点两种:DS 边界节点用于将 DS 域和非 DS 域连接

在一起。DS边界节点需根据域间制定的流量控制协定TCA(Traffic Conditioning Agreement)进行流量控制并设置报文的DSCP(Differentiated Services Code Point)值。DS内部节点。用于在同一个DS域中连接DS边界节点和其他内部节点。DS内部节点仅需基于DSCP值进行简单的流分类以及对相应的流实施流量控制。

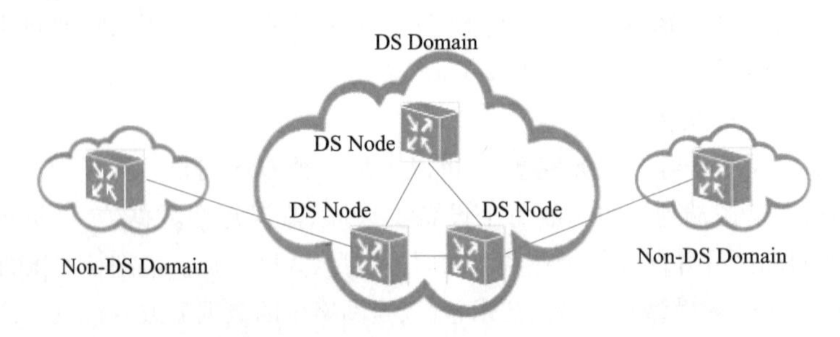

图1-6-1　Diff-Serv网络结构示意图

②DS Field和DS Code Point。在RFC 791、RFC 134和RFC 1349中定义了IPv4报文头的ToS(Type of Service)字段,如图1-6-2所示。ToS字段包含3 bit的优先级(Precedence)、D bit、T bit、R bit和C bit,ToS字段的最高位bit必须为0。其中,D bit代表延迟(Delay),T bit代表吞吐量(Throughput),R bit代表可靠性(Reliability),C bit代表花费(Cost)。

在实施QoS时,路由器设备会检查报文的优先级,其余的比特位未被充分利用。

在RFC 2474中对IPv4报文头的ToS字段进行了重新定义,称为DS(Differentiated Services)字段,如图1-6-2所示。其中,字段的低6位(0～5位)用作区分服务代码点DSCP(DS Code Point),高2位(6～7位)是保留位,字段的低3位(0～2位)是类选择代码点CSCP(Class Selector Code Point),它表示了一类DSCP。DS节点根据DSCP的值选择相应的PHB。

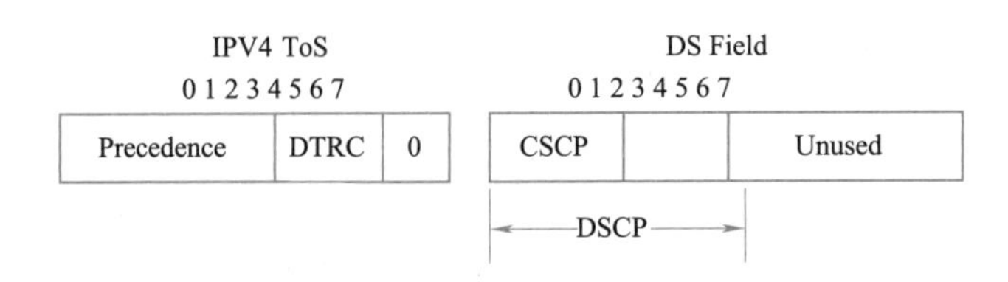

图1-6-2　ToS字段和DS字段

DSCP的64个代码点空间被划分为三个编码池,三个编码池的描述如表1-6-1所示。

表1-6-1　三个编码池的描述

编码池	编码空间	用　途
1	××××x0	Standards Action(标准操作)
2	××××11	EXP/LU(试验/局部使用)
3	××××01	EXP/LU(也可用作以后标准操作的扩展空间)

其中,编码池1(××××x0)被用作标准操作,编码池2(××××11)和3(××××01)用作实验或将来的扩展。

• 标准的PHB。PHB(Per-Hop Behavior)是DS节点作用于数据流的行为。网络管理员可以配置DSCP到PHB的映像关系。

如果DS节点接收到一个报文,检查其DSCP,发现未定义到PHB的映射,则DS节点将选择采用默认 PHB(即 Best-Effort,DSCP=000000)进行转发处理。每个 DS 节点必须支持该默认 PHB。

目前,IETF 定义了四种标准的 PHB:类选择码 CS(Class Selector)、加速转发 EF(Expedited Forwarding)、确保转发 AF(Assured Forwarding)和尽力而为 BE(Best-Effort)。其中,BE 是默认的 PHB。

- CS PHB。CS 表示类选择码,代表的服务等级与在现有网络中使用的 IP Precedence 相同。DSCP 取值为"×××000",×为 0 或 1。当×为全 0 时,就是 Default PHB。
- EF PHB。加速转发被定义为这样的一种转发处理:从任何 DS 节点发出的信息流速率在任何情况下必须获得等于或大于设定的速率。EF PHB 在 DS 域内不能被重新标记,仅允许在边界节点重新标记 EF PHB,并且要求新的 DSCP 满足 EF PHB 的特性。

定义 EF PHB 的目标是在 DS 域内模拟一种虚拟租用线(Virtual Leased Line)的转发效果,提供一种低丢包率、低延迟、高带宽的转发服务。

- AF PHB。确保转发的推出是为了满足以下需求:用户在与 ISP 订购带宽服务时,允许业务量超出所订购的规格。对不超出所订购规格的流量要求确保转发的质量;对超出规格的流量将降低服务待遇继续转发,而不只是简单地丢弃。

当前定义了四类 AF,即 AF1、AF2、AF3、AF4。每一类 AF 业务的分组又可以细分为三种不同的丢弃优先级。AF 编码点 AF_*ij* 表示 AF 类为 $i(1 \leqslant i \leqslant 4)$,丢弃优先级为 $j(1 \leqslant j \leqslant 3)$。运营商在提供 AF 服务时,为每类 AF 分配不同的带宽资源。

对 AF PHB 的一个特别要求是:流量控制不能改变同一信息流中分组的顺序。比如,某一业务流中的不同分组归属同一 AF 类,但在流量监管时被标记了的不同的丢弃优先级,此时,虽然不同分组的丢包概率不同,但是它们之间的相互顺序不能改变。这种机制特别适合于多媒体业务的传输。

传统的 IP 分组投递服务,只关注可达性,其他方面不做任何要求。路由器设备必须支持 BE PHB。

- 推荐的 DSCP。不同的 DS 域可以有自定义的 DSCP 到 PHB 的映射。RFC 2474 为 BE、EF、AF_*ij* 以及类选择代码点 CSCP(Class Selector Code Points)推荐了编码值。CSCP 是为兼容 IPv4 的优先级模型而设的。

BE:DSCP=000000

EF:DSCP=101110

AF_*ij* 编码点如表 1-6-2 所示。

表 1-6-2 AF_*ij* 编码点

服务等级	低丢弃优先级,$j=1$	中丢弃优先级,$j=2$	高丢弃优先级,$j=3$
AF($i=4$)	100010	100100	100110
AF($i=3$)	011010	011100	011110
AF($i=2$)	010010	010100	010110
AF($i=1$)	001010	001100	001110

在实施流量监管时:

如果 $j=1$,那么报文颜色被标记为绿色;

如果 $j=2$,那么报文颜色被标记为黄色;

如果 $j=3$,那么报文颜色被标记为红色。

属于同一类 AF 的分组前三位相同。具体来讲,AF_1*j* 的前三位是 001,AF_2*j* 的前三位是

010，AF_3j 的前三位是 011，AF_4j 的前三位是 100。第 4、5 位用来表示丢弃优先级，有三个有效值，分别为 01、10、11。数值越大，丢弃优先级越高。

类选择代码点：

在制定 Diff-Serv 标准时，考虑要向后与 IPv4 报文头的优先级（Precedence）域兼容，DSCP = ×××000 被用作类选择代码点 CSCP，其遵循 Code Point 值越高，PHB 转发时延越小。IPv4 中优先级与 CSCP 有一定的对应关系。

IPv4 中优先级与 CSCP 的对应关系如表 1-6-3 所示。

表 1-6-3　IPv4 优先级与 CSCP 的对应关系

IPv4 优先级	CSCP（二进制）	CSCP（十进制）	对应的服务
0	000000	0	BE
1	001000	8	AF1
2	010000	16	AF2
3	011000	24	AF3
4	100000	32	AF4
5	101000	40	EF
6	110000	48	CS6
7	111000	56	CS7

除了上面所描述的 DSCP 外，其他 DSCP 均对应 BE 业务。

2. MPLS 网络中的 Diff-Serv 流量处理

（1）EXP field

RFC 3032 中定义的 MPLS 报文头部如图 1-6-3 所示。其中 3 bit 的 EXP 字段可以表示流量类别。EXP 的取值从 0 到 7。默认情况下，EXP 与 IPv4 报文中优先级一一对应。

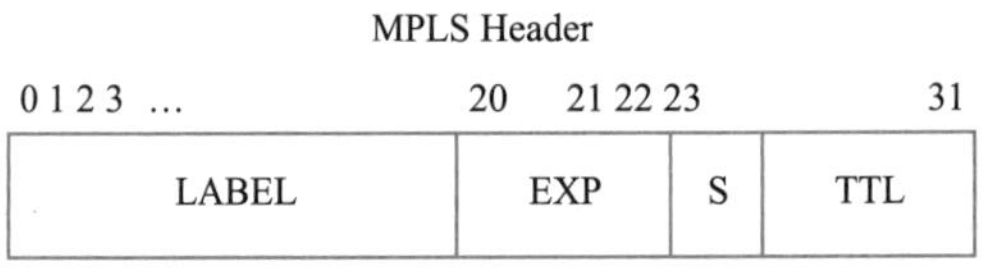

MPLS Header

0 1 2 3 …	20　21 22 23		31
LABEL	EXP	S	TTL

图 1-6-3　MPLS 报文头部

（2）QoS 流量在 MPLS 域上的处理

在入口设备上的处理：

在 MPLS 域的入口设备（即 Ingress LER）上要通过 CAR 等技术对用户数据流进行限制，确保数据流符合 MPLS 域带宽约定，同时根据策略将 IP 报文标记为不同优先级。

由于 IP 报文的优先级字段是 3 bit，与 EXP 的长度（也是 3 bit）相同，所以可以直接形成一对一的映射。但在 Diff-Serv 域中，由于 IP 报文的 DSCP 字段是 6 bit，与 EXP 的长度不一样，所以出现多对一的情况。在标准的实现中，将 DSCP 的前 3 bit（即 CSCP）与 EXP 进行映射，而忽略 DSCP 的后 3 bit。

MPLS 域内的设备的处理：

在 MPLS 域内的设备（即 LSR）在进行 MPLS 标签转发时，根据接收到的报文标签中的 EXP 字段所携带的信息实施各种队列调度，从而保证高优先级的报文获得更好服务。

在出口路由器设备上的处理：在 MPLS 域的出口设备（即 Egress LER）需要将 EXP 字段映像回 IP 报文的 DSCP 字段，标准的映射是 DSCP 的前 3 位（即 CSCP）取 EXP 的值，而后 3 位取 0。

应该指出的是，QoS 是一个端到端的解决方案，而 MPLS 只能保证数据在 MPLS 网络上得到 SLA 中规定的服务，数据进入 IP 网络后，QoS 由 IP 网络保证。

二、QoS 部署

1. L2VPN 场景 QoS 部署

如图 1-6-4 所示，PE1 和 PE2 之间配置 L2VPN 业务。以 CE1 至 CE2 方向的业务转发为例，分别介绍上行 PE 节点、P 节点、下行 PE 节点的报文调度转发。

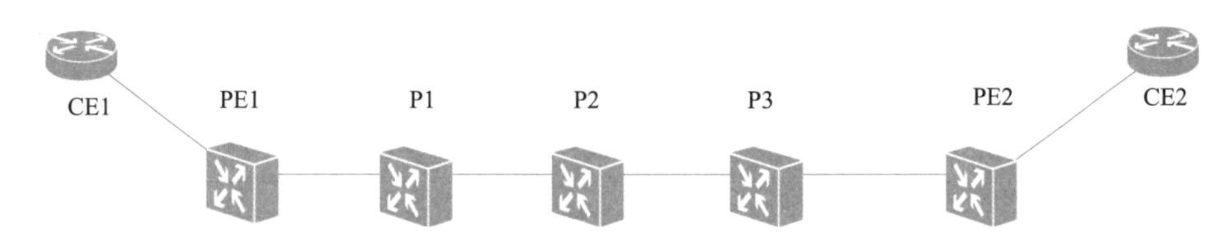

图 1-6-4　L2VPN 场景部署组网

各节点的报文调度转发说明如下：

（1）上行 PE 节点信任客户侧报文携带优先级

①上行 PE 节点信任继承 COS 优先级。UNI 侧接口配置信任 802.1P 优先级，tunnel 和 vrf 配置管道不指定优先级后，设备将 COS＝5 客户报文直接映射到 EXP，如图 1-6-5 所示。

②上行 PE 节点信任继承 DSCP 优先级。UNI 侧接口配置信任 DCSP 优先级，tunnel 和 vrf 配置管道不指定优先级后，设备将 COS＝5 客户报文直接映射到 EXP，如图 1-6-6 所示。

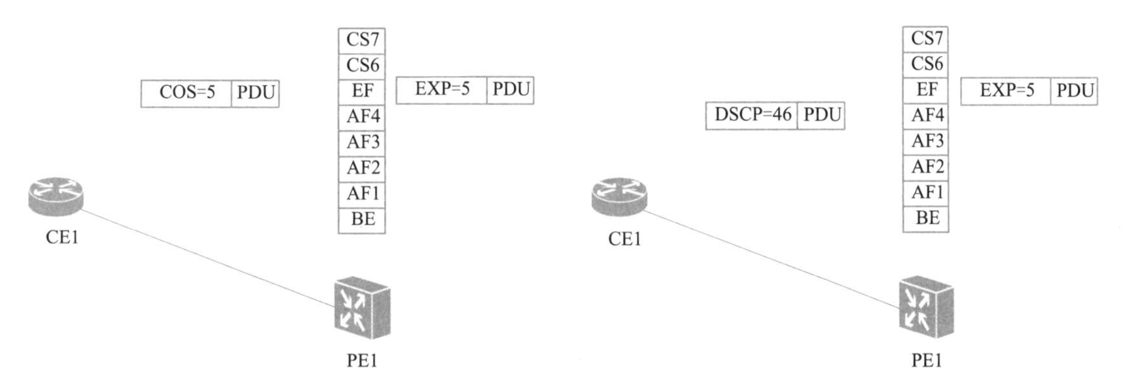

图 1-6-5　上行 PE 节点信任继承 COS 优先级　　图 1-6-6　上行 PE 节点信任继承 DSCP 优先级

（2）上行 PE 节点自定义转发优先级

在业务实例下配置指定优先级，将 COS＝3 客户侧报文映射到 EF 调度，以 EXP＝5 转发出去，如图 1-6-7 所示。根据自定义 DS 域设置，在物理端口上应用相应的 DS 域。

（3）P 节点继承或修改 EXP 优先级

P1 节点继承 EXP 优先级，P2 节点将 EXP 修改为 AF3 调度，以 EXP＝3 转发出去，如图 1-6-8所示。

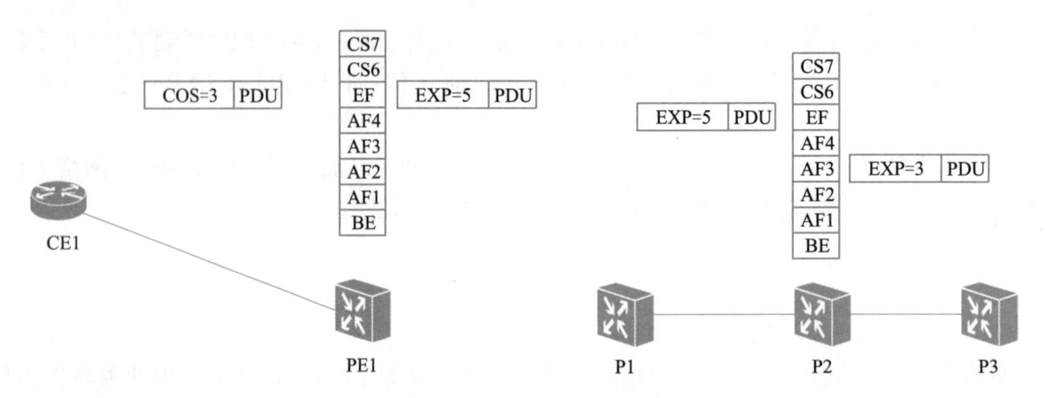

图 1-6-7　业务实例修改优先级　　图 1-6-8　P 节点修改 EXP 优先级

(4)下行 PE 节点自定义转发优先级

管道模式下,下行 PE 节点按照 EXP 优先级转发调度,转发报文的优先级不变,保持为客户层初始值,如图 1-6-9 所示。

短管道模式下,下行 PE 节点按照客户侧报文优先级 COS 转发调度,转发报文优先级不变,保持为客户层初始值,如图 1-6-10 所示。

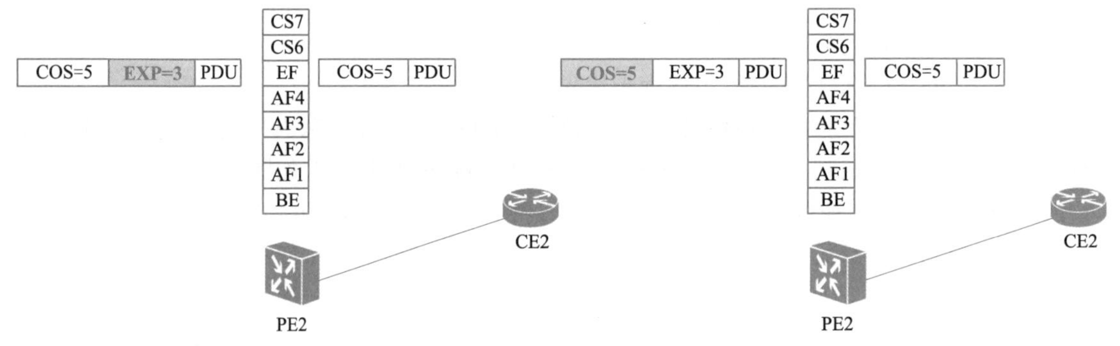

图 1-6-9　下行 PE 节点管道模式示例　　图 1-6-10　下行 PE 节点短管道模式示例

统一模式下,下行 PE 节点按照 EXP 优先级转发调度,但修改报文原始优先级,将报文 COS 值替换为 EXP 值后转发出去,如图 1-6-11 所示。

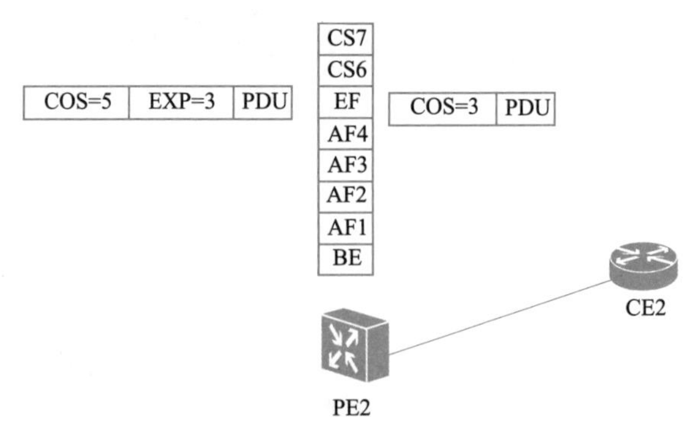

图 1-6-11　下行 PE 节点统一模式示例

2. L3VPN 场景 QoS 部署

如图 1-6-12 所示,PE1 和 PE2 之间配置 L3VPN 业务。以 CE1 至 CE2 方向的业务转发为例,上行 PE1 节点信任 DSCP 值,P 节点默认或修改 EXP,下行 PE2 节点设置为管道模式。

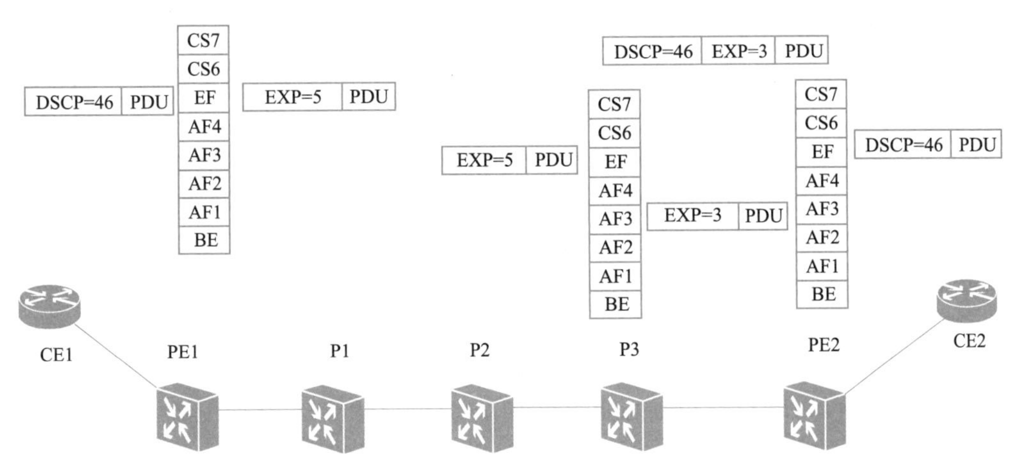

图 1-6-12　L3VPN 场景优先级映射

各节点的报文调度转发说明如下：

①上行 PE1 节点收到 CE1 发送的 DSCP＝46 报文并信任客户侧 DSCP 值，映射到 EF 调度，以 EXP＝5 转发给下一跳 P1 节点。

②P1 节点收到 DSCP＝46，EXP＝5 报文，P1 和 P2 节点采用默认配置，按照 EXP＝5 直接转发。P3 节点自定义 DS 域并应用到 NNI 侧端口，将 EXP 修改为 AF3 调度，以 EXP＝3 转发给 PE2 节点。

③下行 PE2 节点收到 DSCP＝46，EXP＝3 报文，在管道模式下按照 EXP＝3 调度，并保持原 DSCP 值（DSCP＝46）转发给 CE2。

3. L2VPN 和 L3VPN 桥接场景 QoS 部署

如图 1-6-13 所示，PE1 和 PE3 之间配置 L2VPN 与 L3VPN 桥接业务，PE2 为桥接点。以 CE1 至 CE2 方向的业务转发为例，上行 PE 节点设置 DS 域，P 节点默认或修改 EXP，下行 PE 节点设置统一模式。

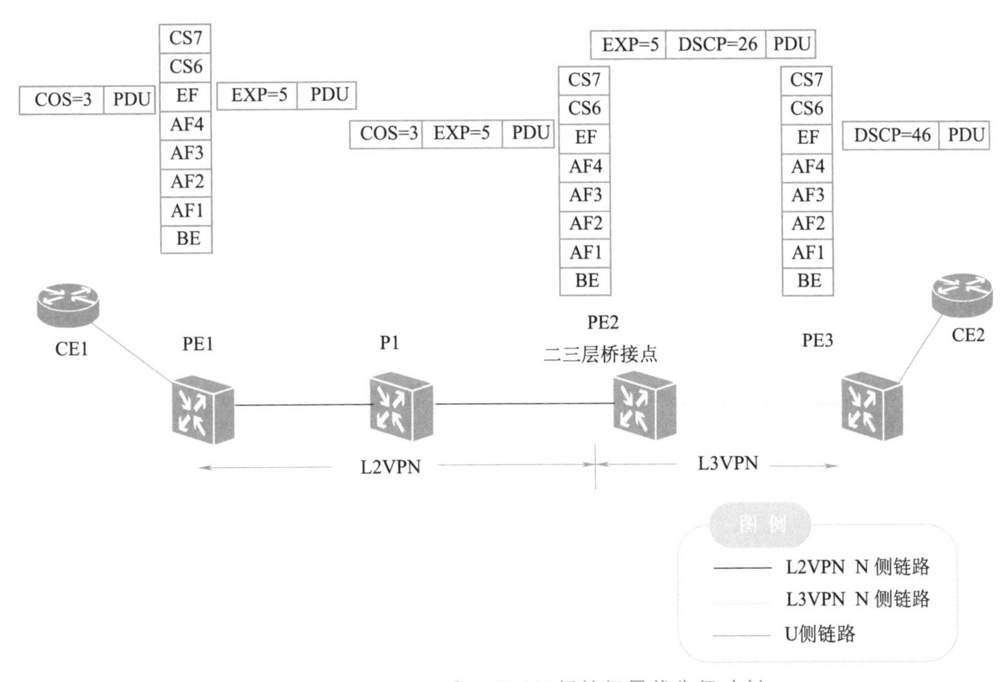

图 1-6-13　L2VPN 和 L3VPN 桥接场景优先级映射

各节点的报文调度转发说明如下：

①上行 PE1 节点收到 CE1 发送的 COS = 3 报文，设置 DS 域应用到 UNI 侧端口，并映射到 EF 优先级，调度为 EXP = 5 报文转发给下一跳 P 节点。

②P1 节点收到 COS = 3，EXP = 5 报文，采用默认配置，按照 EXP = 5 直接转发给桥接 PE2 节点。

③桥接 PE2 节点收到 COS = 3，EXP = 5 报文，默认将 2 层 EXP 值和 COS 值映射为对应的 3 层 EXP 值和 DSCP 值，以 DSCP = 26，EXP = 5 调度转发给 PE3 节点。

④下行 PE3 节点收到 DSCP = 26，EXP = 5 报文，在统一模式下按照 EXP = 5 调度，并修改原 DSCP = 26 为 DSCP = 46 转发给 CE2。

4. IP + L3VPN 场景 QoS 部署

如图 1-6-14 所示，PE1 和 PE2 之间采用 IP 转发，PE2 和 PE3 之间配置 L3VPN 业务。以 CE1 至 CE2 方向的业务转发为例，上行 PE1/PE2 节点设置 DS 域，P2 节点默认 EXP，下行 PE3 节点设置为管道模式。

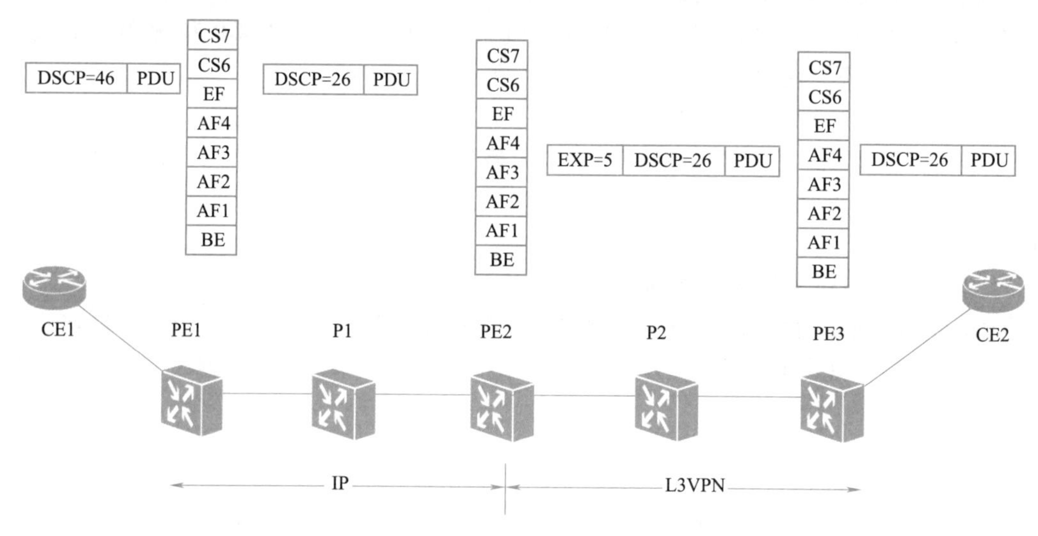

图 1-6-14　IP + L3VPN 场景优先级映射

各节点的报文调度转发说明如下：

①上行 PE1 节点收到 CE1 发送的 DSCP = 46 报文，设置 DS 域应用到 UNI 侧端口。

②P1 节点收到 DSCP = 26 报文，默认配置调度转发。

③PE2 节点收到 DSCP = 26 报文，端口应用 DS 域，以 DSCP = 26，EXP = 5 调度转发。

④P2 节点收到 DSCP = 26，EXP = 5 报文，默认配置调度转发。

⑤下行 PE3 节点收到 DSCP = 26，EXP = 5 报文，在管道模式下按照 EXP = 5 调度，不改变原 DSCP 值（DSCP = 26）直接转发给 CE2。

三、HQoS

HQoS 是层级化 QoS 的简称，主要解决了端到端的传统 QoS 指标问题。QoS 指标主要体现在带宽、抖动、时延、丢包率等几个重要指标上。而传统的 QoS 存在如下问题：

①无法对隧道或伪线的总带宽做到端到端的控制。

②无法保证各隧道之间或伪线之间带宽独享。

③无法保证隧道承载的业务或伪线承载的业务的端到端的 QoS。

在 MPLS 网络中,HQoS 主要是为了精细化实现客户业务对这些 QoS 指标的要求。比如,在 MPLS 网络中,用于承载客户业务的一条隧道,如何精确统计、监控其流量,进一步如何满足隧道端到端对带宽资源的要求,并且还要保证隧道内各服务等级之间的流量能按照业务特性 QoS 要求进行调度转发。业务特性 QoS 要求指不同业务对 QoS 指标敏感程度不一样。

HQoS 层级化的粒度依赖于网络规划需要精确控制 QoS 的程度。U31 R22 产品的 PE 节点 N 侧可支持端口、隧道、伪线和流级这 4 级调度,U 侧可支持端口、子端口和流级 3 级调度。

设备默认 NNI 侧和 UNI 侧仅支持端口级调度。在端口调度情况下,保证了各个端口之间带宽控制相互独立,一个端口流量拥塞不会对另一个端口业务流造成影响。但端口内各隧道之间流量将根据服务优先级关系相互抢占端口资源,无法保证各个隧道业务带宽独占特性。

若需保证某条隧道带宽独享,即其他隧道流量蜂拥对该隧道不造成影响,需要手动配置该隧道的独享带宽以及配置该隧道的层级化调度使能。当隧道开启层级化 QoS 后,调度控制器将优先保证该隧道的 CIR 部分流量,再根据各个隧道 EIR 部分的 WFQ 调度权重分配剩余流量。隧道内部不同服务等级的流出队列顺序将根据隧道上配置的流队列调度策略进行。仅隧道开启层级化 QoS 依然不能解决隧道内各个伪线之间带宽相互抢占的问题,为了保证各个伪线带宽独享特性,需要手动配置该伪线的独享带宽以及配置该伪线的层级化调度使能。

任务小结

本任务学习了 QoS 的基本概念,QoS 模型,流量处理方法,QoS 不同场景的部署以及 HQoS 技术。QoS 技术的部署是十分灵活的,不同的应用场景往往使用不同技术的组合来保证关键业务的通信质量,并没有一个固定的模式。目前随着各种应用的出现,QoS 已成为组网中必须要考虑的一个重要因素,同时 QoS 技术也必须继续发展以适应不断变化的应用通信要求。

※思考与练习

一、判断题

1.(　　)在采用 Diff-Serv 模型的应用中,应用程序在发送报文前不必预先向网络提出资源申请,而是通过设置 IP 报文头部的 QoS 参数信息来告知网络节点它的 QoS 需求。

2.(　　)在 L2VPN 场景 QoS 应用中,上行 PE 节点可以选择信任客户侧报文携带的优先级,也可以自定义。

3.(　　)在 L2VPN 场景 QoS 应用中,管道模式下,下行 PE 节点按照 EXP 优先级转发调度,转发报文的优先级不变,保持为客户层初始值。

4.(　　)在 MPLS 网络中,HQoS 主要是为了精细化实现客户业务对这些 QoS 指标的要求。

5.(　　)设备默认 NNI 侧和 UNI 侧仅支持端口级调度。

二、选择题

1.传统的 Best-Effort 服务策略只适用于对带宽、延迟性能不敏感的业务,下列适用 Best-

Effort 服务策略的业务是(　　)。

A. WWW　　B. 文件传输　　C. E-mail　　D. Telnet

2. QoS 根据网络质量和用户需求,通过不同的服务模型为用户提供服务。通常 QoS 可以提供的服务模型是(　　)。

A. Best-Effort service(尽力而为服务模型)

B. Integrated service(综合服务模型,Int-Serv)

C. Differentiated service(区分服务模型,Diff-Serv)

D. FIFO(先进先出)

3. Diff-Serv(区分服务模型)网络结构中,定义的服务类型是(　　)。

A. 类选择码 CS(Class Selector)　　B. 确保转发 AF(Assured Forwarding)

C. 加速转发 EF(Expedited Forwarding)　　D. 尽力而为 BE(Best-Effort)

4. QoS 指标主要体现在(　　)等方面。

A. 带宽　　B. 抖动　　C. 时延　　D. 丢包率

5. HQoS 层级化的粒度依赖于网络规划需要精确控制 QoS 的程度。U31 R22 产品的 PE 节点网络侧可支持(　　)级调度。

A. 端口　　B. 隧道　　C. 伪线　　D. 流级

三、简答题

简述 QOS 的作用。

任务七　学习 OAM 技术

任务描述

根据运营商网络运营的实际需要,通常将网络的管理工作划分为 3 类:操作(Operation)、管理(Administration)、维护(Maintenance),简称 OAM。操作主要完成日常网络和业务的分析、预测、规划和配置工作;维护主要是对网络及其业务的测试和故障管理等进行的日常操作活动。

任务目标

- 识记:OAM 概述及基本概念。
- 领会:OAM 的架构及主要功能。
- 应用:OAM 标准分类。

任务实施

一、OAM 技术概述

在城域网和广域网中,存在大量复杂用户,而且通常需要多个不同的运营商网络共同协作以提供端到端的业务。随着以太网技术在运营网络中应用的不断增加,对其扩展性、可靠性、安全性和可管理性等提出了诸多挑战。传统以太网的 OAM 能力较弱，且只有网元级的管理系统。为了实现电信级的服务水平，各研究团体和标准组织都在积极进行技术研究和标准制定，使电信级以太网逐步成为未来传送网的新选择。

为了在以太网层能确定以太网虚链接（Ethernet Virtual Connection，EVC）的连通性，有效地检测、确认并定位出源于以太网层网络内部的故障，衡量网络的利用率及度量网络的性能，从而能根据与用户签订的服务等级规约（SLA）提供业务，以太网层需要提供一个完全不依赖任何客户层或服务层的 OAM 机制。该需求对于电信级以太网的独立发展至关重要。电信级以太网 OAM 至少需要满足以下需求：

①以太层网络 OAM 功能不应该依赖任何特定的服务层或客户层网络。

②故障管理。出现故障时能检测缺陷、诊断缺陷、定位缺陷，通知网管系统并对该故障采取适当措施。

③自动发现与配置管理。OAM 功能应该简洁且易于配置，使其能直接大范围应用，甚至应用在大型网络上。

④性能管理可以度量一个 EVC 的有效性和网络性能，如丢包率、时延、抖动等。

⑤OAM 功能应该能可靠地执行，甚至在链路劣化的条件下也能执行。这需要为 OAM 报文提供比特差错修正和检测机制。

⑥支持针对运营商、业务提供商和用户提供分域的 OAM。

二、OAM 的构架

分组传送网接入链路的 OAM 机制主要包括以太网接入链路的 OAM 机制（符合 IEEE 802.3ah 规范），SDH 接口的再生段层告警性能 OAM 机制，以及 E1 告警和性能 OAM 机制。

分组传送网业务层的 OAM 机制主要包括以太网业务的 OAM 机制和 ATM 业务的 OAM 机制，主要包括支持 VC（PW 通路层）、VP（LSP 通道层）、VS（段层）3 个分层的 OAM 机制。

单段 PW 的 PTN 网络 OAM 构架图如图 1-7-1 所示。

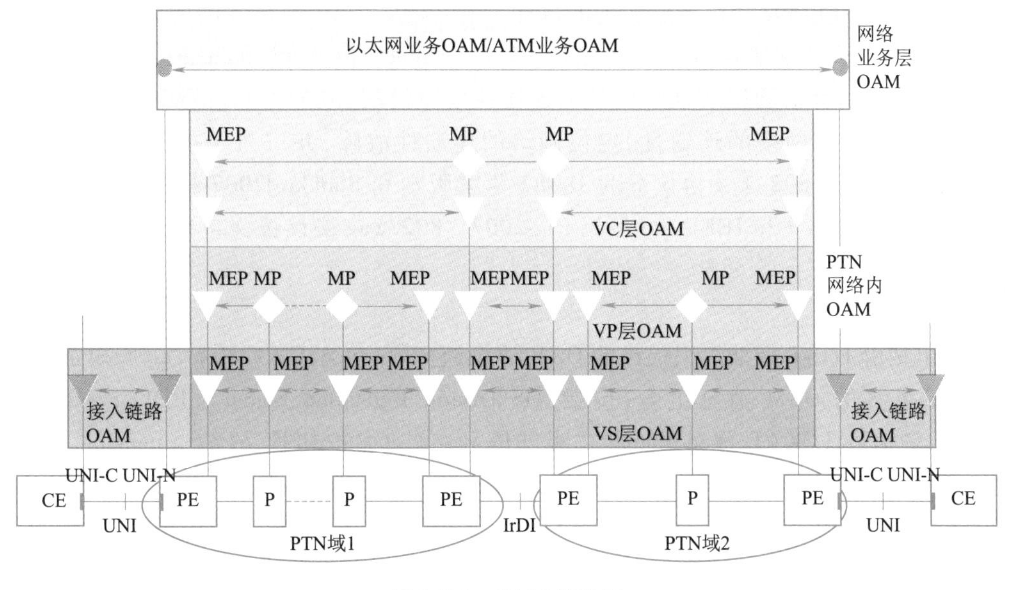

图 1-7-1　OAM 构架图

各种 OAM 的应用场景如图 1-7-2 所示。

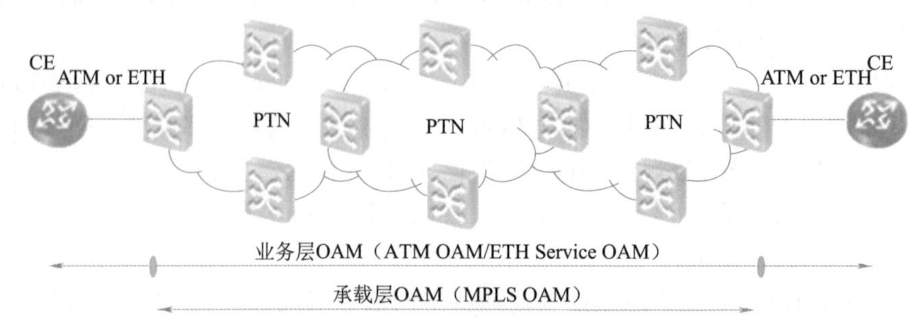

图 1-7-2　各种 OAM 的应用场景

三、OAM 标准分类

1. IEEE 802.3ah(EFM)

IEEE 802.3ah(Parameters, Physical Layers, and Management Parameters for Subscriber Access Networks)在 2004 年发布了正式标准，是较早实现标准化的 OAM 建议，适用于端口间直连的场景(第一公里)，属链路级的 OAM，它不负责与单链路无关的功能，如节点位置管理、保护倒换、带宽预留和分配等。

IEEE 802.3ah 通过定义以太网 OAM PDU 实现 OAM 功能，包括 OAM 能力自动发现、OAM 链路监控、远端故障通知、OAM 远端环回、远端 MIB 获取、自定义功能等。

2. IEEE 802.1ag(CFM)

802.3ah OAM 只能应用于点到点的拓扑场景，对于一个需要实现电信级业务的以太网网络而言，仅仅实现相邻节点两两之间的 OAM 是远远不够的。实现端到端、可跨越多节点和网络的 OAM 机制，这是 IEEE 802.1ag 所要实现的目标。

遵循 IEEE 802.1ag 协议规定的以太网 CFM(Connectivity Fault Management)属于网络级以太网 OAM 技术，针对网络实现端到端的连通性故障检测、故障通知、故障确认和故障定位功能可用于监测整个网络的连通性，定位网络的连通性故障，并可与保护倒换技术相配合，提高网络的可靠性。802.1ag 协议分为 Draft7 草案版本和 Standard2007 标准版本，分别遵循 IEEE 802.1ag/Draft7.0 和 IEEE Std 802.1ag-2007。802.1ag 协议报文包括 CCM、LBM、LBR、LTM 和 LTR。

3. ITU-T Y.1731

Y.1731 是由 ITU-T 标准组织提出的 OAM 协议，它不仅包含 IEEE 802.1ag 所规定的内容，而且增加了更多的 OAM 消息组合，包括 AIS(Alarm Indication Signal)、RDI(Remote Defect Indication)、锁信号 LCK(Locked Signal)、测试信号、自动保护切换 APS(Automatic Protection Switching)、维护通信渠道 MCC(Maintenance Communication Channel)、试验 EXP(Experimental OAM)、供应商特定的 VSP(Vendor Specific OAM)故障管理、用于性能监视的丢包管理 LM(Loss Measurement)和延迟评估 DM(Delay Measurement)等。

四、OAM 基本概念

1. 维护实体(ME)

ME 代表需要管理的一个实体,它是两个维护实体组端点(MEP)之间的一种关系。ME 可以相互嵌套,但不能重叠,如图 1-7-3 所示。

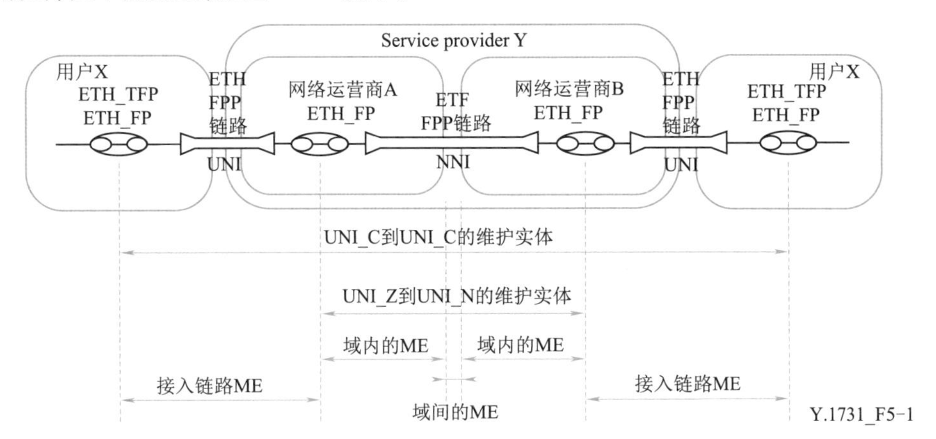

图 1-7-3　ME 示例图

ITU-T G.8010/Y.1306 和 Y.1730 建议书中所定义的 ME 之间的映射关系如表 1-7-1 所示。

表 1-7-1　ME 示例图中 ME 的映射关系

ME	映射关系
UNI_C 到 UNI-C 的维护实体	UNI-UNI(客户)
UNI_N 到 UNI_N 的维护实体	UNI-UNI(提供商)
域内 ME	提供商内部的网段(PE-PE)
域间 ME	提供商内部的网段(PE-PE)(提供商到提供商)
接入链路 ME	ETH 链路 OAM-UNI(客户到提供商)
域间 ME	ETH 链路 OAM-NNI(提供商到运营商)

2. 维护实体组(MEG)

一个 MEG 由满足以下条件的不同 ME 组成:

①所有 ME 存在于同一管理域的边界之内。

②所有 ME 具有同样的 MEG 等级。

③所有 ME 属于同一个点到点的 ETH 连接或者多点的 ETH 连通性。

3. 维护实体组端点(MEP)

MEP 标志一个 ETH MEG 的端点,能够发出和终止 OAM 帧,用于差错管理和性能监测,MEP 可以观察信号流(如对帧进行计数),但它不中断 ETH 的正常业务转发。

4. 维护实体组中间点(MIP)

MIP 是 MEG 中的一个中间点,它能对某些 OAM 帧做出反应。MIP 并不发起 OAM 帧,也不会对转发的 ETH 业务进行动作。

5. MEG 等级(MEL)

在 MEG 嵌套的情况下,每一个 MEG 的 OAM 信流必须能清楚地识别,并能与其他 MEG 的

OAM 信流相区分。当 OAM 信流不能由 ETH 层的包装本身加以区分时，OAM 帧中的 MEG 等级将在相嵌套 MEG 的 OAM 信流之间进行区分。

MEG 有 8 个等级，可以满足网络部署的不同情景。

当客户、提供商和运营商数据通道的信流不能依据 ETH 层的包装加以区分时，可以在它们之间分享这 8 个 MEG 等级区分属于客户、提供商和运营商的相嵌套 MEG 的 OAM 帧。在客户、提供商和运营商角色之间，MEG 等级默认的分配如下：

①客户角色分配三个 MEG 等级：7、6 和 5。

②提供商角色分配两个 MEG 等级：4 和 3。

③运营商角色分配三个 MEG 等级：2、1 和 0。

上述 MEG 等级默认的分配可以通过客户、提供商和运营商角色之间相互的协议来改变。

尽管有 8 个等级可用，但不是所有的 MEG 等级都要使用的。当不是所有的 MEG 等级都使用时，对于 MEG 等级的连续性将不作限制（如可以使用 MEG 等级的 7、5、2 和 0）。所使用的 MEG 等级的数量，将取决于 OAM 信流不能通过 ETH 层的包装加以区分的被嵌套的 ME 的数量。

五、OAM 的主要功能

1. 故障管理功能

（1）连续性检查

以太网连续性检查（CC）用于检测一个 MEG 中任何一对 MEP 间连续性的丢失（LOC）。CC 也可以检测两个 MEG 之间不应该出现的连通，或在 MEG 内和一个错误的 MEP 的连通，以及其他故障情况（如错误的 MEG 等级、错误的周期等）。CC 可应用于差错检测、性能监测或保护转换的应用。

CC 通常用于一对边缘节点间。当一个 MEP 在 CC 传输周期 3.5 倍的时间间隔内，收不到来自对等 MEP 列表中的对等 MEP 的 CCM 信息时，认为已丢失了与那个对等 MEP 的连续性。MIP 则透传 CC 消息。

（2）环回

环回功能（LB）用于检验一个 MEP 与一个 MIP 或对等的 MEP 间的连通性。包括单播环回和组播环回两种类型。

①单播环回。

以太网单播环回支持如下应用：

验证两个对等 MEP 之间或一个 MEP 与一个 MIP 之间的双向连通性。

在一对对等 MEP 之间，执行双向的在线或离线诊断测试，包括带宽流量的验证、检测比特误码率等。

单播环回请求信息所用的 OAM PDU 是 LBM，单播环回回复信息所用的 OAM PDU 是 LBR。远端 MIP 或 MEP 在接收到地址是针对该 MIP 或 MEP 的单播 LBM 时，以单播 LBR 响应。

如果一个 MIP 接收到以它为地址的 LBR 帧，这种 LBR 帧是无效的，会被丢弃。

②组播环回。

以太网组播环回用于验证一个 MEP 与它的多个对等 MEP 之间的连通性。组播 LB 请求信息所用的 OAM PDU 是 LBM，LB 回复所用的 OAM PDU 是 LBR，承载有 LBM PDU 的组播帧称为组播 LBM 帧。

当在 MEP 上发起组播环回请求时，带有指定 ID 的组播 LBM 帧被送往同一 MEG 中对等的其他 MEP,并预期在 5s 内从对等的 MEP 处接收单播 LBR 帧。每个组播 LBM 使用不同的交易 ID,在 1min 内,来自同一 MEP 的交易 ID 不得重复。

接收侧 MEP 接收到组播 LBM,将检验该组播帧并发送单播 LBR。如果 LBR 的交易 ID 不在环回发起方 MEP 保存的发送交易 ID 的清单中,该 LBR 被认为无效并丢弃。

MIP 透传组播 LBM,如果接收到以它为地址的 LBR,这种 LBR 是无效的,MIP 将它丢弃。

(3)链路跟踪

链路跟踪功能(LT)用于邻接关系的恢复和故障定位。

MEP 在发送出 LT 请求消息后,该 MEP 预期在 5 s 内接收到 LT 回复消息,否则认为失效。接收到 LT 请求信息的 MIP 和 MEP 以 LT 回复信息给予应答。

LT 请求消息所用的 PDU 是 LTM,LT 回复消息所用的 PDU 是 LTR,MEP 从不转发 LTM 消息。

(4)告警指示信号

以太网告警指示信号(AIS)是指在检测到故障时,MEP 立即在配置的客户 MEG 等级上,周期性地向与它对等 MEP 的相反方向上发送 AIS 帧。AIS 用来向高层指示低层故障,以抑制高层的同一故障,并上报告警,即告警抑制。由于在生成树协议(STP)环境下提供有独立恢复能力,AIS 不用于 STP 环境。

AIS 信息可以由 MEP(包括服务器 MEP)检测到故障时在客户的 MEG 等级上发出。如执行 CC 时信号异常或在关闭 CC 情况下向下游发送 AIS 或 LCK。

对于点到点的 ETH 连接,MEP 只有单个对等的 MEP,因此,在它接收到 AIS 信息时,需要抑制告警的对等 MEP 很明确。

但在多点以太网连通性的情况下,在接收到 AIS 信息时,MEP 不能确定遇到故障的特定服务器层实体,更不能确定其对等 MEP 中需要告警抑制的子集,因此,在接收到 AIS 信息时,不管是否仍有连通性,MEP 会抑制所有对等 MEP 的告警。

MEP 一旦接收到 AIS 信息,即进行检测,抑制住与它所有对等节点相关联的相关告警。若在 AIS 传输周期 3.5 倍的时间间隔内未再收到 AIS 帧将清除 AIS 状态。MEP 在无 AIS 情况下检测到失去连续性故障时,将恢复产生失去连续性故障的告警。

(5)远端故障指示

以太网远程端故障指示功能(RDI)用来向对等的 MEP 指示本地遇到的故障。用于承载 RDI 信息的 PDU 是 CCM 帧,MIP 透传 RDI 信息。

RDI 有如下两个应用:单端差错管理;远端性能的监测,反映远端曾有过的故障情况。

处于故障状态的 MEP 发送 RDI 信息,而在接收到 RDI 信息时,可以确定它对等的 MEP 已遇到故障。然而对于多点的 ETH 连通性,无法确定其对等 MEP 中哪一个遇到故障发送 RDI 信息的 MEP 相关子集。RDI 传输周期,取决于应用且被配置成与 ETH-CC 传输周期相同的数值。对于点到点的连接,MEP 在从对等的 MEP 处接收到 RDI 被清除的第一个 CCM 时,就可以清除 RDI 状态;对于多点的 ETH 连通性,MEP 只有在从列表中它的全部对等的 MEP 处接收到 RDI 字段被清除的 CCM 帧时,才能清除 RDI 状态。

(6)锁定信号

锁定信号(LCK)用于通告管理性锁定及随后的数据业务流中断。它使得接收 LCK 信息的 MEP 能区分是故障情况还是服务器层(子层)MEP 的管理性锁定动作。需要对 MEP 进行管理性锁定的其中一个应用场景是业务中断的 Test。

在被人工管理为锁定时，MEP 在对应的 MEG 等级上，向对等 MEP 相反的方向持续周期性地发送 LCK 帧，直到该管理/诊断的情况被解除。MIP 则透传 LCK 信息。

LCK 传输周期与 AIS 的传输周期相同，在检测到 LCK 状态后，如果在 LCK 传输周期的 3.5 倍时间内不再收到 LCK 帧，LCK 状态将被清除。

(7)测试信号

测试信号功能(Test)根据需要可进行单向的在线或离线诊断测试，包括验证带宽通量、帧丢失、比特误码等。

离线测试时，客户的数据业务流在被诊断实体中中断。配置成离线测试的 MEP，在 TST 帧的接收方向，在客户的 MEG 等级上发送 LCK 帧。在线测试时，数据业务流不中断，Test 信息以只使用有限的一部分带宽的方式被发送。Test 信息的传输速率此时是预先确定的。

进行测试时，MEP 插入 Test 信息送往对等的目标 MEP。MIP 透传 Test 信息。

2. 性能管理功能

OAM 性能监测功能可以测量不同的性能参数(这里的性能参数都是针对点到点的以太网连接定义点)。依据 MEF 10，主要性能参数及计算方法包括帧丢失率(FLR)、帧时延(FD)、帧时延抖动(FDV)和吞吐量(Throughput)等。

(1)帧丢失的测量

LM 通过向其对等 MEP 发送 LM 信息，并从对等 MEP 接收 LM 信息实现。每个 MEP 都进行帧丢失(FL)的测量，用于确定不可用时间。两个方向中只要有任何一个宣告为不可用，双向服务就定义为不可用。

帧丢失率的定义是，未传递的业务帧数量除以时间间隔 T 内服务帧总数的比率，用百分比表示。其中“未传递的业务帧的数量”是指一个点到点 ETH 连接中，到达入口 ETH 接点的业务帧数量和传递到出口 ETH 接点的业务帧数量之差。

(2)帧时延的测量

DM 用于按需 OAM，测量帧时延和帧时延变化。帧时延被定义为：帧的第一个比特由源节点开始传输到帧被环回后的最后一个比特由同一源节点收到为止所经历的时间。帧的环回由测试的目的地节点执行。

这种方法利用环回，测量每个请求和响应帧的环路或双向帧时延。请求方发送带时戳的 OAM 请求消息，接收方复制请求方时戳，比较收到 OAM 响应的时间与 OAM 响应中原始时戳可以得到环路时延。

每一个 MEP 都可以进行帧时延和帧时延变化的测量。MIP 透传 OM 帧。

时延的测量包括单向 DM 和双向 DM。

(3)帧时延抖动

用于测量一个点对点 ETH 连接上，具有相同 QoS 等级的实例之间的，帧与帧之间的时延变化。该方法测量每个请求和响应帧的环路或双向帧时延。在测量时间内，请求方记录最大时延(FDmax)与最小时延(FDmin)。

时延抖动计算如下：时延抖动 = FDmax − FDmin，OAM 数据中 FDV 信息要素包括序列号和请求时戳。

(4)吞吐量测量

通过递增速率来发送数据帧(最高可达理论上的最大值)，以曲线图表示所收到的帧的百分率,并报告帧开始被丢失的那个速率。一般而言,此速率决定于数据帧长度。

802.1ag 中的单播 LB(如带有数据字段的 LBM 和 LBR 帧)和 Test(如带有数据字段的 TST 帧)可用于进行吞吐量的测量。MEP 可以在一个速率上插入带有所配置长度、码型等的 TST 帧或 LBM 帧来测验通量,进行单向或双向的测量。

(5)可用性

以比率形式表示 ME 的可用状态。定义为:ME 可用状态时间/总业务时间,总业务时间是时间段,可用状态是业务不超过 FL、FD 与 FDV 边界的时间。不可用状态是指超过 FL、FD 或 FDV 任意一个的阈值。阈值由 COS 定义。测量基于 FL、FD 与 FDV。可获得性时间(如 24 h)可分为许多测量时间间隔(如 1 min)。每个测量间隔测量 FL、FD 与 FDV。如果超过对应阈值(基于不同业务类型)测量间隔认为不可用,否则为可用。可获得性 =(可获得测量时间间隔个数)/(总测量时间间隔数)×100%。

任务小结

本次任务学习了 OAM 技术的基本概念、基本构架,重点掌握 OAM 故障管理功能及性能管理的应用。

1. 告警相关 OAM 功能

①CC (Continuity and Connectivity Check)检测连接是否正常。

②LB(Loopback)环回功能。

③Lck(Lock)维护信号。

④TST(Testing)测试功能,用于单向按需的中断业务或非中断业务诊断测试。

⑤LT (Link Tracing)链路追踪,用于相邻关系检索和故障定位。

⑥AIS (Alarm Indication Signal)维护信号,用于将服务层路径失效信号通知到客户层。

⑦RDI (Remote Defect Indication)维护信号,用于近端检测到失效之后,向远端回馈一个远端缺陷指示信号。

2. 性能相关 OAM 功能

LM 用于测量从一个 MEP 到另一个 MEP 的单向或双向帧丢失数。

DM 用于测量从一个 MEP 到另一个 MEP 的分组传送时延和时延变化。

※思考与练习

一、填空题

1. 分组传送网业务层的 OAM 机制主要包括 PW 通路层、LSP 通道层、(　　)3 个分层的 OAM 机制。

2. 环回功能(LB)用于检验一个 MEP 与一个 MIP 或对等的 MEP 间的连通性。包括单播环回和(　　)两种类型。

3. 以太网远程端故障指示功能(RDI)用来向对等的 MEP 指示(　　)遇到的故障。

4. 帧时延的测量(DM)包括单向测量和(　　)

二、判断题

1.(　　)ME 代表需要管理的一个实体,它是两个维护实体组端点(MEP)之间的一种关系。ME 可以相互嵌套,但不能重叠。

2. (　　)MEG 中间点(MIP)是 MEG 中的一个中间点,它能对某些 OAM 帧做出反应。MIP 既可以发起 OAM 帧,也会对转发的 ETH 业务进行动作。

3. (　　) 以太网连续性检查(CC)用于检测一个 MEG 中任何一对 MEP 间连续性的丢失(LOC)。

4. (　　)链路跟踪功能(LT)用于邻接关系的恢复和故障定位。

5. (　　)测试信号功能(Test)根据需要可进行单向的在线或离线诊断测试,包括验证带宽通量、帧丢失、比特误码等。

三、简答题

1. 电信级以太网 OAM 至少需要满足哪些需求?

2. 简述 OAM 故障管理功能中连续性检查(CC)的功能应用。

任务八　分析同步技术

任务描述

时间同步就是通过对本地时钟的某些操作,达到为分布式系统提供一个统一时间标度的过程。在集中式系统中,由于所有进程或者模块都可以从系统唯一的全局时钟中获取时间,因此系统内任何两个事件都有着明确的先后关系。而在分布式系统中,由于物理上的分散性,系统无法为彼此间相互独立的模块提供一个统一的全局时钟,而由各个进程或模块各自维护它们的本地时钟。由于这些本地时钟的计时速率、运行环境存在不一致性,因此,即使所有本地时钟在某一时刻都被校准,一段时间后,这些本地时钟也会出现不一致。为了这些本地时钟再次达到相同的时间值,必须进行时间同步操作。

任务目标

- 识记:同步的基本概念。
- 领会:通信网络对同步的需求。
- 应用:同步以太网。

任务实施

一、同步的基本概念

同步包括频率同步和时间同步两个概念。

1. 时钟同步

时钟同步也称频率同步,是指信号之间的频率或相位上保持某种严格的特定关系,其相对应的有效瞬间以同一平均速率出现,以维持通信网络中所有的设备以相同的速率运行。

数字通信网中传递的是对信息进行编码后得到的 PCM(Pulse Code Modulation)离散脉冲。

若两个数字交换设备之间的时钟频率不一致，或者由于数字比特流在传输中因干扰损伤，而叠加了相位漂移和抖动，就会在数字交换系统的缓冲存储器中产生码元的丢失或重复，导致在传输的比特流中出现滑动损伤。

2. 时间同步

一般所说的“时间”有两种含义：时刻和时间间隔。前者指连续流逝的时间的某一瞬间，后者是指两个瞬间之间的间隔长。

时间同步的操作就是按照接收到的时间来调控设备内部的时钟和时刻。时间同步的调控原理与频率同步对时钟的调控原理相似，它既调控时钟的频率又调控时钟的相位，同时将时钟的相位以数值表示，即时刻。与频率同步不同的是，时间同步接收非连续的时间信息，非连续调控设备时钟，而设备时钟锁相环的调节控制是周期性的。

时间同步有两个主要的功能：授时和守时。用通俗的语音描述，授时就是“对表”，通过不定期的对表动作，将本地时刻与标准时刻相位同步；守时就是前面提到的频率同步，保证在对表的间隙里，本地时刻与标准时刻偏差不要太大。

3. 时钟同步与时间同步的区别

图 1-8-1 与图 1-8-2 给出了时间同步与频率同步的区别。如果两个表的时间不一样，但是保持一个恒定的差，比如 6 h，那么这个状态称为频率同步（Frequency Synchronization）；如果两个表（Watch A 与 Watch B）每时每刻的时间都保持一致，那么这个状态称为时间同步（Phase Synchronization）。

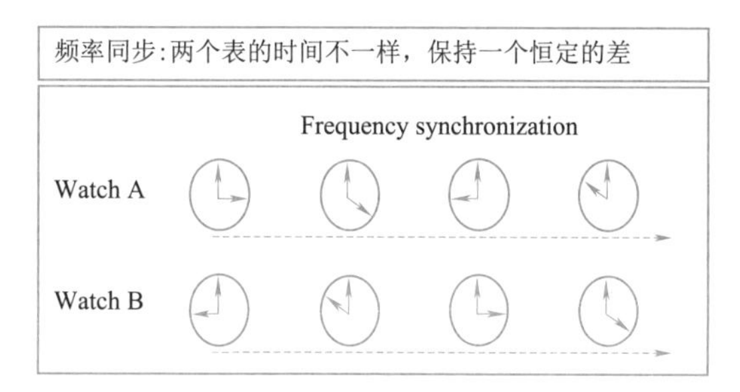

图 1-8-1　频率同步

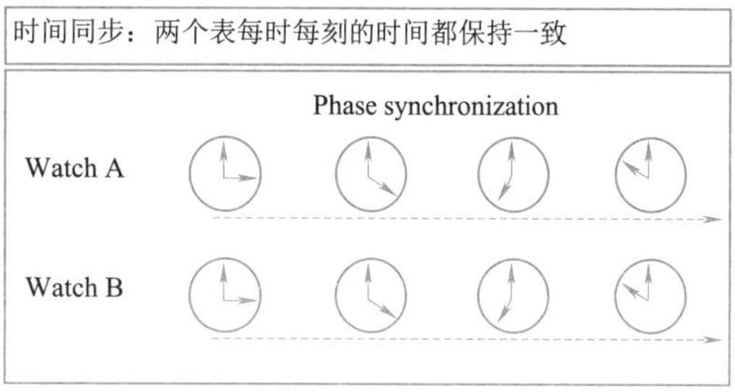

时间同步：两个表每时每刻的时间都保持一致
Phase synchronization
Watch A
Watch B

图 1-8-2　时间同步

二、通信网络对同步的需求

1. 不同业务对时钟同步的需求

（1）传统固网 TDM 业务对时钟同步的需求

传统固网的 TDM 的业务主要是语音业务。TDM 时分复用的机制需要时钟同步。如果承载网两端的时钟不一致，长期积累后会造成滑码，对承载业务造成影响。ITUT 在 G. 823 中定义了对固网 TDM 业务的需求和测试标准，称为 TRAFFIC 接口标准。

（2）无线 IP RAN 对同步的需求

通信网络对时钟频率最苛刻的需求体现在无线应用上，不同基站之间的频率必须同步在一定精度之内，否则基站切换时会出现掉线。与前面提到的固网 TDM 应用不同的是，这里的时钟是指无线的射频时钟。在这个应用场景下，对时钟频率的需求要高于前者。

目前的无线技术存在多种制式，不同制式下对时钟的承载有不同的需求，如表 1-8-1 所示。

表 1-8-1　不同制式对时钟的承载的需求

无线制式	时钟频率精度要求	时钟相位同步要求
GSM	0.05×10^{-6}	NA
WCDMA	基站 0.05×10^{-6}	NA
TD-SCDMA	0.05×10^{-6}	3 μs
CDMA2000	0.05×10^{-6}	3 μs
WiMax FDD	0.05×10^{-6}	NA
WiMax TDD	0.05×10^{-6}	1 μs
LTE	0.05×10^{-6}	倾向于采用时间同步

总体来看，以 GSM/WCDMA 为代表的欧洲标准采用的是异步基站技术，此时只需要做频率同步，精度要求 0.05×10^{-6}。而以 CDMA/CDMA2000 代表的同步基站技术，需要做时钟的相位同步（也称时间同步）。

对于时间同步，目前业界只能 GPS 来解决，GPS 也能同时解决时钟的频率同步，所以 CDMA 系列的承载网络不需要再提供额外的同步功能。

对于 GSM/WCDMA 网络，因为不需要部署 GPS（GPS 存在成本和军事上的风险），需要由承载网络为它提供时钟。传统的解决方案是采用 PDH/SDH 来提供，IP 化后，需要 IP 网络提供。

因为 IPRAN 这个应用是以前没有的，所以 ITUT 正在为它制定新的合适标准。目前讨论的结果是要求满足 ITUT G.823 traffic 接口同时保持 0.05×10^{-6}的频率精度。

（3）分布式实时数据采集网络

分布式实时数据采集系统作为联系物理世界和计算机世界的桥梁，发展迅猛。特别是分布式无线传感器网络，广泛应用于船舶、飞机、航天等采集数据多、实时性要求较高的地方。同步采集能保证数据采集系统的实时性、准确性和高效性。分布式数据采集逐步面向声音和视频，这也天然地需要时间同步。

（4）网络 OAM 性能检测

OAM 性能检测，特别是对于抖动、时延这些和时间相关的性能参数的检测，需要被测网络端点间进行时钟同步。否则，客观上网络时延很大，但是，由于时钟不同步，结算的结果可能是网络时延为 0。

2. 专用时钟同步网（BITS）的需求

在传统的通信网络结构中，除了业务承载网络外，一般还会存在一个独立的时钟发布网络，采用 PDH/SDH 来分发时钟。ITUT 规定，在这个应用场景下，需要满足 G.823 中的 TIMING 接口指标。

三、同步以太网

1. 同步方式与时钟工作模式

（1）同步方式

解决数字网同步有两种方法：伪同步和主从同步。伪同步是指数字交换网中各数字交换局在时钟上相互独立毫无关联，而各数字交换局的时钟都具有极高的精度和稳定度，一般用铯原子钟。由于时钟精度高网内各局的时钟虽不完全相同，但频率和相位误差很小接近同步，故称之为伪同步。主从同步指网内设一时钟主局配有高精度时钟,网内各局均受控于该全局(即跟踪主局时钟以主局时钟为定时基准)并且逐级下控直到网络中的末端网元——终端局。

一般伪同步方式用于国际数字网中,也就是一个国家与另一个国家的数字网之间采取这样的同步方式。例如,中国和美国的国际局均各有一个铯时钟,二者采用伪同步方式。主从同步方式一般用于一个国家或地区内部的数字网。它的特点是国家或地区只有一个主局时钟,网上其他网元均以此主局时钟为基准来进行本网元的定时。主从同步和伪同步的原理如图 1-8-3 所示。

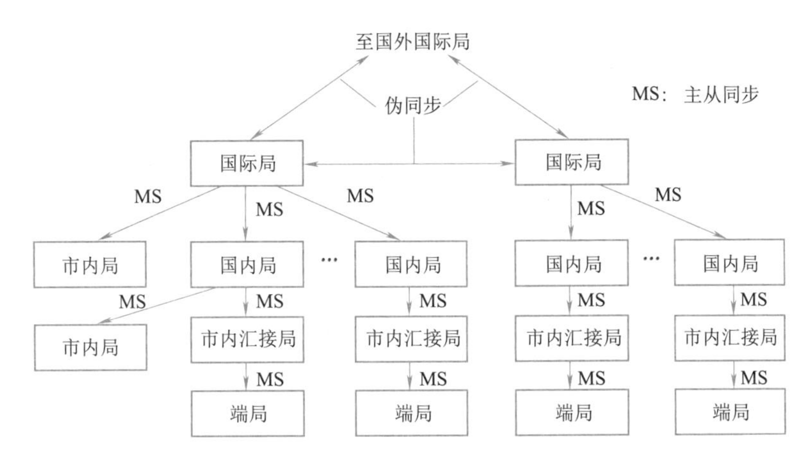

图 1-8-3 主从同步与伪同步

为了增加主从定时系统的可靠性,可在网内设一个副时钟,采用等级主从控制方式,两个时钟均采用铯时钟。在正常时主时钟起网络定时基准作用,副时钟亦以主时钟的时钟为基准,当主时钟发生故障时改由副时钟给网络提供定时基准,当主时钟恢复后再切换回由主时钟提供网络基准定时。

(2)时钟工作模式

主从同步的数字网中从站下级站的时钟通常有三种工作模式。

①跟踪锁定上级时钟模式(正常工作模式):此时从站跟踪锁定的时钟基准是从上一级站传来的。可能是网中的主时钟,也可能是上一级网元内置时钟源下发的时钟,也可是本地区的 GPS 时钟。与从时钟工作的其他两种模式相比较,此种从时钟的工作模式精度最高。

②保持模式:当所有定时基准丢失后,从时钟进入保持模式。此时从站时钟源利用定时基准信号丢失前所存储的最后频率信息作为其定时基准而工作。也就是说,从时钟有记忆功能,通过记忆功能提供与原定时基准较相符的定时信号,以保证从时钟频率在长时间内与基准时钟频只有很小的频率偏差。但是,由于振荡器的固有振荡频率会慢慢漂移,故此种工作方式提供的较高精度时钟不能持续很久。此种工作模式的时钟精度仅次于正常工作模式的时钟精度。

③自由振荡模式(自由运行模式):当从时钟丢失所有外部基准定时也失去了定时基准记忆或处于保持模式太长,从时钟内部振荡器就会工作于自由振荡方式。此种模式的时钟精度最低,实属万不得已而为之。

2. 同步以太网技术

时钟同步是分组传送网(PTN)需要考虑的重要问题之一。其中同步以太网是分组时钟技

术中的一种。

同步以太网属于物理层同步。物理层同步是指设备直接从物理层光信号中恢复出时钟频率，从而使得上下游的设备频率同步，保证业务的正常传送。物理层同步是保证网络正常工作的基础。中间的物理路径可以是支持物理层时钟的以太链路、SDH 链路或微波链路。物理层同步只能实现频率的同步，不能实现时间的同步。

仿照 SDH 机制，可以将以太物理层恢复出的时钟送到时钟板上进行处理。然后通过时钟盘将时钟送到各个单盘，用这个时钟进行数据的发送。这样上游时钟和下游时钟就产出了级联的关系，实现了在以太网络上时钟同步的目标。

物理层同步技术在传统 SDH 网络中应用广泛，其特点是同步网络节点具有较高频率准确度和稳定性的本地时钟，该时钟可以是专用的同步设备（如 BITS/SSU），也可以是设备时钟（如 SEC）。每个节点可以从物理链路提取线路时钟或从外部同步接口获取时钟，从多个时钟源中进行时钟质量选择，使本地时钟锁定在最高质量的时钟源，并将锁定后的时钟传送到下游设备，通过逐级锁定，从而实现全网逐级同步到主参考时钟（PRC）。对分组网络也可采取相似的技术，其原理如图 1-8-4 所示。

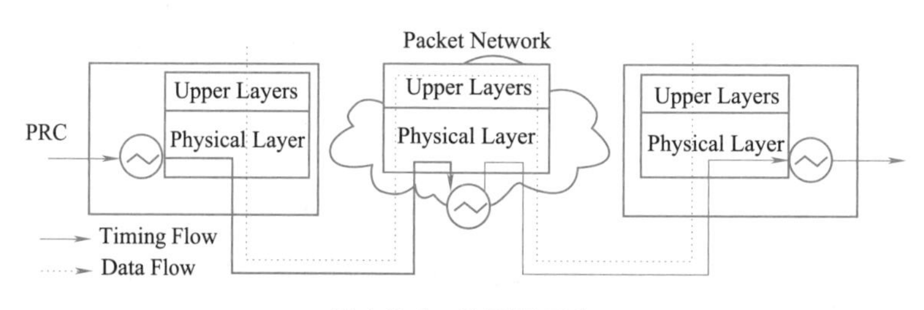

图 1-8-4 物理层同步

ITU-T 在 IEEE 802.3 以太网物理层全双工模式的基础上提出了同步以太网的技术规范，主要包括同步以太网设备时钟（EEC）定义、同步以太网接口规范和以太网同步消息信道（ESMC）的使用。

EEC 是以太网数据接口的发送时钟，也是外部同步输出接口的时钟源。它可以从以太网物理链路的比特流中提取线路时钟，或从外部同步接口获得参考时钟，并将两者作为系统时钟选择功能的输入，使系统时钟锁定到最佳时钟源。EEC 的自由振荡频偏值小于 $\pm 4.6 \times 10^{-6}$，而传统以太网设备时钟为 $\pm 100 \times 10^{-6}$。EEC 的性能由 G.8262 定义，如频率准确度、保持模式、输出抖动和漂动、输入抖动和漂动容限等。

同步以太网接口是同步以太网设备的数据接口，可配置运行在同步或异步模式。同步模式可完全与异步模式接口进行数据互通，但不能时钟同步互通。只有两端都运行同步模式，才能时钟同步互通。以太网同步消息信道（ESMC）是 MAC 层的单向广播协议信道，用于在设备间传送同步状态信息 SSM，包括时钟质量等级 QL、路径、端口优先级等。设备根据 SSM 优选时钟。SSM 的使用规则和时钟选择算法符合 G.781 的规范。同步以太网目前只实现频率同步，但 ESMC 是基于 MAC 层的协议，其扩展功能有待进一步定义，目前已有部分运营商和厂商提出在 ESMC 中实现相位或时间传送的方案，这种方案与其他采用分组协议同步的方式（如 1588v2，NTP）之间的比较优势或劣势还处于争论阶段。

（1）同步以太网的优缺点

①优点：时钟同步质量接近 SDH，不受 PSN 网络影响，可实现性比较好。

②缺点:需要全网部署,必须所有设备都支持;现阶段不是所有厂家的芯片都支持高精度时钟质量的恢复;不能支持时间同步。

(2)同步以太网技术的实现

①方案概述。

PTN 设备时钟同步方案采用同步以太网技术,组网应用和 SDH 类似,支持环网和树状网组网。通常由 BITS 提供时钟源,通过 2M 外时钟接口与同机房的核心层 PTN 设备相接,汇聚层和接入层 PTN 设备跟踪 10GE/GE 等同步以太网链路时钟,经过逐级传递将时钟信息传送到各个基站,保持全网同步状态。在树状组网中,无时钟路由保护。在环网组网中,如果当前时钟路由发生故障,通过告警、SSM 信息等相关网元可以从其他方向跟踪源时钟,从而实现时钟路由保护。

同步信息经过网元传递后抖动会增加,因此在网络部署中,设备需要以最短路径跟踪时钟源,以获得更好的时钟质量。设备通过对 SSM 信息进行扩展,在 SSM 信息中增加时钟经过的节点数,实现任何情况下网元以最短路径跟踪时钟源,如图 1-8-5 所示。

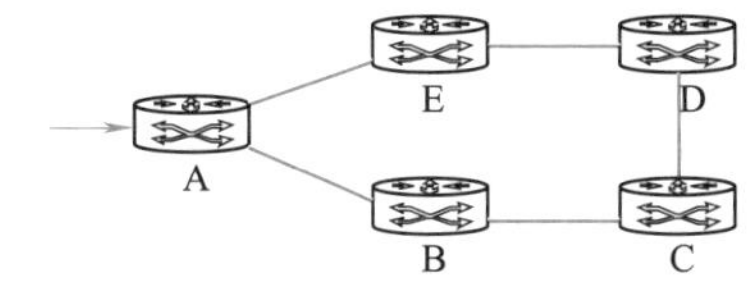

图 1-8-5　时钟同步实例

网元 C 可以从 B 点或 D 点跟踪源 A 发出的时钟信息,但从 B 点跟踪,时钟只经过一个节点,如果从 D 点跟踪,则经过了两个节点,为了使 C 点获得较高的时钟之类,需要设置设备自动优选 B 点方向的时钟。

②SSM(同步状态信息)。

全网通过 SSM 来实现同步。工程设计中,离不开传输网同步系统的设计。在没有外时钟源、不具备 SSM 功能时,网络只能设置一条定时路径,不能设置备份定时路径以避免定时环路的形成,如图 1-8-6 所示。由于同步网通常采用环行组网或以环网为基础的复合型组网,出于网络定时安全的考虑,设置主备定时路径是很必要的。但在设置主备定时路径时,可能会引入定时环路现象,通过启用 SSM 功能可以避免实现由于光纤中断或网元失效导致的定时源丢失的问题,也可以防范定时路径形成环路的现象。同步状态信息是解决定时环路的一个有效机制。

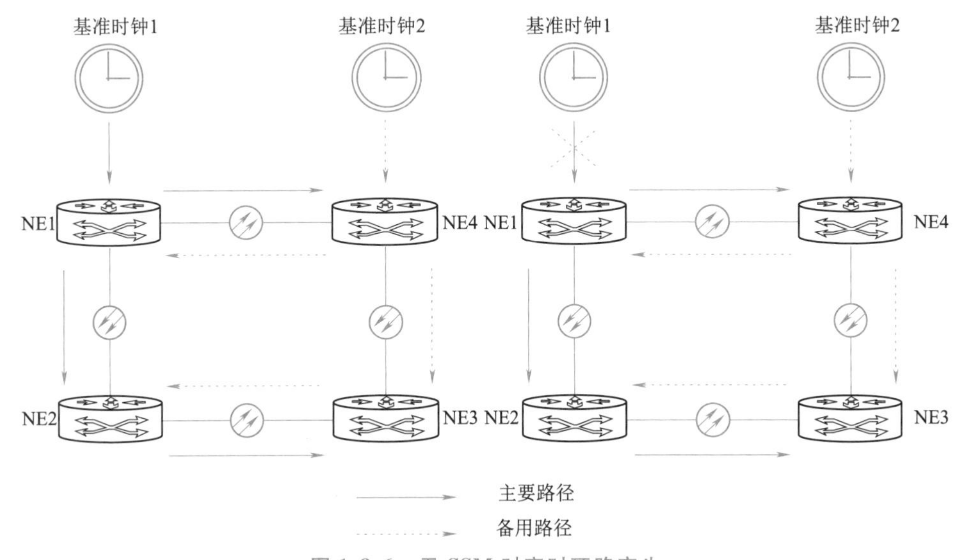

图 1-8-6　无 SSM 时定时环路产生

③SSM 功能。

将同步定时信息和 SSMB(同步状态消息比特)一起传输,在网元接收到定时信息的同时接收到它的精度标记,如此网元不仅可以确定提取定时信息的路径,而且可以解读该定时信息的精度,依据此消息控制本节点的时钟进行相应操作(跟踪、倒换、保持),并将此消息传递到下游站点,从而完成对整个网络定时的控制。可以通过两种方式来传递 SSM:通过专用的 OAM 报文来传递;通过以太网接口,满足 G.8264 规定传递 SSM。

SSM 编码用 4 比特表示,16 种编码代表不同的信息,表明时钟的质量等级,如表 1-8-2 所示。

表 1-8-2 SSM 编码

序 号	SSM 编码	同步质量等级
0	0000	质量未知
1	0001	预留
2	0010	基准钟(G.811)
3	0011	预留
4	0100	2 级节点时钟(G.812)
5	0101	预留
6	0110	预留
7	0111	预留
8	1000	3 级节点时钟(G.812)
9	1001	预留
10	1010	预留
11	1011	PTN 设备时钟(G.813/G.8262)
12	1100	预留
13	1101	预留
14	1110	预留
15	1111	不应用作同步

④SSM 规划原则。

物理层同步以太网时钟规划遵循以下基本原则:

本地网内,全网统一引入时钟频率源,一般采用和 BITS 同机房的核心节点引入外接频率同步源,再逐级传递到各个节点。

核心、汇聚层的网络应采用时钟保护,并设置主、备时钟基准源,用于时钟主备倒换。接入层一般只在中心站设置一个时钟基准源,其余各站跟踪中心站时钟。

全网启用扩展 SSM 协议,避免产生频率同步环,并增强频率同步的保护能力。扩展 SSM 协议要为每一个从时钟子网外部引入的时间源分配一个独立的时钟源 ID。

不配置 SSM 信息时不要在本网元内将时钟配置成环,SSM 信息的接收需要在一定的衰减范围内,超过衰减范围,SSM 信息无法接收。

在核心层、汇聚层、接入层要合理规划时钟同步网,避免时钟互锁、时钟环的形成。线路时钟跟踪遵循最短路径要求。

线路时钟跟踪应遵循最短路径要求:小于 6 个网元组成的环网,可以从一个方向跟踪基准时钟源,大于或等于 6 个网元组成的环网,线路时钟要保证跟踪最短路径。即 N 个网元的网络,应有 $N/2$ 个网元从一个方向跟踪基准时钟,另 $N/2$ 个网元从另一个方向跟踪基准时钟源。

对于时钟长链要考虑给予时钟补偿：传送链路中的 G.812 从时钟数量不超过 7 个，两个 G.812从时钟之间的 G.813 时钟数量不超过 20 个，G.811、G.812 之间的 G.813 的时钟数量也不能超过 20 个，G.813 时钟总数不超过 60 个。

局间宜采用从同步以太中提取时钟，不宜采用支路信号定时。

3. IEEE 1588v2

(1) IEEE 1588v2 的发展

以太网在 1985 年成为 IEEE 802.3 标准后，在 1995 年将数据传输速度从 10 Mbit/s 提高到 100 Mbit/s 的过程中，计算机和网络业界也在致力于解决以太网的定时同步能力不足的问题，开发出一种软件方式的网络时间协议（NTP），提高各网络设备之间的定时同步能力，但是仍不能满足测量仪器和工业控制所需的准确度。

为解决上述问题，2000 年底成立网络精密时钟同步委员会，2001 年中获得 IEEE 仪器和测量委员会美国标准技术研究所（NIST）的支持，该委员会起草的规范在 2002 年底获得 IEEE 标准委员会通过，成为 IEEE 1588 标准。

在通信领域中，PSN 网络传时钟的技术迅速发展，IEEE 组织对 1588 进行了重新修订，于 2007 年完成 v2 修订。

(2) IEEE 1588v2 技术概述

IEEE 1588v2 是网络测量和控制系统的精密时钟同步协议标准，采用 PTP（精密时钟同步）协议机制，精度可以达到亚微秒级，实现频率同步和时间（相位）同步。

下面是 PTP 的 5 种基本设备类型：

①OC（Ordinary Clock）：仅有一个物理接口同网络通信，既可作为 Grandmaster Clock，也可作为 Slave Clock。支持 PTP 消息的收发，支持同步层次确定机制。支持延迟请求机制和 PDELAY 机制。

②BC（Boundary Clock）：有多个物理接口同网络通信，每个物理端口行为都类似于 OC 的端口，可连接多个子域。可作为中间转换设备。

③E2E TC（End-to-End Transparent Clock）：E2E TC 设备有多个接口，它转发所有 PTP 消息，可以对 PTP 事件消息进行驻留时间修正。端口不包含协议引擎，不参与主从层次的确定。

④P2P TC（Peer-to-Peer Transparent Clock）：P2P TC 设备有多个接口，每个端口包含一个 Pdelay 处理模块，支持 Pdelay 机制。端口不包含协议引擎，不参与主从层次的确定。

⑤PTP 管理设备：该设备具有多个接口，提供 PTP 管理消息的管理接口同时，PTP 拥有数种类型的消息用以设备间的同步和控制：

• Event 报文：

事件报文消息，发送和接收事件消息时要生成准确的时间戳。消息类型有 Sync、Delay_Req、Pdelay_Req、Pdelay_Resp。

• General 报文：

不要求生成准确的时戳。消息类型有 Announce、Follow_Up、Delay_Resp、Pdelay_Resp_Follow_Up、Management、Signaling。

• PTP 消息作用：

Sync、Delay_Req、Follow_Up 和 Delay_Resp 报文用于产生和通信用于同步普通时钟和边界时钟的时间信息。Pdelay_Req、Pdelay_Resp 和 Pdelay_Resp_Follow_Up 用于测量两个时钟 port 之间的链接

延时。Annouce 报文用于建立同步分层结构。Management 报文用于查询和更新时钟所维护的 PTP 数据集。Signaling 报文用于其他目的，例如在 Mater-Slave 之间协调单播报文的发送频率。

IEEE 1588v2 协议的关键技术点可以分为 3 个：BMC(最佳主时钟)算法、主从同步原理、透明时钟 TC 模型。

1588v2 采用握手的方式，利用精确的时间戳完成频率和时间同步，如图 1-8-7 所示。

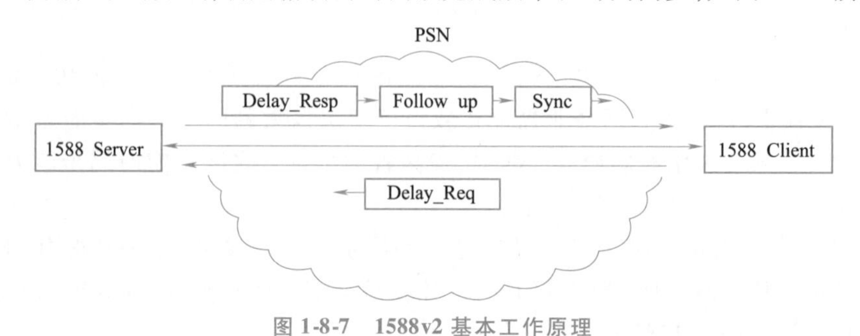

图 1-8-7　1588v2 基本工作原理

(3)1588v2 技术实现

①主从层次确定机制——BMC 算法。网络中的各个设备可能参考不同的时间源，在执行时钟同步之前，需要确定整个域的主从跟踪关系。

从网络层面看，目标为确定和最佳参考时钟源相连的 grandmaster 时钟设备，以及确定各个时钟设备到达 grandmaster 时钟设备的路径(避免环路)。

从设备层面看，目标为确定各个端口的状态：MASTER/SLAVE/PASSIVE。

②BMC 算法流程：

• 计算端口最佳消息 Erbest：时钟设备的每个端口各自对本端口收到的 Announce 消息进行优先级比较，最优者为该端口的最佳消息 Erbest。计算完成后时钟设备的每个端口都得到一个 Erbest。

• 计算节点最佳消息 Ebest：对各端口上报的 Erbest 进行优先级比较，最优者为该节点的最佳消息 Ebest。

• 计算端口推荐状态：每个端口独立比较 Ebest、defaultDS 和本端口 Erbest 来确定各自的推荐状态。

主从层次确定过程如图 1-8-8 所示。

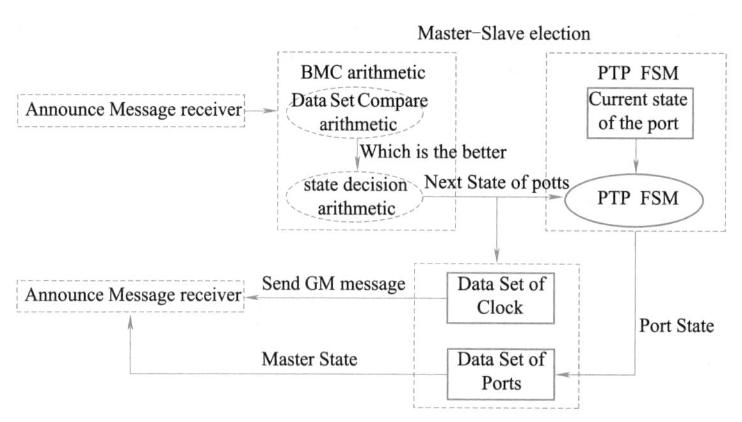

图 1-8-8　主从层次确定过程

• Announce 消息收发：

OC/BC 通过 Announce 消息彼此发送本设备确定的 grandmaster 时钟的参数；Announce 消息的信息来源于各个设备时钟数据集的信息。

- BMC 算法：收到 Announce 消息的设备，分别运行最佳主时钟算法（BMC），比较各个 grandmaster 时钟参数，确定最佳 grandmaster 时钟参数的接收端口或确定自身为 grandmaster 时钟，并给出各个端口的推荐状态。
- 数据集更新：BMC 算法的推荐状态，设备数据集更新各个数据集的信息。
- 端口状态确定：各个端口分别运行的端口状态机根据 BMC 算法的推荐状态和端口当前状态，最终确定各个端口的主从状态，从而确定整个域的主从体系。

（4）主从同步机制

主从同步机制包括时间同步和频率同步两部分。

①主从设备的时间同步。

如图 1-8-9 所示，时钟时间同步过程如下：

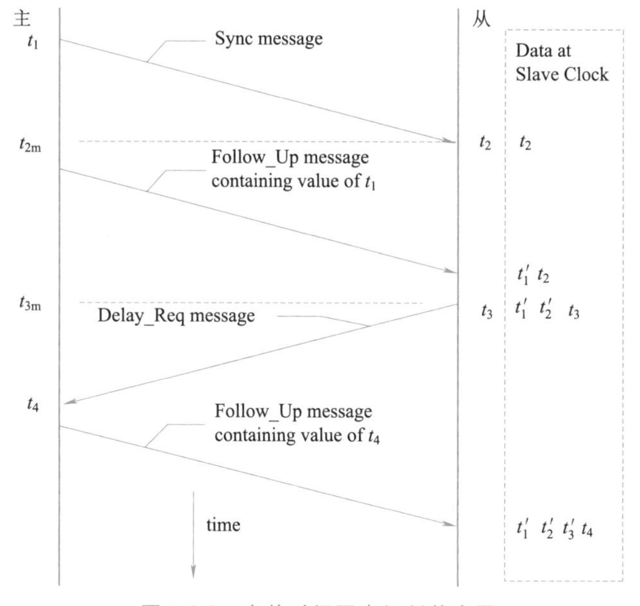

图 1-8-9　主从时间同步机制状态图

步骤 1：在 t_1 时刻，主时钟向从时钟发送 Sync 报文。由于在报文发送出去之前无法获知报文实际发送的准确时间，因此该报文中打的是预计发送时间的时戳。在 Sync 报文发送之后，主时钟记录实际发送时间 t_1。

步骤 2：在 t_2 时刻，从时钟收到主时钟发送的 Sync 报文，并记录实际接收时间戳。

步骤 3：主时钟随后向从时钟发送 Follow_Up 报文，并在该报文中打上 Sync 报文的实际发送时间 t_1 的时戳。

步骤 4：在 t_3 时刻，从时钟向主时钟发送 Delay_Req 报文，并记录实际发送时间 t_3。

步骤 5：在 t_4 时刻，主时钟向从时钟发送 Delay_Resp 报文，并在该报文中打上实际发送时间 t_4 的时戳。

完成这一系列步骤之后，从时钟得到 4 个时间 t_1、t_2、t_3 和 t_4。假设报文发送的路径延时是对称的，则路径延时 $Delay = [(t_2 - t_1) + (t_4 - t_3)]2$；时间偏差 $Offset = [(t_2 - t_1) - (t_4 - t_3)]/2$。

得到上述两个信息后，从时钟即可调整与主时钟达到时间一致。

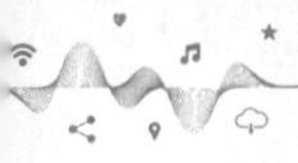

②主从设备的频率同步。

• 计算按照主设备时钟计算的每个定时消息(Sync)到达从端口的修正时刻,即出发时刻加上路径延时,如图 1-8-10 所示。

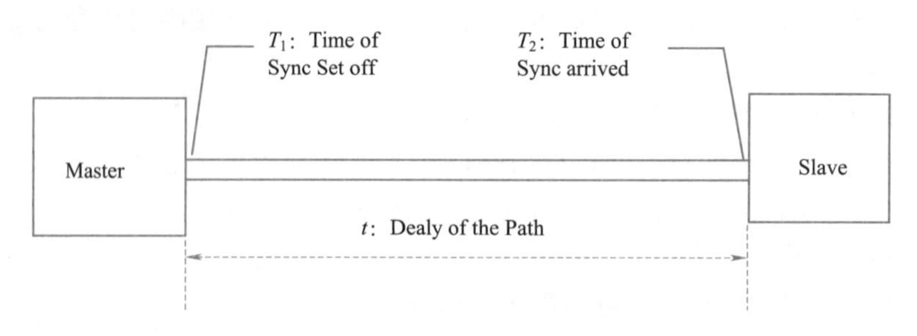

图 1-8-10 主从频率同步机制状态图

• 根据修正时刻计算各个定时消息之间的时间间隔;根据从端口的入口时间戳计算各个定时消息之间的时间间隔;计算两类时间间隔之间的比例因子。

• Master 记录第一个 Sync 报文的发送时刻为 T_{11},第 N 个 Sync 报文的发送时刻为 T_{1N};Slave 记录第一个 Sync 报文的接收时刻为 T_{21},第 N 个 Sync 报文的接收时刻为 T_{2N};假设路径延时不变,则主从时钟频率的比例因子 = $(T_{2N} - T_{21})/(T_{1N} - T_{11})$。根据比例因子调整从设备的时钟频率。

当 PTP 消息穿过节点内的协议栈时,消息时间戳点通过协议栈定义的特定参考点(如 A、B、C 点)时产生时间戳。参考点越靠近实际的物理连接点,引起的定时误差就越小,图 1-8-11 中的 A 点即为最佳参考点。

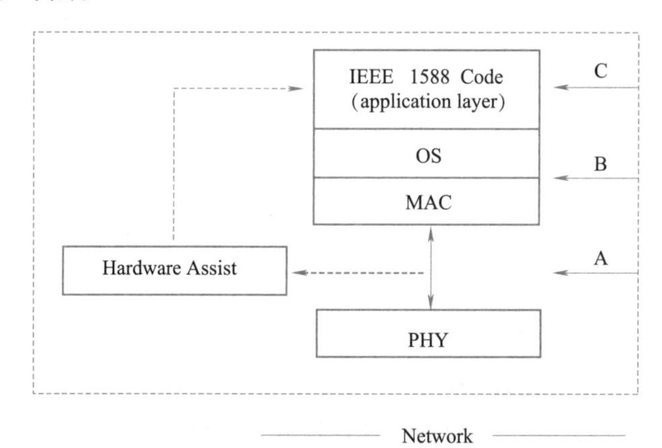

图 1-8-11 时间戳可能产生的位置示意图

注意:1588 协议无法测量延迟不对称性,只能通过其他手段测量并提供给协议。

那么什么是不对称修正呢?

当通信路径对称时,两个方向上的路径延迟时间是一致的,此时平均路径延时可以用于单向路径延迟的计算。

当通信路径不对称时,两个方向上的路径延迟时间不一致。此时单向的路径延迟需要在平均路径延迟上进行不对称修正。

延迟不对称:delayAsymmetry 的值被要求用于计算从 Master 到 Slave 或从 Responder 到 Requestor 方向的实际延时。

tms = < meanPathDelay > + delayAsymmetry;

tsm = <meanPathDelay> − delayAsymmetry。

(5)PTP 协议部署的考虑

①物理拓扑对同步精度的影响。

理论上 PTP 协议在任何分组网络环境中都能够运行,在复杂的系统中,通常存在不支持 PTP 的网桥或者路由器对网络的区域进行划分,这些设备通常会引起较大的延时和延时波动,无法实现预期的同步精度。

为了提升定时性能,可以使用 BC 替代路由器和普通网桥。对于线性拓扑,可以使用 TC 替代普通网桥。

②准确度问题。

• 协议栈延迟波动。

PTP 的最简单实现是在网络协议栈顶作为普通应用运行。时间戳生成于应用层,协议栈延迟波动导致这些时间戳中的错误。这些错误典型为 100 μs 到 ms 范围。

可以在中断层级而非应用层级生成时间戳,此时延迟波动通常能够减少到 10 μs 级,具体取决于其他应用对中断的具体使用和网络上业务流量的情况。

通过硬件辅助技术可以获得最小的协议栈延迟波动,该技术在协议栈物理层生成时间戳。延迟波动典型为 ns 范围。误差来源于从输入数据流中恢复时钟和数据同步的 PHY 芯片所属相位锁定特征导致。

• 网络转发延时波动。

网络组件在消息的传播过程中引入波动,直接影响了 offsetFromMaster 和 meanPathDelay 数值的准确度。

高优先级业务转发延时波动较小,支持流量优先级的网桥和路由器,可以设置发送的 PTP 事件消息相对其他数据而言更高的优先级。

• 时间戳准确度。

生成 PTP 要求时间戳的时钟分辨率必须和理想准确度保持一致。对于 TC 和从时钟,本地时钟频率往往和 GM 存在差异,将影响时间戳的精度。

• 系统实现问题。

为了确保构建的 PTP 系统是最佳的,部署时建议做如下考虑:

整个域内所有 PTP 节点使用相同的底层传送协议。

整个域内选择相同的 BMC 算法。

整个域内使用相同的状态配置选项。

整个域内使用相同的通道延迟测量机制。

整个系统中所有节点的属性和可配置数据集成员使用相同的默认值。

整个系统中所有节点的属性使用相同的最大和最小范围数值。

整个域内使用相同 PTP 模板。

整个域内使用相同的标准版本。

③性能考虑。

满足下列要求可以获得最佳时钟同步性能:

• 主从之间的网络延迟应是对称的。

• 如果时间戳机制或协议通道包含不对称延迟,并且是不可忽略的,那么应该正确进行补偿。

• 主从节点之间的网络延迟在一个 Delay_Req 消息发送的时间间隔内应该是恒定的。

• PTP 中使用的时间戳应尽可能靠近物理层。实际的时间戳数值建议通过主时钟的 Follow

_Up 消息或 P2P TC 的 Pdelay_Resp_Follow_Up 消息传送。

- 实现协议的时钟计算能力必须足够大，且时钟数量必须合适，以此满足定时约束。例如，因资源限制而无法处理这些消息可能导致同步性能的恶化，如 BC 和 OC 需要考虑处理 Delay_Req 消息所必需的资源。
- 时钟晶振的固有稳定度和精确度必须满足要求。

任务小结

本次任务学习了时间同步中相位同步与频率同步的概念，通信网络对同步的需求，以及同步以太网技术应用。

※思考与练习

一、填空题

1. 同步包括频率同步和(　　)同步两个概念。
2. 解决数字网同步有两种方法：伪同步和(　　)同步。
3. TOP 是一种(　　)同步技术，TOP 有两种工作模式：(　　)模式和(　　)模式。
4. PTN 网络中，支持的同步技术有三种：(　　)、(　　)和(　　)。
5. PTN 传输网络通过(　　)来实现全网同步。

二、判断题

1. (　　)通过 PTN 设备的 GPS 接口，可以通过 GPS 获取 G.811 精度的外时钟，从而实现频率同步。
2. (　　)SSM 协议方式不属于 PTP 端口工作方式选择。
3. (　　)1588v2 实现的是时间同步，不能实现频率同步。
4. (　　)SSM 即同步状态信息用于在同步定时链路中传递定时信号的质量等级。
5. (　　)PTN 设备的时钟单元可以实现快捕应用。

三、简答题

1. 网元工作时，时钟有哪几种工作模式？
2. 简述同步以太网时钟优缺点。

实践活动：调研 PTN 分组传送技术网络产业化现状

一、实践目的

- 熟悉我国 PTN 分组网络的产业化情况。
- 了解 PTN 作为我国承载网主流技术之一所产生的影响。

二、实践要求

通过调研、搜集网络数据等方式完成。

三、实践内容

针对 PTN 网络技术作为我国承载网主流技术之一所产生的影响，学生能够实际组织应用进行讨论，提出 PTN 作为主流承载网技术之一的发展必然性。

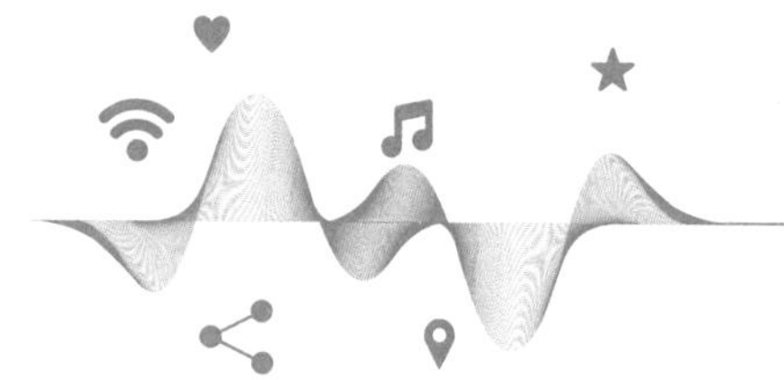

项目二

网络生存性技术

任务一　学习网络边缘侧保护

任务描述

网络保护是网络发生故障后能尽快利用网络中空闲资源为受影响的业务重新选路，使业务继续进行，以减少因故障而造成的社会影响和经济上的损失，使网络维护一个可以接受的业务水平的能力。网络边缘侧保护是指 UNI 接口处的保护。

任务目标

- 识记：LAG 保护、MSP 保护、VRRP 保护的基本概念。
- 领会：LAG 保护、MSP 保护、VRRP 保护的工作原理。
- 应用：LAG 保护、MSP 保护、VRRP 保护的应用场景。

任务实施

一、LAG 保护

链路聚合（Link Aggregation）是指将一组物理端口捆绑在一起作为一个逻辑接口来增加带宽的一种方法。通过在两台设备之间建立链路聚合组（Link Aggregation Group，LAG），可以提供更高的通信带宽和更高的可靠性，而这种提高不需要硬件的升级，并且还为两台设备的通信提供了冗余保护。

LAG 具有以下特点：

①增加链路容量。链路聚合组可以为用户提供一种经济的提高链路容量的方法。通过捆绑多条物理链路，用户不必升级现有设备就能获得更大带宽的数据链路，其容量等于各物理容量之和。聚合模块按照其负载分担算法将业务流量分配给不同的成员，实现网络级的负载分担功能。

②提高链路可用性。链路聚合组中,成员互相动态备份。当某一链路中断时,其他成员能够迅速接替工作。链路聚合启用备份的过程只与聚合组内的链路相关,与聚合组外的链路无关。

LAG 原理示意图如图 2-1-1 和图 2-1-2 所示。

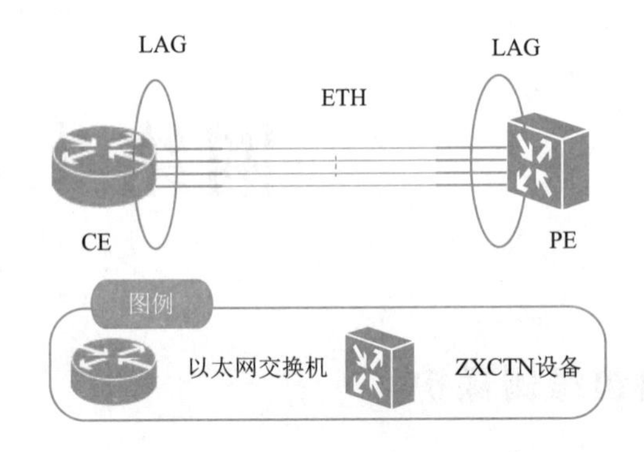

图 2-1-1 LAG 原理示意图(UNI 侧)

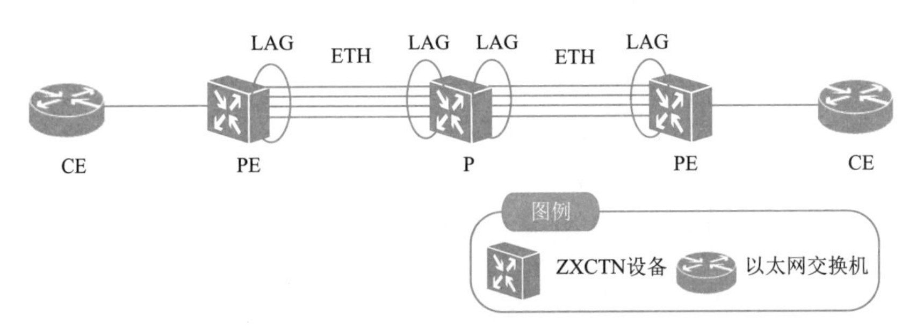

图 2-1-2 LAG 原理示意图(NNI 侧)

1. LAG 分类

(1)按聚合类型分类

LAG 分为以下两种聚合类型:

①手工聚合由用户手工创建聚合组,增删成员端口时,不运行 LACP(Link Aggregation Control Protocol)协议。端口存在 UP 和 DOWN 两种状态,根据端口物理状态(UP 和 DOWN)来确定是否进行聚合。

②静态聚合由用户创建聚合组,增删成员端口时,要运行 LACP 协议。端口存在 Selected(活动状态)、Unselected(非活动状态)和 Standby(备用状态)三种状态。通过 LACP 协议在设备之间交互聚合信息,对聚合信息达成一致。

静态聚合与手工聚合相比,对聚合的控制更加准确和有效。

(2)按负载分担类型分类

LAG 支持以下两种负载分担类型:

①负载分担聚合组的各成员链路上同时都有流量(Traffic)存在,它们共同进行负载分担。采用负载分担后可以给链路带来更高的带宽。当聚合组成员发生改变,或者部分链路发生失效时,流量会自动重新分配。

②主备保护聚合组只有一条成员链路有流量存在,其他链路则处于 Standby 状态。这实际上提供了一种热备份的机制,因为当聚合中的活动链路失效时,系统将从聚合组中处于 Standby

状态的链路中选出一条作为活动链路,以屏蔽链路失效。

2. LACP 协议

LACP 有两种工作模式:动态 LACP 和静态 LACP。这两种模式下,LACP 协议都处于使能状态。LACP 协议通过 LACPDU(Link Aggregation Control Protocol Data Unit,链路聚合控制协议数据单元)与对端交互信息实现链路的聚合。在将端口加入聚合组时需要比较端口的基本配置,只有基本配置相同的端口才能加入同一个聚合口中。两端设备所选择的活动接口必须保持一致,否则链路聚合组就无法建立。要想使两端活动接口保持一致,可以使其中一端具有更高的优先级,另一端根据高优先级的一端来选择活动接口,通过设置系统 LACP 优先级和端口 LACP 优先级来实现优先级区分。系统 LACP 优先级就是为了区分两端优先级的高低而配置的参数,系统 LACP 优先级值越小优先级越高。接口 LACP 优先级是为了区别不同接口被选为活动接口的优先程度,接口 LACP 优先级值越小优先级越高。

系统使能某端口的 LACP 协议后,该端口将通过发送 LACPDU 向对端通告自己的系统优先级、系统 MAC、端口优先级、端口号和操作 Key。对端接收到这些信息后,将这些信息与其他端口所保存的信息比较以选择能够汇聚的端口,从而双方可以对端口加入或退出某个聚合组达成一致。操作 Key 是在端口聚合时 LACP 协议根据端口的配置(即速率、双工、基本配置、管理 Key)生成的一个配置组合。其中,动态聚合端口在使能 LACP 协议后,其管理 Key 默认为零。静态聚合端口在使能 LACP 后,端口的管理 Key 与聚合组 ID 相同。对于动态聚合组而言,同组成员一定有相同的操作 Key,而手工和静态聚合组中,选择的端口有相同的操作 Key。

(1)静态 LACP

静态 LACP 模式链路聚合是一种利用 LACP 协议进行参数协商选取活动链路的聚合模式。静态 LACP 模式下,聚合组的创建、成员接口的加入都是由手工配置完成的。与手工负载分担模式链路聚合不同的是,该模式下 LACP 协议报文参与活动接口的选择。也就是说,当把一组接口加入聚合组,这些成员接口中哪些接口作为活动接口,哪些接口作为非活动接口,还需要经过 LACP 协议报文的协商确定,如图 2-1-3 所示。

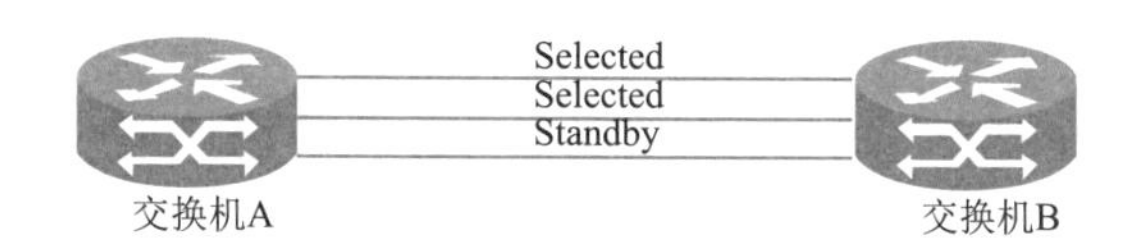

图 2-1-3　静态 LACP

静态 LACP 由协议确定聚合组中的活动和非活动链路,又称 M:N 模式,即 M 条活动链路与 N 条备份链路的模式。这种模式提供了更高的链路可靠性,并且可以在 M 条链路中实现不同方式的负载均衡。M:N 模式的聚合组中 M 和 N 的值可以通过配置活动接口数上限阈值来确定。

静态聚合端口的 LACP 协议为使能状态,当一个静态聚合组被删除时,其成员端口将形成一个或多个动态 LACP 聚合,并保持 LACP 使能。禁止用户关闭静态聚合端口的 LACP 协议。

①建立过程。本端系统和对端系统会进行协商,聚合组建立过程如下:

- 两端互相发送 LACPDU 报文。
- 两端设备根据系统 LACP 优先级确定主从关系。
- 两端设备根据接口 LACP 优先级确定活动接口,最终以主动端设备的活动接口确定两端的活动接口。

在两端设备交换机 A 和交换机 B 上创建聚合组并配置为静态 LACP 模式，然后向聚合组中手工加入成员接口。此时成员接口上便启用了 LACP 协议，两端互相发出 LACPDU 报文，如图 2-1-4所示。

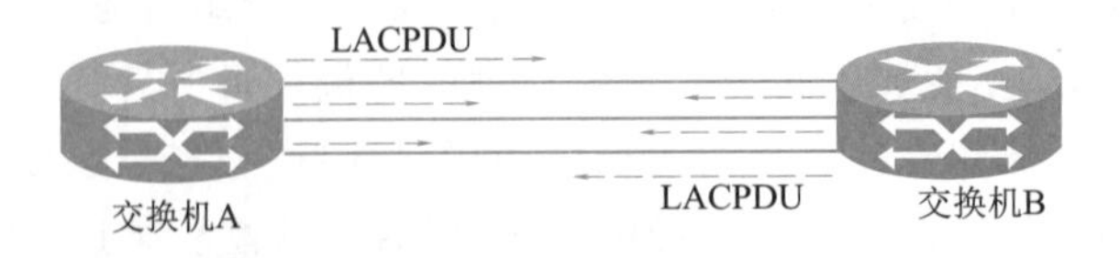

图 2-1-4　静态 LACP 聚合互发 LACPDU 报文示意图

聚合组两端设备均会收到对端发来的 LACP 报文，本端系统和对端系统会根据根据两端系统中设备 ID 和端口 ID 等来决定两端端口的状态。

②端口状态协商。在静态 LACP 聚合组中，端口可能处于三种状态：Selected、Unselected 或 Standby。聚合组端口状态通过本端系统和对端系统进行协商确定，根据两端系统中设备 ID 端口 ID 等来决定两端端口的状态。具体协商原则如下：

- 比较两端系统的设备 ID(设备 ID = 系统的 LACP 协议优先级 + 系统 MAC 地址)。先比较系统的 LACP 协议优先级，如果相同再比较系统 MAC 地址。设备 ID 小的一端被认为较优(系统的 LACP 协议优先级越小、系统 MAC 地址越小，则设备 ID 越小)，这里认为是 Master 设备，优先级较低的设备认为是 Slave 设备。
- 在 LACP 静态聚合组协商成功之后对组内的端口进行比较，选出参考端口。比较过程：比较端口 ID(端口 ID = 端口的 LACP 协议优先级 + 端口号)。首先比较端口的 LACP 协议优先级，如果优先级相同再比较端口号。端口 ID 小的端口作为参考端口(端口的 LACP 协议优先级越小、端口号越小，则端口 ID 越小)。
- 与参考端口的速率、双工、链路状态和基本配置一致且处于 Up 状态的端口，并且该端口的对端端口与参考端口的对端端口的配置也一致时，该端口才成为可能处于 Selected 状态的候选端口。否则，端口将处于 Unselected 状态。
- 静态 LACP 聚合组中处于 Selected 状态的端口数是有限制的，当候选端口的数目未达到上限时，所有候选端口都为 Selected 状态，其他端口为 Unselected 状态；当候选端口的数目超过这一限制时，根据端口 ID(端口 LACP 优先级、端口号)选出 Selected 状态的端口，而因为数目限制不能加入聚合组的端口设置为 Standby 状态，其余不满足加入聚合组条件的端口设置为 Unselected 状态。

(2)动态 LACP

动态 LACP 是一种系统自动创建/删除的聚合组，不允许用户增加或删除动态 LACP 聚合组中的成员端口，只有速率和双工属性相同、连接到同一个设备、有相同基本配置的端口才能被动态聚合在一起。即使只有一个端口也可以创建动态聚合，此时为单端口聚合。动态聚合中，端口的 LACP 协议处于使能状态。

端口使能动态 LACP 协议只需要在端口上使能 LACP 就可以了，不必为端口指定聚合组。使能动态 LACP 协议的端口需要自己寻找动态聚合组，如果找到了与自己信息(包括自己的对端信息)一致的聚合组，则直接加入；如果没有找到与自己信息一致的聚合组，则创建一个新的聚合组。

动态 LACP 协议与对端的协商过程和静态聚合的过程一样。

3. LAG 保护的场景应用

(1) UNI 侧主备模式应用场景

当 ZXCTN 设备与 BSC(Base Station Controller,基站控制器)、RNC(Radio Network Controller,无线网络控制器)或以太网交换机等业务侧设备对接时,可以在 UNI 侧使用 LAG 功能实现端口保护。

如图 2-1-5 所示,PE2 设备与 BSC/RNC 通过组成 LAG 组的两个 GE(Gigabit Ethernet,千兆以太网)端口对接,这两个 GE 端口互为主备。当一个 GE 端口出现故障时,另一个 GE 端口承载所有业务,确保业务正常运行。

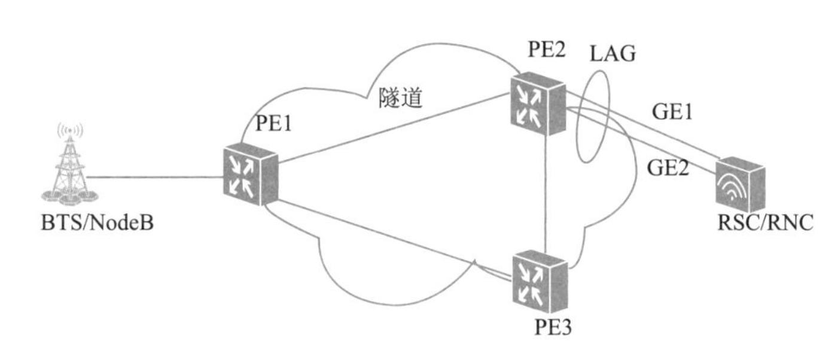

图 2-1-5　LAG 应用示意图(UNI 侧主备模式)

(2) UNI 侧负载均衡模式应用场景

ZXCTN 设备支持负载均衡模式下的 LAG 功能,其应用示意图如图 2-1-6 所示。PE2 设备与 BSC/RNC 之间通过组成 LAG 组的多个 GE 端口对接,这些 GE 端口之间形成负载均衡,设备自动将逻辑端口上的流量负载分担到 LAG 组中的多个 GE 端口上。当其中一个 GE 端口发生故障时,该故障端口上的流量自动分担到其他 GE 端口上,实现链路可靠性,保证业务正常运行。当故障恢复后,流量会重新分配,保证流量在各端口之间的负载分担,降低了端口流量负荷。

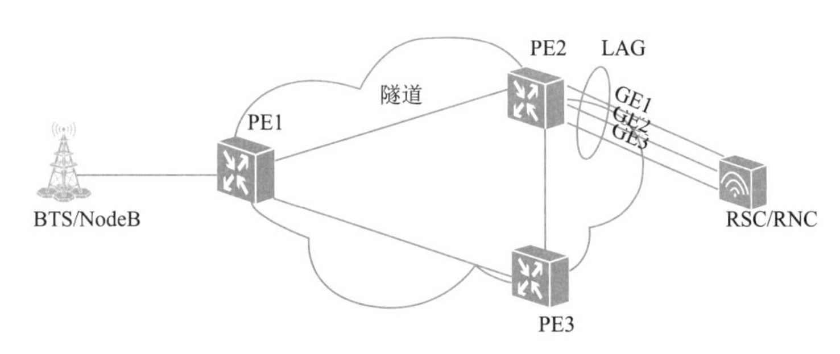

图 2-1-6　LAG 应用示意图(UNI 侧负载均衡模式)

二、MSP 保护

1. MSP 保护概述

MSP 保护(复用段保护)主要应用于业务集中点的主子架和扩展子架之间,防止单板或光纤链路故障引起大量业务中断。对于主子架时分资源紧张的站点,考虑在主子架和扩展子架之间配置复用段链型保护,节省主子架的时分资源。

在 PTN 网络核心设备与 MSTP 网络设备通过 STM-1 接口对接的场景,通过 MSP 线性复用段保护实现端口级别的保护。在工作通道发生故障时，业务自动倒换到保护通道。

ZXCTN 产品支持 1 +1 单向、1 +1 双向和 1∶1 双向三种 MSP 保护方式，这三种保护方式都可以设置为返回式和非返回式。

2. MSP 保护的主要保护方式

ZXCTN 设备支持的线性复用段保护有单向 1 +1 保护（返回式或非返回式）、双向 1 +1 保护（返回式或非返回式）和双向 1∶1 保护（返回式或非返回式）三种保护方式。组成保护组的端口可以是板内的 STM-N 光口或者板间的 STM-N 光口。

返回式指倒换发生后，如果工作路径恢复正常，经过等待恢复时间后，业务自动从保护路径倒换到工作路径；非返回式指工作路径正常后，业务不会自动倒换到工作路径。

（1）单向 1 +1 保护

在单向 1 +1 保护机制中不必启用 APS（Automatic Protection Switching，自动保护倒换）协议。如图 2-1-7 所示，在节点 A 插入的业务分别从工作路径和保护路径传送给节点 B，节点 B 选择接收工作路径上的业务。当 A 到 B 的工作路径出现故障后，节点 B 的接收端倒换到保护路径，并从保护路径接收业务，保证业务传送的不间断，实现对业务的保护。

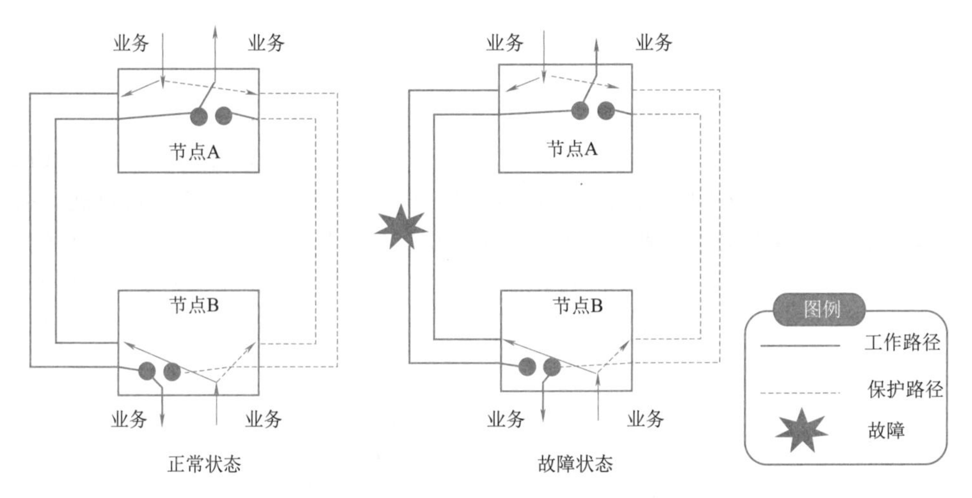

图 2-1-7　单向 1 +1 保护示意图

（2）双向 1 +1 保护

在双向 1 +1 保护机制中需要启用 APS 协议。如图 2-1-8 所示，在节点 A 插入的业务分别从工作路径和保护路径传送给节点 B，在节点 B 插入的业务分别从工作路径和保护路径传送给节点 A，节点 A 和节点 B 选择接收工作路径上的业务。当 A 到 B 的工作路径出现故障后，节点 A 和节点 B 的接收端都倒换到保护路径，并从保护路径接收业务，保证业务传送的不间断，实现对业务的保护。

（3）双向 1∶1 保护

在双向 1∶1 保护机制中需要启用 APS 协议。如图 2-1-9 所示，在节点 A 插入的业务从工作路径传送给节点 B，在节点 B 插入的业务从工作路径传送给节点 A，节点 A 和节点 B 接收工作路径上的业务。当 A 到 B 的工作路径出现故障后，节点 A 和节点 B 的发送端和接收端都倒换到保护路径，并从保护路径接收业务，保证业务传送的不间断，实现对业务的保护。

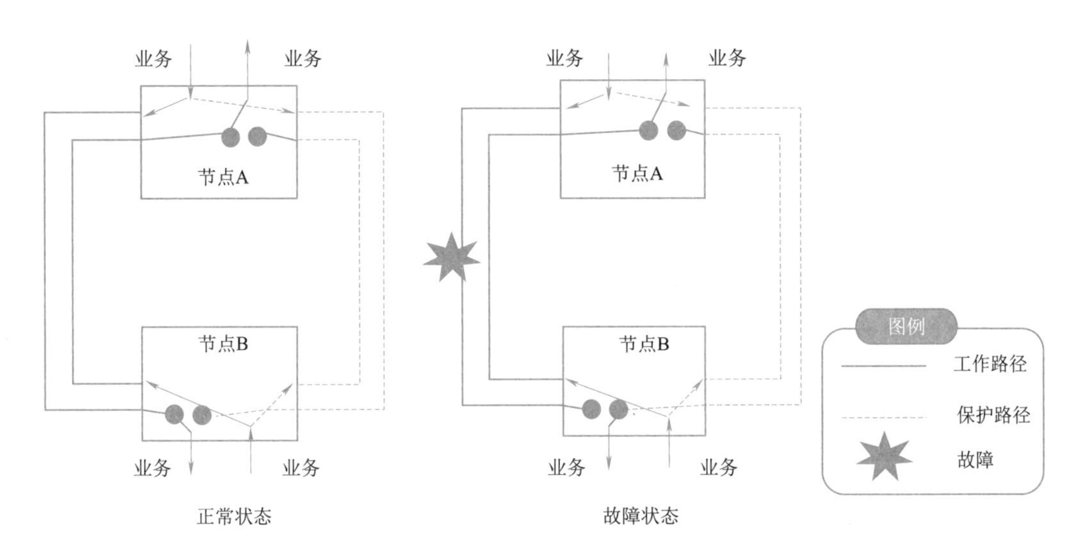

图 2-1-8 双向 1 +1 保护示意图

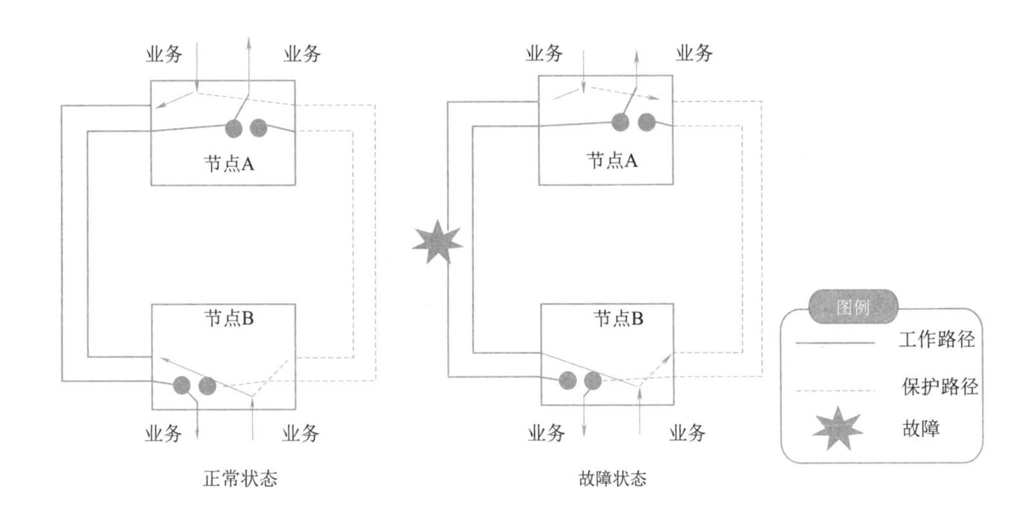

图 2-1-9 双向 1:1 保护示意图

三、VRRP 保护

终端可以使用多种方法决定它们到特定 IP 地址的第一跳。目前常用的方法有两种:一种是动态学习,如代理 ARP、路由协议(RIP 和 OSPF)以及 IRDP(ICMP Router Discovery Protocol)、DHCP;另一种是静态配置。在每一个终端都运行动态路由协议是不现实的,大多客户端操作系统平台都不支持动态路由协议,即使支持也受到管理开销、收敛度、安全性等许多问题的限制。因此,普遍采用对终端 IP 设备静态路由配置,一般是给终端设备指定一个或者多个默认网关(Default Gateway)。静态路由的方法简化了网络管理的复杂度,减轻了终端设备的通信开销,但是它仍然有一个缺点:如果作为默认网关的路由器损坏,所有使用该网关为下一跳主机的通信必然要中断。采用虚拟路由冗余协议(Virtual Router Redundancy Protocol,VRRP)可以很好地避免静态指定网关的这种缺陷。VRRP 的优点就是它有更高的实用性,并且它无须在每个终端都配置动态路由或寻找路由的协议。

对于局域网用户来说,能够时刻与外部网络保持联系是重要的。通常情况下,内部网络中的所有主机都设置一条相同的默认路由,指向出口网关(图 2-1-10 中的交换机 Router A),实现主机与外部网络的通信。当出口网关发生故障时,主机与外部网络的通信就会中断。

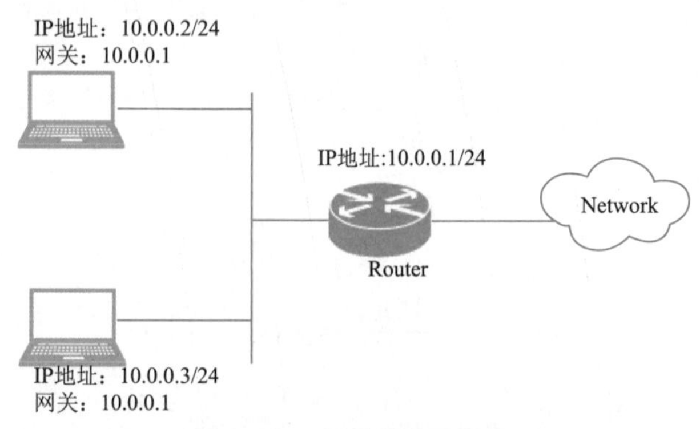

图 2-1-10　局域网默认网关

在 VRRP 协议中,有两组重要的概念:VRRP 路由器(VRRP Router)和虚拟路由器(Virtual Router),主控路由器(Virtual Router Master)和备份路由器(Virtual Router Backup)。VRRP 路由器是指运行 VRRP 协议的路由器,是物理实体。虚拟路由器是指 VRRP 协议创建的路由器,是逻辑概念。一组 VRRP 路由器协同工作,共同构成一台虚拟路由器。该虚拟路由器对外表现为一个具有唯一固定 IP 地址和 MAC 地址的逻辑路由器。处于同一个 VRRP 组中的路由器具有两种互斥的角色:主控路由器和备份路由器,一个 VRRP 组中有且只有一台处于主控角色的路由器,可以有一个或者多个处于备份角色的路由器。VRRP 协议使用选择策略从路由器组中选出一台作为主控,负责 ARP 和转发 IP 数据包。当由于某种原因主控路由器发生故障时,备份路由器能在几秒的时延后升级为主路由器。由于此切换过程非常迅速而且不用改变 IP 地址和 MAC 地址,故对终端使用者系统是透明的。

1. VRRP 的主要工作过程

图 2-1-11 所示为由三个 VRRP 路由器组成的虚拟路由器示例。在该示例中,路由器 A、B 和 C 都是 VRRP 路由器,它们组成了一台虚拟路由器。该虚拟路由器的 IP 地址和路由器 A 的以太接口地址(10.0.0.1)一致。

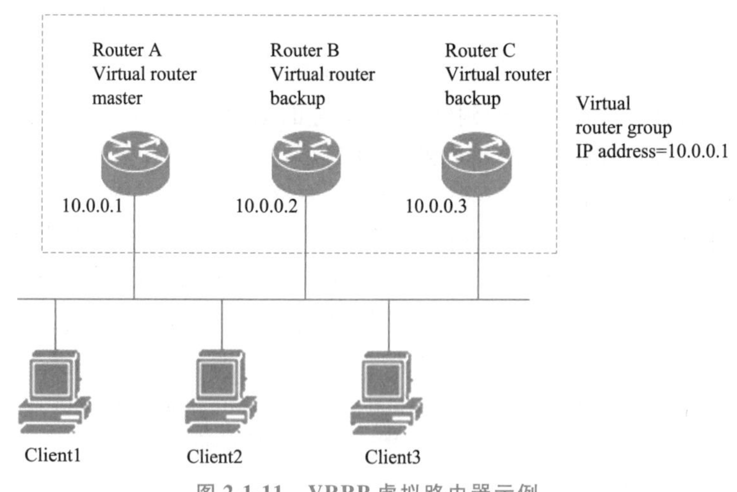

图 2-1-11　VRRP 虚拟路由器示例

因为虚拟路由器使用 Router A 的以太口的 IP 地址，因此 Router A 被认为是主控路由器。作为主控路由器，Router A 控制虚拟路由器的 IP 地址，并对发往该 IP 地址的报文进行转发。Client 1 到 Client 3 配置的默认网关的 IP 地址都是 10.0.0.1。而 Router B 和 Router C 被认为是备份路由器（Virtual Router Backup）。如果主控路由器失败，配置优先级较高的备份路由器将成为新的主控路由器，对 LAN 主机提供不中断的服务。当原主控路由器 A 回复后，它会重新成为主控路由器。

注意到在此示例中，Router B 和 Router C 的 IP 地址只作为路由器本身的接口地址，并没有被别的路由器备份。为了达到可以互相备份的效果，引入另外一种 LAN 拓扑结构，如图 2-1-12所示。在这个拓扑结构中，两个虚拟路由器被配置。两台路由器共享从 Client 1 到 Client 4 的流量。Router A 和 Router B 互相充当对方的备份路由器。对于虚拟路由器 1，Router A 是 IP 地址 10.0.0.1 的拥有者和主控路由器，同时是 Router B 的备份路由器。Client 1 和 Client 2 配置的默认 IP 地址为 10.0.0.1。对于虚拟路由器 2，Router B 是 IP 地址 10.0.0.2 的拥有者和主控路由器，同时是 Router A 的备份路由器。Client 3 和 Client 4 配置默认网关 10.0.0.2。由此可以到达备份和负载分担双重效果。这样，既分担了设备负载和网络流量，又提高了网络可靠性。

2. VRRP 的工作原理

一个 VRRP 路由器有唯一的标识 VRID，范围为 0～255。该路由器对外表现为唯一的虚拟 MAC 地址，地址的格式为 00-00-5E-00-01-{VRID}（按 Internet 标准的十六进制的比特顺序）。前三个 octets(00-00-5E)8 比特位是从 IANA's OUI 得出，接下来的两个 octets(00～01)表示分配给 VRRP 协议的地址块。这种映射方法可以使一个网络上能够有多达 255 个 VRRP 路由器。主控路由器负责对 ARP 请求用该 MAC 地址做应答。这样，无论如何切换，对于终端设备都是透明的。

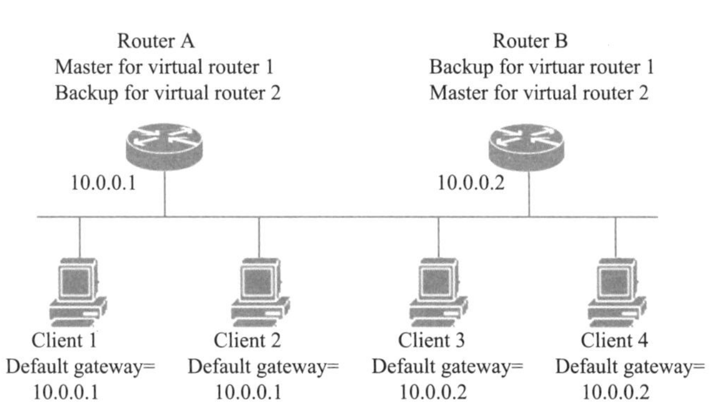

图 2-1-12　VRRP 虚拟路由器示例

VRRP 控制报文只有一种：VRRP 通告（Advertisement）。它使用 IP 多播数据包进行封装，组地址为 224.0.0.18，发布范围限于同一局域网内。这保证了 VRID 在不同网络中可以重复使用。为了减少网络带宽消耗只有主控路由器才可以周期性地发送 VRRP 通告报文。备份路由器在连续三个通告间隔内（skew_time 也产生优先级的影响）收不到 VRRP 或收到优先级为 0 的通告后启动新的一轮 VRRP 选举。

若某个 VRRP 路由器的接口 IP 地址和虚拟路由器的 IP 地址相同，则称该路由器为 VRRP 组中的 IP 地址所有者；Primary IP 地址是指从一组真正的接口地址中选择出的一个 IP 地址。

一个可能的算法是总是选择第一个地址。VRRP 的通告报文总是用 Primary IP 地址作为 IP 包的源 IP。

在 VRRP 路由器组中，按优先级选举主控路由器，VRRP 协议中优先级范围是 0 ~ 255。IP 地址所有者自动具有最高优先级 255。优先级 0 一般用在 IP 地址所有者主动放弃主控路由器角色时使用。可配置的优先级范围为 1 ~ 254。优先级的配置原则可以依据链路的速度和成本、路由器性能和可靠性以及其他管理策略设定。主控路由器的选举中，高优先级的虚拟路由器获胜，因此，如果在 VRRP 组中有 IP 地址所有者，则它总是作为主控路由器的角色出现。对于相同优先级的备份路由器，按照 IP 地址大小顺序选举。VRRP 还提供了优先级抢占策略，如果配置了该策略，高优先级的备份路由器便会剥夺当前低优先级的主控路由器而成为新的主控路由器。

为了保证 VRRP 协议的安全性提供了两种安全认证措施：明文认证和 IP 头认证。明文认证方式要求：在加入一个 VRRP 路由器组时，必须同时提供相同的 VRID 和明文密码。适合于避免在局域网内的配置错误，但不能防止通过网络监听方式获得密码。IP 头认证的方式提供了更高的安全性，能够防止报文重放和修改等攻击。

3. VRRP 应用场景

(1) 监视接口状态

VRRP 具备监视接口状态的功能：

①当备份交换机所在的接口出现故障时，VRRP 提供备份功能。

②当主用交换机的一个其他端口出现故障时也提供备份功能。

当被监视的接口 Down 时，交换机在备份组的优先级自动减低或增加一个数额，导致备份组内其他交换机的优先级高于或低于此交换机的优先级。优先级最高的交换机转变为 Master，完成主备切换。

VRRP 监视接口应用场景如图 2-1-13 所示。

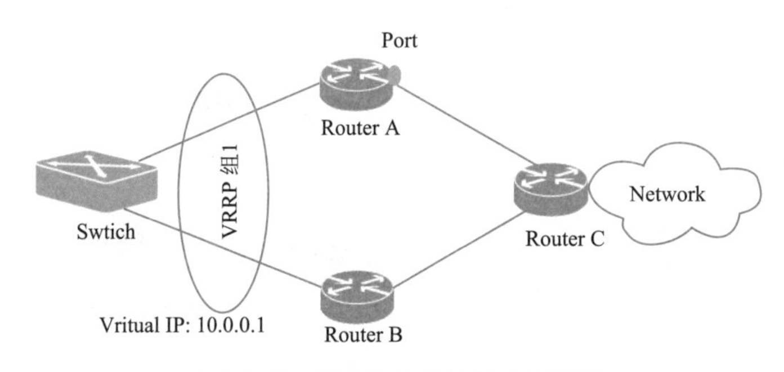

图 2-1-13　VRRP 监视接口应用场景

VRRP 组 1 对 Router A 的 Port 端口进行监控。若 Port 端口正常，则 Router A 作为 Master；若 Port 端口 Down，则 Router A 优先级降低，使得 Router A 的优先级低于 Router B 的优先级，从而完成主备切换。

(2) 负载分担

负载分担是指多台交换机同时承担业务，因此需要建立两个或更多的备份组。交换机可以通过多台虚拟交换机设置实现负载分担，如图 2-1-14 所示。

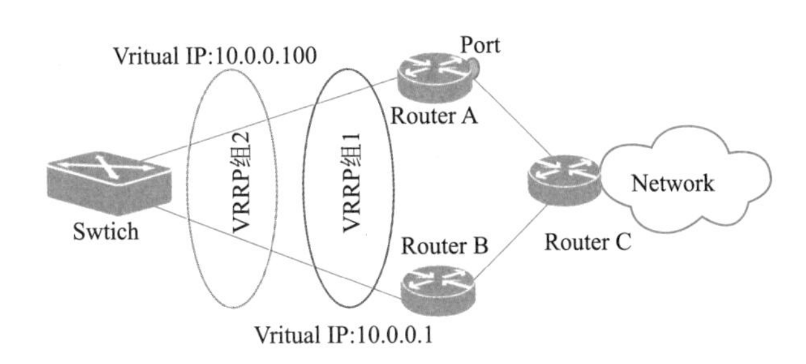

图 2-1-14　VRRP 负载分担应用场景

Router A 和 Router B 在同一个接口上配置两个 VRRP 备份组 1 和备份组 2。通过配置 Router A 和 Router B 备份组的优先级,Router A 和 Router B 在 VRRP 中做出如下协商,达到分担数据流和相互备份的目的。

①Router A 在备份组 1 中作为 Master,在备份组 2 中作为 Backup。

②Router A 在备份组 2 中作为 Master,在备份组 1 中作为 Backup。

③一部分主机使用备份组 1 作为网关,另一部分主机使用备份组 2 作为网关。

在负载分担方式中,备份组具有如下特点:

①每个备份组都包括一个 Master 设备和若干 Backup 设备。

②各备份组的 Master 设备可以不同。

③同一台交换机可以加入多个备份组,在不同备份组中有不同的优先级。

(3)心跳线设置

VRRP 协议报文发送可以由心跳线来转发,而不必配置 VRRP 组的哪个接口发送。

①如果 VRRP 组配置了心跳线,那么指定包发送的出接口为心跳线接口。

②如果没有配置心跳线,则出接口为配置 VRRP 组的接口。

任务小结

本次任务主要学习了 LAG 保护、MSP 保护、VRRP 保护的基本概念、工作方式以及应用场景,通过本次学习为后续网络组网过程中安全机制的选择和配置提供坚定的理论基础。

※思考与练习

一、填空题

1. LAG 保护的方式有(　　)和(　　)。

2. LAG 按照聚合类型分类可以分为(　　)和(　　)。

3. 在 LAG 保护中 LACP 有(　　)和(　　)两种工作模式。

4. 在 VRRP 协议中,(　　)负责对 ARP 请求用虚拟 MAC 地址做应答。

5. 一个 VRRP 路由器有唯一的标识 VRID,取值范围为(　　)

二、判断题

1. (　　)在 MPS 保护中,返回式操作指倒换发生后,如果工作路径恢复正常,经过等待恢复时间后,业务自动从保护路径倒换到工作路径。

2. (　　)一个 VRRP 组中有且只有一台处于主控角色的路由器,可以有一个或者多个处于备份角色的路由器。

3.(　　)VRRP 路由器是指运行 VRRP 协议的路由器,是逻辑概念。

4.(　　)在 VRRP 协议负载分担应用中同一台路由器可以加入多个备份组,在不同备份组中有不同的优先级。

5.(　　)在 VRRP 协议中,Master 选举时比较接口优先级 priority(1 ~255),数值越大优先级越小。

三、简答题

1. 简述 LAG 保护的应用场景。

2. 简述链路聚合基本概念及其特点。

任务二　掌握线性保护

任务描述

线性保护又称 LSP 保护,是利用专用的端到端保护结构来保护一条 MPLS-TP 连接,当工作通道发生故障时,就将通道上的所有业务转换到保护通道进行传送。

任务目标

- 识记:1 +1 保护、1:1 保护的基本概念。
- 领会:1 +1 保护、1:1 保护的基本原理。
- 应用:1 +1 保护、1:1 保护的应用场景。

任务实施

LSP 保护中的保护切换和网络状况监测需要用到 SD(Signal Degraded,信号劣化)保护或 SF(Signal Failed,信号失效)保护,它们分别用来检测信号劣化和信号失效。例如,当检测到链路的丢包率达到某值时,会触发 SD 告警,进而促使网络启动 LSP 保护;而当检测到链路有信号失效时,触发的 SF 就会促使网络启动 LSP 保护。这样及时的补救措施可以避免在“情况不好”的链路上损失更多信息。

线性保护对于网络拓扑形式没有要求,在固定的网络中能够找到不同路径的两条连接就可以形成一个线性保护组。也就是说,从甲地到乙地虽然有一条方便直接的高度公路可以到达,但是有另外一条从甲地出发的路存在,也许它需要经过很多收费站和岔路口才能到达乙地,并且一路上没有任何一点与原来那条路汇合,那么这样的两条路就可以称为一对线性保护组。线性保护常用在复杂组网中。由于网络拓扑形式复杂,存在着很多不同型号的设备或设备均不属于同一厂家,这时对业务完成保护的最佳形式是线性保护。

线性保护是指利用独立的线性通道来完成保护倒换和恢复的过程。根据分组传送网络中使用的传输技术体系不同,线性保护中使用独立线性通道也不同,目前常用的包括隧道通道、伪线通道等。这些通道可以是完整的独立通道,也可以是通道的一部分。将两条独立通道组合形成隧道或者伪线通道的 1 +1、1:1 保护,当工作通道失效后业务倒换至保护通道。线性保护可以分为路径保护和子网保护,这两种方式主要区分是保护域不同,路径保护是整条通道路径上端到端的保护,而子网保护是通道上某个区域子网范围内的保护,两者保护倒换原理基本相同。以下以路径保护为例进行说明。

一、1 +1 路径保护

1 +1 路径保护采用两条独立路径进行"双发选收",即在业务的源端,客户业务是在工作路径和保护路径上同时发送;而在业务的宿端,需要采用某种故障检测机制来选择从工作路径还是保护路径上接收当前客户业务。如图 2-2-1 所示,1 +1 保护方式在节点 A 将客户业务进行永久桥接,即将客户业务在工作路径和保护路径上同时发送。保护倒换由宿端节点 Z 上的选择器基于本地(即保护宿端)信息来决策完成,工作业务在源端节点 A 永久桥接到工作和保护路径上。在实际使用中,需配合使用连接性检查包来检测工作和保护路径上是否存在故障,即连接性检查包同时在源端插入到工作和保护路径上,并在宿端进行检测和提取。另外需注意,无论连接是否被选择器所选择,连接性检查包都会在上面发送。

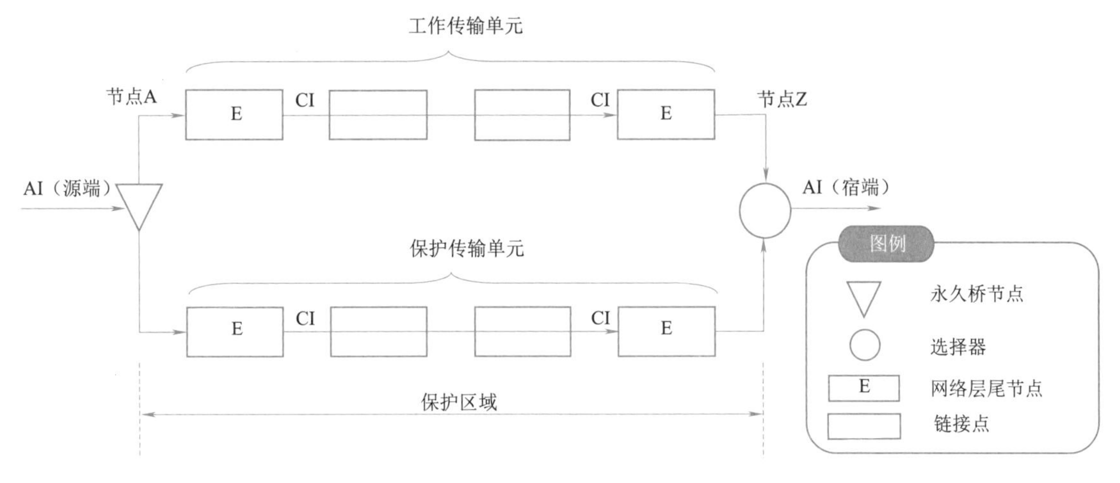

图 2-2-1　1 +1 路径保护

如果工作路径发生单向故障(从节点 A 到节点 Z 的传送方向),如图 2-2-2 所示,由于在工作路径上部署了连接性检测,节点 Z 会检测到该工作路径上存在故障,由此节点 Z 上的选择器需要触发业务的倒换,即将业务的接收倒换到由保护路径进行接收。

此外,在路径保护中需要考虑当工作路径故障消失时,业务是否可以恢复到工作路径,当路径保护组配置为返回式时,业务可以在工作路径故障消失时返回到工作路径进行传送;为非返回式时,业务不会在工作路径故障消失时返回到工作路径进行传动。

1 +1 路径保护的优点是端到端的完整保护,保护倒换效率高且配置简单,倒换无需自动保护倒换协议(Auto Protection Switch,APS)协议进行触发。但该保护方式存在"双发"问题,即在工作路径和保护路径上存在双份业务流量,当大量部署时会浪费较多的网络带宽。

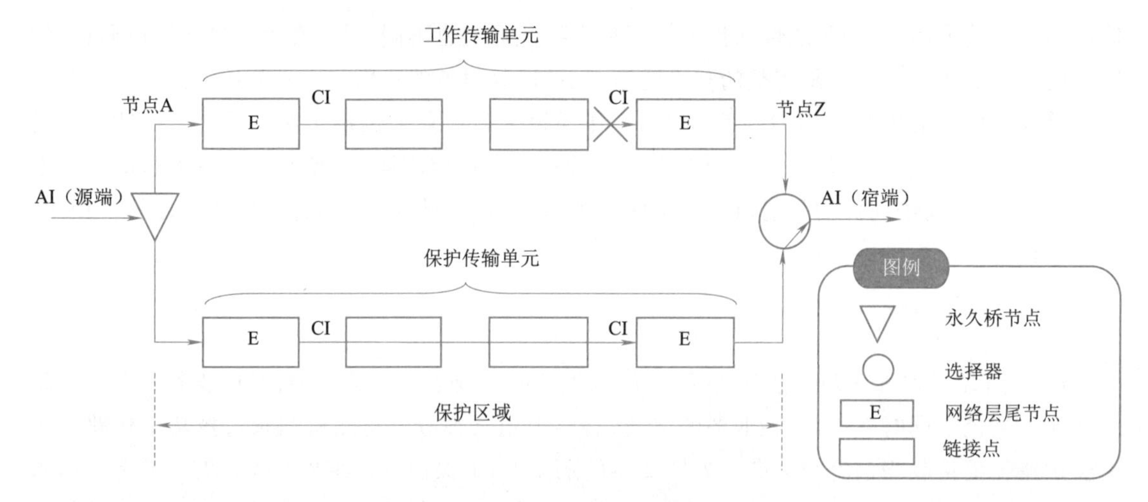

图 2-2-2　1+1 路径保护(主用路径失效)

由于路径保护为端到端的部署,为了避免路径上的单节点失效,需将工作路径和保护路径尽量走分离的路由。且由于"双发"问题,建议仅对重要业务配置 1+1 保护,避免浪费更多带宽。

二、1:1 路径保护

1:1 路径保护与 1+1 路径保护的区别主要是在源端其采用两条独立双向路径进行"选发选收",此外 1:1 路径保护需要 APS 协议用于协调路径的两端进行统一倒换,保护倒换过程由远端和宿端的选择器进行选择,如图 2-2-3 所示。其他如故障检测机制与 1+1 路径保护所采用的是一致的。1:1 路径保护的优点是端到端的完整保护,由于"选发"机制,保护路径在正常情况下不用承载工作业务,不会造成网络带宽的浪费。保护路径上还可以用于承载额外的非重要业务。但该种保护方式需要依赖 APS 协议来协商进行保护倒换,协议交互需要一定的时间,故倒换效率相对会低一些。

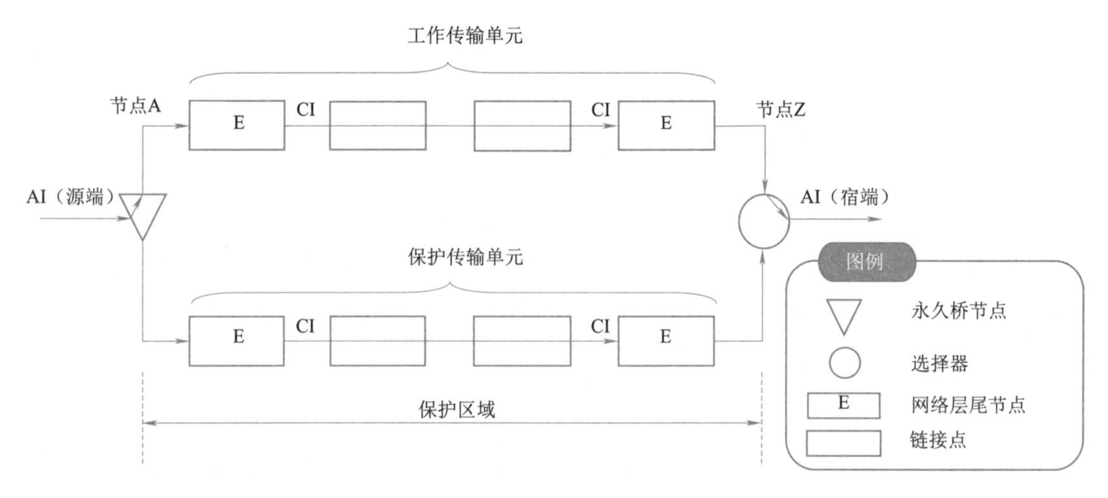

图 2-2-3　1:1 路径保护

任务小结

线性保护由于部署简单，对业务能够形成端到端保护，且对于线性保护还可延伸出子网保护等形式的保护方式。在保护协议和标准上，线性保护的标准日渐成熟和稳定，也推动了线性保护技术的发展和工程实施。

※思考与练习

一、填空题

1. 线性保护又称 LSP 保护，主要包括(　　)保护和(　　)保护。

2. 线性保护中保护对象分为(　　)、(　　)。

3. 线性保护中，通过(　　)来检测业务隧道的好坏。

4. 线性 1 +1 保护采用双发选收工作机制，即(　　)和(　　)通道同时走业务，由宿端根据通道状态及外部命令进行选收。

5. 在线性 1 +1 和线性 1:1 保护中，需要启用 APS 协议的是(　　)。

二、判断题

1. (　　)线性保护是通过配置两条源宿站点相同，但路径不同的 Tunnel 或伪线 PW 来实现保护。

2. (　　)线性 1:1 保护中采用单发单收工作机制，即正常状态下业务只在工作通道传送。

3. (　　)线性 1 +1 保护中单端倒换，即工作链路发生故障时，只有发送端保护倒换。

4. (　　)1 +1 T-MPLS 路径保护的倒换类型是单向倒换，即只有受影响的连接方向倒换至保护路径，两端的选择器是独立的。

5. (　　)隧道的信号失效保护倒换是基于检测端口是否 Down。

三、简答题

1. 什么是线性保护？

2. 简述线性 1 +1 和线性 1:1 保护的特点。

任务三　掌握环网保护

任务描述

环网保护是指线路上没有起点和终点，参与组网的各个设备都在一条封闭的环形路径上，提供的是一种对业务的保护。

任务目标

- 识记：Wrapping 保护、Steering 保护的基本概念。

- 领会：Wrapping 保护、Steering 保护的基本原理。
- 应用：Wrapping 保护、Steering 保护的应用场景。

任务实施

存在环网保护的环一般称为自愈环。当今社会各行各业对信息的依赖越来越大，要求通信网络能及时准确地传递信息。随着网上传输的信息越来越多，传输信号的速率越来越大，一旦网络出现故障，将对整个社会造成极大的损失。因此网络的生存能力即网络的安全性是当今第一要考虑的问题。

所谓自愈，是指在网络发生故障（如光纤断）时，无须人为干预，网络在极短的时间内（ITU-T 规定为 50 ms 以内），使业务自动从故障中恢复传输，使用户几乎感觉不到网络出了故障。其基本原理是网络要具备发现替代传输路由并重新建立通信的能力。替代路由可采用备用设备或利用现有设备中的冗余能力，以满足全部或指定优先级业务的恢复。由上可知，网络具有自愈能力的先决条件是有冗余的路由、网元强大的交叉能力及网元一定的智能。

自愈仅是通过备用信道将失效的业务恢复，而不涉及具体故障的部件和线路的修复或更换，所以故障点的修复仍需人工干预才能完成。

当网络发生自愈时，业务切换到备用信道传输，切换的方式有恢复方式和不恢复方式两种。

恢复方式指在主用信道发生故障时，业务切换到备用信道，当主用信道修复后，再将业务切回主用信道。一般在主要信道修复后还要再等一段时间，一般是几分钟到十几分钟，以使主用信道传输性能稳定，这时才将业务从备用信道切换过来。

不恢复方式指在主用信道发生故障时，业务切换到备用信道，主用信道恢复后业务不切回主用信道，此时将原主用信道作为备用信道，原备用信道作为主用信道，在原备用信道发故障时，业务才会切回原主用信道。

PTN 提供 Wrapping（环回）和 Steering（源操控）两种单环保护方式。二者的主要差别是：当环 R 出现故障时，Wrapping 方式下，业务在与故障相邻的两侧节点进行环回；Steering 方式下．业务在源宿节点进行反向（改变发送方向）。基于 MPLS-TP 的 PTN 环网保护与弹性分组环（RPR）的 Wrapping 和 Steering 保护的主要差异在于引入了工作路径和保护路径的标签分配机制，原 G.8132 规范的标签分配机制需进一步优化来简化环网保护标签的配置。

一、Wrapping 保护

Wrapping 是一种本地保护机制，它基于故障点两侧相邻节点的协调来实现业务流在环网节点上的流量反向，从而完成保护倒换。

1. Wrapping 保护倒换机制

Wrapping 保护采用 TMS-OAM 检测机制，利用 TMS-OAM 报文检测物理层链路状态，常用的检测方法是 CV/CC 检测。通过 CV 检测，当发现物理层链路中断时，会触发倒换。这是现网中常用的故障检测方法，但触发环网保护倒换的并不仅是物理层故障，做强制倒换（FS）、信号失效（SF）、信号劣化（SD）、人工倒换（MS）等操作时也可触发倒换。其中，强制倒换的优先级最高，倒换优先级的排序为 FS > SF > SD > MS。比强制倒换的优先级更高的是 LP 保护闭锁操作。若进行了保护闭锁，无论业务是否失效，全环都会强制锁定在工作通道，不会进入倒换状态。

2. 基于 APS 的检测机制和通告机制

环网保护的倒换是基于 APS 发送请求来完成的。当环上某个跨段出现链路故障时，检测到故障的节点通过 APS 发送请求到故障相邻的节点。当一个节点检测到故障或接收到发送给本节点的 APS 请求时，发往故障链路的业务将被倒换至相反的方向（远离故障），业务将沿着反方向传送到另一个倒换节点，再重新倒换回工作方向。

如图 2-3-1 所示，NE1—NE2—NE3—NE4 的路径为工作 LSP，NE1 ~ NE6 之间的环形路径为保护 LSP。正常情况下，业务经工作 LSP 传送。当 NE2 和 NE3 之间的链路发生故障时，NE2 检测到该故障，通过 APS 发送请求到故障相邻节点 NE3。同时，发往故障链路的业务将被倒换至相反的方向（远离故障），沿着 NE2—NE1—NE6—NE5—NE4—NE3 的路径传送到 NE3，NE3 再重新倒换至 NE3—NE4 的工作路径。

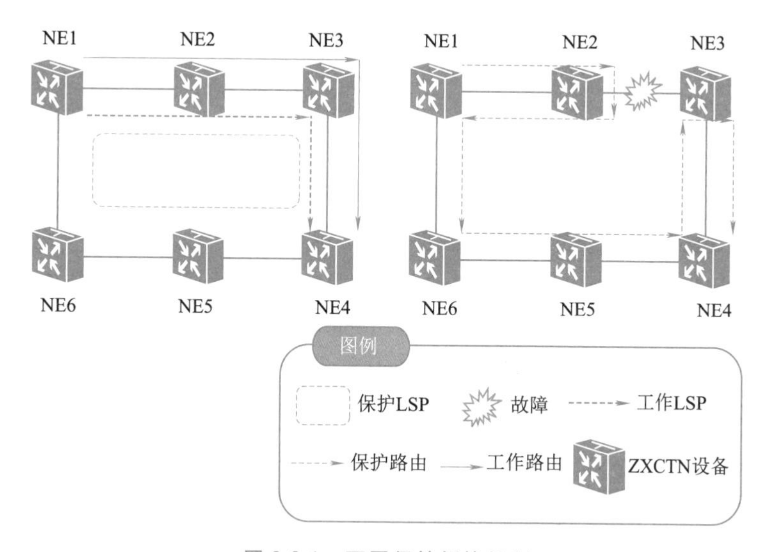

图 2-3-1　环网保护倒换机制

具体倒换过程如下：

①当 NE2 和 NE3 之间检测到故障时，或网管对 NE2 下发倒换操作时，NE2 发起 APS 报文。该 APS 报文内包括报文发起点的 APS ID（即 NE2），也包括故障相邻节点的 APS ID（即 NE3），故障相邻节点的 APS ID 作为 APS 报文的目的 ID。另外，APS 报文中携带当前的倒换请求，要求故障对端节点（即故障相邻节点 NE3）触发倒换。该报文同时在长径（NE2—NE1—NE6—NE5—NE4—NE3）和短径（NE2—NE3）中发送。

②当非故障节点（即 NE1、NE4、NE5、NE6）接收到 APS 报文时，会查看 APS 报文中的目的 ID。若发现目的 ID 和自身 ID 不符，则进行穿通处理，直到发现目的 ID 与自身 ID 相匹配。

③当 NE3 从长径接收到该 APS 报文时，发现目的 ID 就是自身 ID，会进行如下处理：

分析 APS 报文的请求信息，比较远端的倒换请求优先级是否高于自身倒换的优先级，若高，则响应该请求。例如，NE3 此时已进入信号失效（SF）状态，而远端节点（NE2）发起的 APS 倒换请求是强制倒换（FS），由于 FS 的倒换优先级高于 SF，则 NE3 会响应远端的倒换请求。若后续 NE3 的信号失效状态清除，则 NE3 不会进入 MTR 状态，因为此时 NE3 已进入强制倒换状态。

比较 APS 报文中的源节点 ID，以便分析是该节点是东向还是西向出现了故障，触发正确的倒换操作。

执行倒换操作,包括以下 3 部分:

①NE3 将工作 LSP 的标签更改为保护 LSP 的标签,通过绕行方向,沿着 NE4—NE3—NE4—NE5—NE6—NE1—NE2—NE1 完成整条路径的倒换。此时,保护 LSP 仅工作在 NE3—NE4、NE4—NE5、NE5—NE6、NE6—NE1、NE1—NE2 这些跨段中。

②NE2 将保护 LSP 的标签去除后,再封装上原工作 LSP 的标签,将业务送回 NE2—NE1 的工作路径。

③针对 NE1—NE4 方向的隧道业务,NE3 将保护 LSP 上的业务提取出来,经重新封装,最后将业务送回 NE3—NE4 的工作路径。

在现网部署中,底层是以太网端口,无论物理层是单链路故障还是双链路故障,都会触发至少一个端口的链路 Dowm 告警。此时,故障链路的两端节点均同时向远端发送 APS 报文,触发对端响应倒换。

对于某个中间节点掉电的情况,业务中断两端均根据信号失效(SF)状态触发倒换,不会比较 APS 报文的目的 ID 是否自身 ID。

3. SD 的检测机制

SD(信号劣化)是对链路丢包情况进行检测,当丢包率大于设置的门限时,链路处于 SD 状态并上报 SD 告警,触发 APS 进行相应的倒换处理。

环网保护的 SD 检测是基于 TMS 层物理端口的 FCS 检测来实现的。例如,端口的 SD 门限设置为 10^{-6}(网管默认配置门限为 5×10^{-5}),设备定期统计端口的 FCS 计数,当 CRC 错包数到达该时间段所有接收报文大小的 10^{-6}时,触发设备发起 APS 报文,使得远端设备响应 APS 报文,完成环网倒换。

4. 环网保护的优势

与 LSP 1:1 保护相比,环网保护能节省 OAM 报文带宽。若采用环网保护方案,每段物理链路上只有一个 TMS-OAM 报文,若选用快速 OAM 3.3 ms 一周期的报文,则 OAM 报文仅占用 0.2 M 的链路带宽(每个 TMS-CV 报文为 64 字节)。若采用 LSP 1:1 保护,网元 1 至下游设备有 100 条隧道,且配置线性保护,此时,OAM 报文将占用 20 M 的链路带宽。

二、Steering 保护

Steering 方式下发生故障时,受故障影响的业务流的源宿节点会把业务流直接由工作路径倒换到相应的保护路径进行传送。这种方式在环网保护中应用较少,本书不做过多介绍。

任务小结

本次任务主要学习了环网保护中 Wrapping 保护的基本概念、工作方式及应用场景,并简要介绍了 Steering 保护。

※思考与练习

一、填空题

1. ITU-T 规定为网络保护恢复时间是(　　)以内。

2. 当网络发生自愈时，业务切换到备用信道传输，切换的方式有(　　)和(　　)两种。

3. Wrapping 保护采用 TMS-OAM 检测机制，利用 TMS-OAM 报文检测(　　)状态，常用的检测方法是 CV/CC 检测。

4. 环网保护的倒换是基于(　　)发送请求来完成的。

5. 环网保护属于一种链路级的保护，保护的对象为传送网的(　　)。

二、判断题

1. (　　)环网保护是就是线路上没有起点和终点，参与组网的各个设备都在一条封闭的环形路径上，提供的是一种对业务的保护。

2. (　　)自愈是指在网络发生故障时，无须人为干预，网络自动地在使业务从故障中恢复传输，使用户几乎感觉不到网络出了故障。

3. (　　)Wrapping 是一种本地保护机制，它基于故障点两侧相邻节点的协调来实现业务流在环网节点上的流量反向，从而完成保护倒换。

4. (　　)若进行了保护闭锁，无论业务是否失效，全环都会强制锁定在工作通道，不会进入倒换状态。

5. (　　)Steering 方式下发生故障时，受故障影响的业务流的源宿节点会把业务流直接由工作路径倒换到相应的保护路径进行传送。

三、简答题

简述 Wrapping 环网保护的工作特点。

任务四　了解伪线双归保护

任务描述

DNI-PW 是双节点互联伪线的意思，常用于两台 PTN 设备之间的连接。使用双节点是出于保护角度考虑，将两个设备配置为互为备份关系，当一个节点故障失效时，传输的数据可以“绕路”到另一个节点正常通过，两个节点之间通过伪线连接。

任务目标

- 识记：DNI-PW 保护的基本概念。
- 领会：DNI-PW 保护的基本原理。
- 应用：DNI-PW 保护的应用场景。

任务实施

DNI-PW 保护

DNI-PW 是双节点互联伪线的意思，常用于两台 PTN 设备之间的连接。使用双节点是出于保护角度考虑，将两个设备配置为互为备份关系，当一个节点故障失效，传输的数据可以“绕路”到另一个节点正常通过，两个节点之间通过伪线连接。

图 2-4-1 所示是现有的 PW 冗余双归保护组网拓扑。

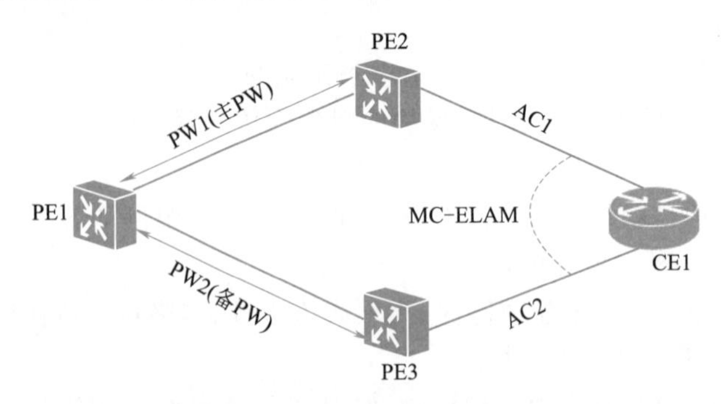

图 2-4-1 PW 冗余双归保护组网拓扑

PE1 通过主备 PW 分别连接 PE2 和 PE3，CE1 双归接入 PE2 和 PE3。

①当 AC1 发生故障时，CE1 发生接入切换，流量切换到 AC2，并且故障通过 Mapping 通告到远端 PE1，远端 PE1 因此发生 PW 切换，将流量引入 PW2。

②当 PW1 发生的故障时，PE1 检测到故障后 PW 切换，流量切换到 PW2，PE1 也会将检测到的故障 Mapping 到 AC 侧，使 CE1 发生接入切换，将流量引入 AC2。

因此，无论 AC 或 PW 的故障，流量都会发生全程切换。

如果希望切换无须使用 OAM Mapping 功能，并且将 PW 侧切换和 AC 侧切换分离，提高网络稳定性，这就需要引入 DNI-PW（Dual Node Interconnection-Pseudo Wire，双节点互联-伪线）功能。DN1-PW 典型组网拓扑如图 2-4-2 所示。

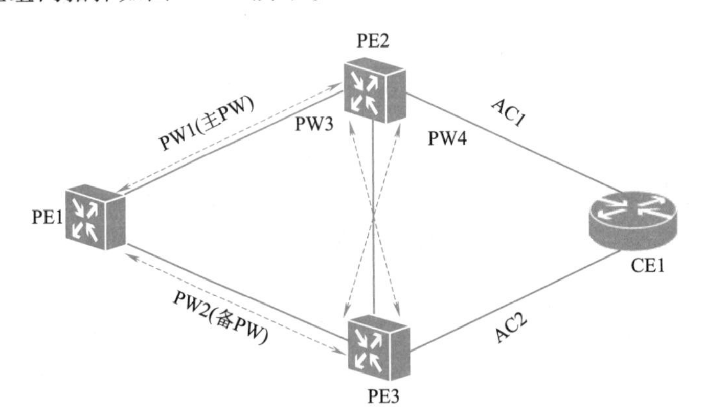

图 2-4-2 DNI-PW 典型组网拓扑

VPWS 支持 DNI-PW 冗余保护，与普通 VPWS 实例不同，PE2 和 PE3 上的 VPWS 实例包含 3 条 PW，其中一条仍为普通 PW（即 PW1 或 PW2），另两条 DNI-PW（即 PW3 和 PW4）在两个节点上互为交叉配置和使用，一条用于 PW 的保护和远端上行流量的桥接，另一条用于 AC 流量的保护和远端下行流量的桥接。DNI-PW（PW3 和 PW4）部署外层保护，将 PE2 和 PE3 之间的所有 DNI 伪线都部署在相同的外层保护内。

DNI-PW 以太接口可以配置两种工作场景：MC-LAG 负荷分担场景和 MC-LAG PW 1:1 场景。下面分别介绍这两种场景 DNI-PW 组网主要的工作状态。

1. MC-LAG 负荷分担场景

PW 侧为 1:1 对接,头节点 PE1 配置为 1:1 单发双收,双归节点 PE2、PE3 配置为 1:1 单发双收。双归节点 PE2、PE3 与 CE1 之间为 MC-LAG 负荷分担对接,CE1 为 SG 负荷分担,PE2、PE3 为单发双收,上行流量如 PE1 至 CE1 方向箭头所示,下行流量如 CE1 至 PE1 方向箭头所示。

①所有链路正常,如图 2-4-3 所示。

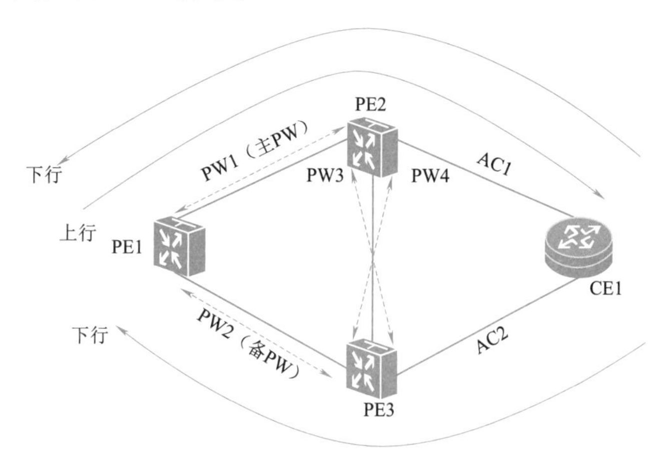

图 2-4-3　所有链路正常

②PW1 失效,如图 2-4-4 所示。

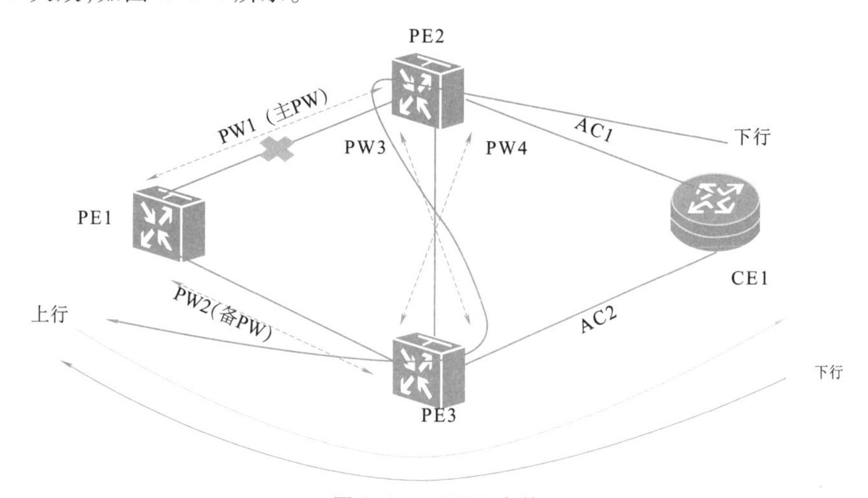

图 2-4-4　PW1 失效

③主节点的 PW1 发生故障,恢复期间备节点的 PW2 发生故障,如图 2-4-5 所示。

④备节点的 PW2 发生故障,恢复期间主节点的 PW1 发生故障,如图 2-4-6 所示。

⑤AC1 失效,如图 2-4-7 所示。

⑥AC1 和 PW1 均失效,如图 2-4-8 所示。

⑦PE2 节点失效,如图 2-4-9 所示。

2. MC-LAG PW 1:1 场景

PW 侧为 1:1 对接,头节点 PE1 配置为 1:1 单发双收,双归节点 PE2、PE3 配置为 1:1 单发双收。双归节点 PE2、PE3 与 CE1 之间为 MC-LAG/MSP 1:1 对接,CE1 为单发单收/双 收,PE2、PE3 为单发双收。上行流量如 PE1 至 CE1 方向箭头所示,下行流量如 CE1 至 PE1 方向箭头所示。

①所有链路正常,如图 2-4-10 所示。

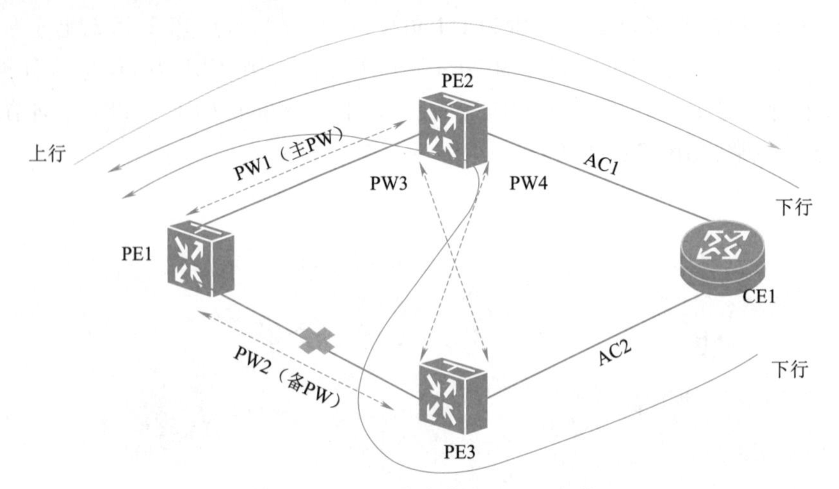

图 2-4-5　PW1 恢复期间 PW2 失效

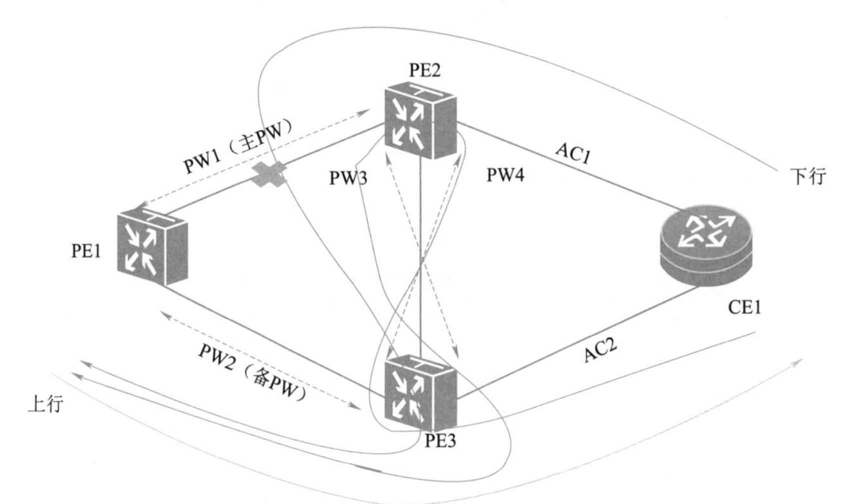

图 2-4-6　DNI-PW 工作过程—PW2 恢复期间 PW1 失效

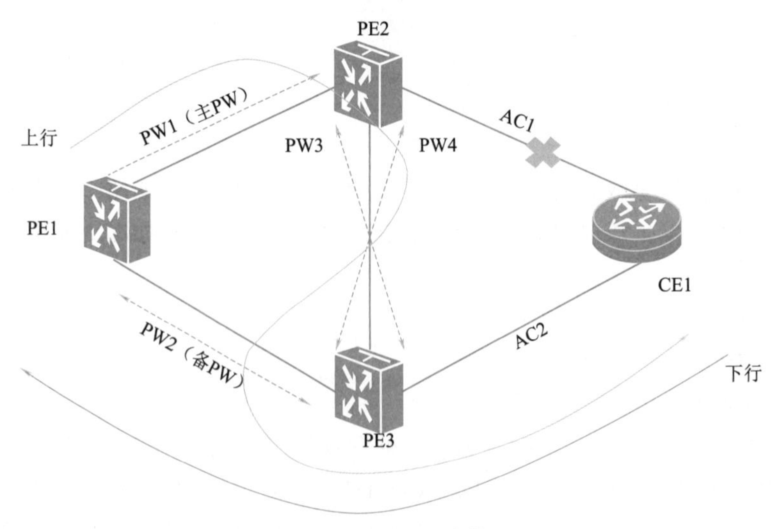

图 2-4-7　AC1 失效

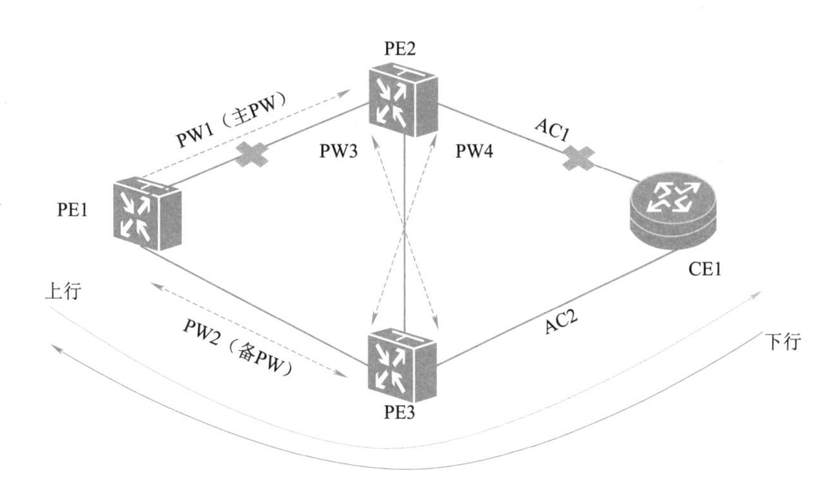

图 2-4-8 AC1 和 PW1 均失效

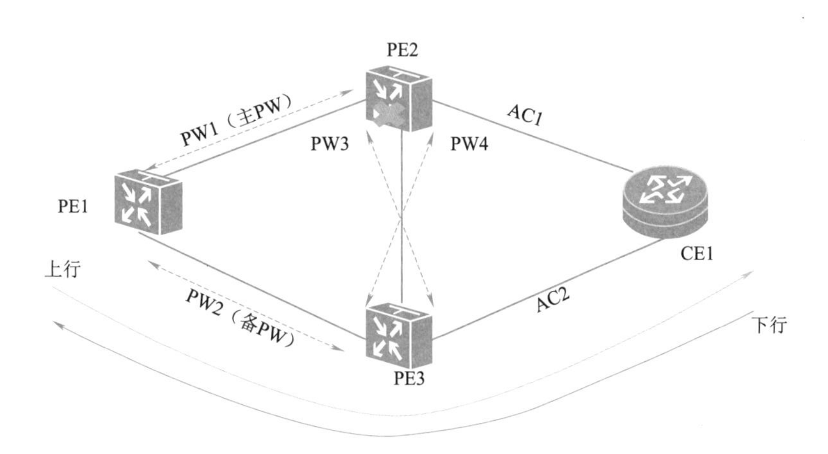

图 2-4-9 PE2 节点失效

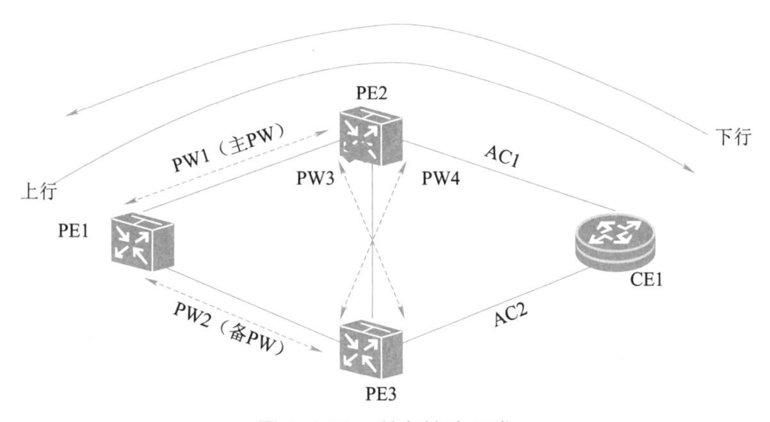

图 2-4-10 所有链路正常

②PW1 失效，如图 2-4-11 所示。

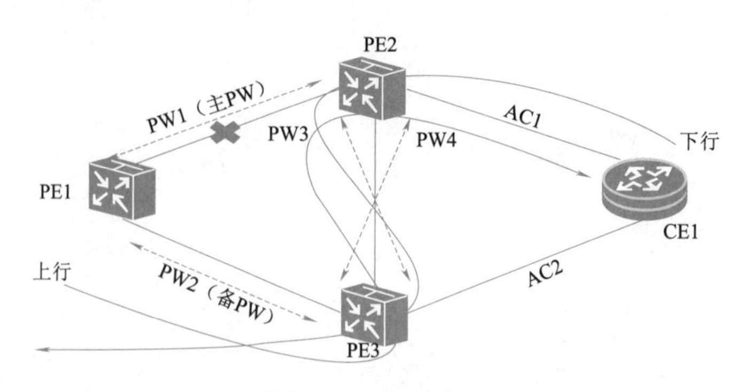

图 2-4-11 PW1 失效

③AC1 失效，如图 2-4-12 所示。

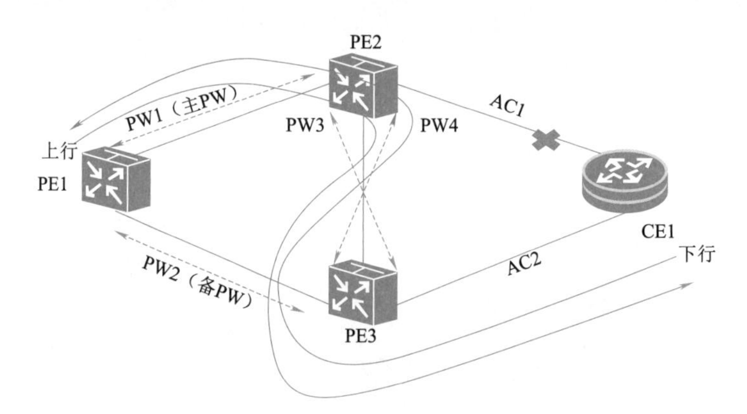

图 2-4-12 AC1 失效

④AC1 和 PW1 均失效，如图 2-4-13 和图 2-4-14 所示。

⑤PE2 节点失效，如图 2-4-15 所示。

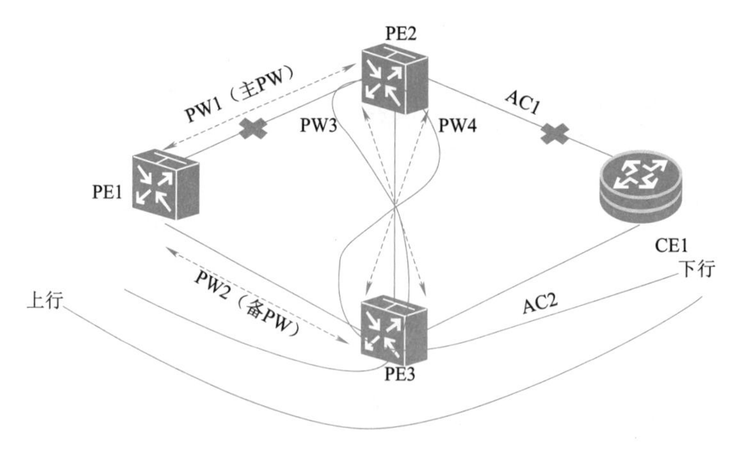

图 2-4-13 AC1 和 PW1 均失效(暂态)

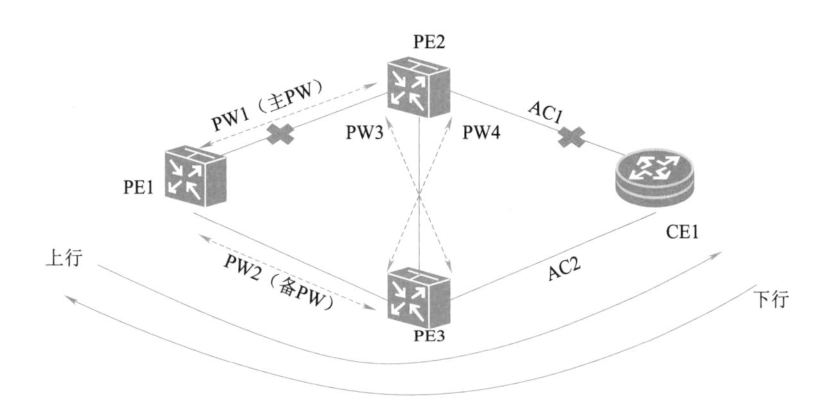

图 2-4-14　AC1 和 PW1 均失效(稳态)

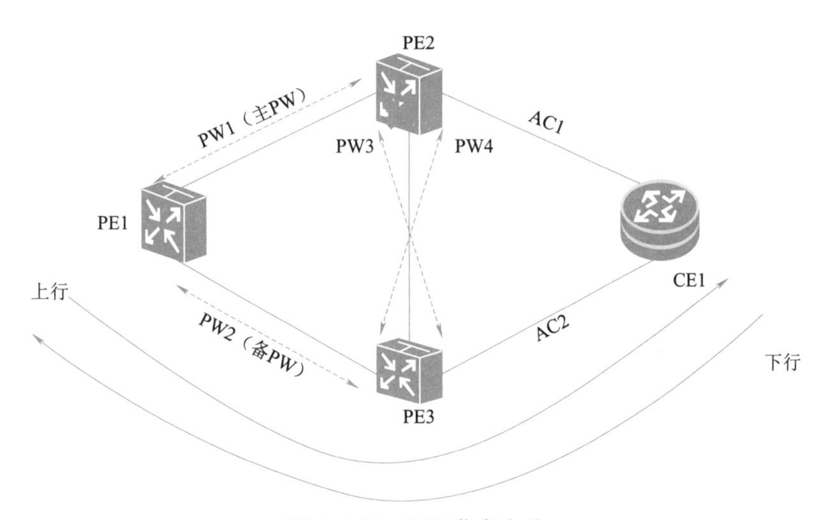

图 2-4-15　PE2 节点失效

任务小结

本次任务主要学习了 DNI-PW 保护的基本概念、MC-LAG 负载分担和 MC-LAG PW1:1 工作原理和特点及应用场景。

※思考与练习

一、判断题

1. (　　) DNI-PW 以太接口可以配置两种工作场景：MC-LAG 负荷分担场景和 MC-LAG PW 1:1 场景。

2. (　　) DNI-PW 中双节点的好处是其中一个节点或者节点相连的链路发生问题时，数据流可以从另一个完好的节点走，最终到达同一个目的地。

3. (　　) 在 DNI-PW 保护中无论 AC 或 PW 的故障，流量都会发生全程切换。

4. (　　) 伪线双归保护使用双节点是处于保护角度考虑，将两个设备配置为互为负载分担关系。

5.(　　)DNI-PW 保护在切换时需使用 OAM Mapping 功能。

二、简答题

简述什么是 DNI-PW 伪线双归保护。

任务五　熟识快速重路由技术

任务描述

FRR(Fast Reroute,快速重路由)旨在当网络中链路或者节点失效后,为这些重要的节点或链路提供备份保护,实现快速重路由,减少链路或节点失效时对流量的影响,使流量实现快速恢复。

任务目标

- 识记:IP FRR 保护、VPN FRR 保护的基本概念。
- 领会:IP FRR 保护、VPN FRR 保护的基本原理。
- 应用:IP FRR 保护、VPN FRR 保护的应用场景。

任务实施

IP 网络本身用以转发流量的拓扑,以及用来驱动建立 MPLS LSP 的拓扑,都是靠 IP 信令协议建立的。另外,信令协议产生的初衷,便是对拓扑变化的自动感知、重新收敛。到目前为止,IP 信令协议在技术上的成熟度,已基本可以让我们信赖其正确性和容错能力。现在,需要解决的,就是速度的问题,对变化的响应速度。

收敛是网络行为,需要在感知环境变化或故障后做出响应。但是,无论对于何种形式的流量转发,都是本机的操作行为,所以从目前来看,收敛是要滞后于流量转发操作的,两者时间上相差一个数量级。那么,故障发生后,在收敛之前这段存在拓扑黑洞的时间内,如何正确地指导转发,尽量减少流量的丢失?现在提出一种解决方案——FRR。

FRR 的重点在于如何在信令层面建立备用方案,即如何进行 FRR。而重路由(或重转发)操作本身,只是在设备上实现的简单动作。

一、IP FRR 保护

IP FRR 是快速重路由技术,用于保护 IP 路由的出端口或下一跳,通过配置备份路由的方式实现保护。IP FRR 采用快速检测技术和快速保护倒换技术,可将倒换时间控制在 50 ms 以内,使倒换对业务的影响降到最低限度。

当网络中链路或者节点失效后,经过失效节点到达目的地的报文可能被丢弃或者形成环回,网络中会产生暂时的流量中断或者流量回环现象,直到网络重新收敛计算出新的拓扑和路由。

网络中出现失效时，中断会持续几秒。随着网络规模的扩大及新的应用增多，如语音、视频等敏感的业务在节点失效后对流量的快速恢复需求尤为迫切。

为了减小网络中流量中断时间，引入一种链路失效快速发现和恢复机制。一条链路失效后，网络会迅速提供一条恢复路径。这种机制就是 IP FRR。

IP FRR 支持静态路由、OSPF、ISIS 和 RIP 的 FRR 功能。可采用静态路由策略指定下一跳或者采用协议自动计算下一跳。

在 L3VPN 组网中，IP FRR 常部署在用户侧，如图 2-5-1 所示。正常工作时，IP FRR 主路径为 PE2 与 CE2 间直连的链路，备路径为 PE2-PE3-CE2 的路径。

1. 网络侧路由保护用户侧路由的 IP FRR 部署机制

大多数情况下，主备用路由直接使用本地的私网出接口。但当双归节点不在同个机房或者节点之间无直连链路时，IP FRR 备用路由可以通过配置具有 Global 下一跳的私网路由方式实现，即 IP FRR 主用路由的出接口是本地以太网接口，IP FRR 备用路由打上私网标签通过公网侧的隧道进行传递。Global 下一跳地址为备用双归节点的 Loopback 地址，隧道为双归节点间的任意隧道。

2. 基于以太网链路负荷分担的 IP FRR 部署机制

当 PE 与 CE 间的单条链路带宽不足以承担业务流时，可在 PE 与 CE 之间进行流量的负荷分担。根据实际 CE 支持的情况，目前负荷分担主要有两种技术：三层路由的 ECMP、以太网链路聚合组。

基于以太网链路负荷分担的 IP FRR 保护，主用路由或备用路由均可以配置路由的出接口为以太链路聚合口，配置时可以设置合适的以太链路负荷分担最小激活成员数，以实现以太链路组成员失效数超过该数值时触发 IP FRR 倒换。

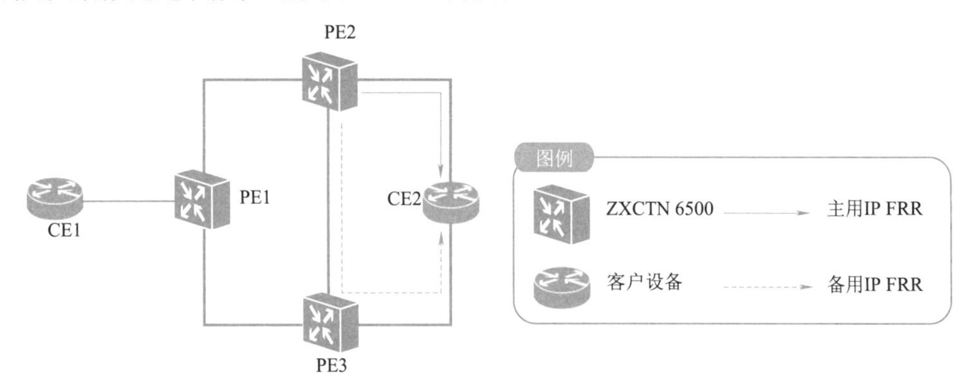

图 2-5-1　IP FRR 原理示意图

二、VPN FRR

在网络高速发展的今天，三网合一的需求日益迫切，运营商对网络故障时的业务收敛速度非常重视，在任何一个节点发生故障时，相邻节点业务倒换小于 50 ms、端到端业务收敛小于 1 s 已经逐步成为承载网的门槛级指标。

为了达到相邻节点业务倒换小于 50 ms、端到端业务收敛小于 1 s 的要求，MPLS TE FRR 技术、IGP 路由快速收敛技术应运而生，但是它们都无法解决在 CE 双归 PE 的网络中，PE 设备节点故障时的端到端业务快速收敛问题。VPN FRR 致力于解决 CE 双归这种最普遍的网络模型的端到端业务收敛问题，将 PE 节点故障情况下的端到端业务的收敛时间控制在 1 s 以内。

MPLS TE FRR 是现有的解决故障快速倒换最常用的技术之一，它的基本思路是在两个 PE 设备之间建立端到端的 TE 隧道，并且为需要保护的主用 LSP（标签交换路径）事先建立好备用 LSP，当设备检测到主用 LSP 不可用时（节点故障或者链路故障），将流量倒换到备用 LSP 上，从而实现业务的快速倒换。

从 MPLS TE FRR 技术的原理看，对于作为 TE 隧道起始点和尾节点的两个 PE 设备之间的链路故障和节点故障，MPLS TE FRR 能够实现快速的业务倒换。但是这种技术不能解决作为隧道起始点和尾节点 PE 设备的故障，一旦 PE 节点发生故障，只能通过端到端的路由收敛、LSP 收敛来恢复业务，其业务收敛时间与 MPLS VPN 内部路由的数量、承载网的跳数密切相关，在典型组网中一般在 5 s 左右，无法达到节点故障端到端业务收敛小于 1 s 的要求。

VPN FRR 利用基于 VPN 的私网路由快速切换技术，通过预先在远端 PE 中设置指向主用 PE 和备用 PE 的主备用转发项，并结合 PE 故障快速探测，旨在解决 CE 双归 PE 的 MPLS VPN 网络中，PE 节点故障导致的端到端业务收敛时间长（大于 1 s）的问题，同时解决 PE 节点故障恢复时间与其承载的私网路由的数量相关的问题，在 PE 节点故障情况下，端到端业务收敛时间小于 1 s。

以 L3VPN 为例，典型的 CE 双归 PE 的组网图如图 2-5-2 所示。

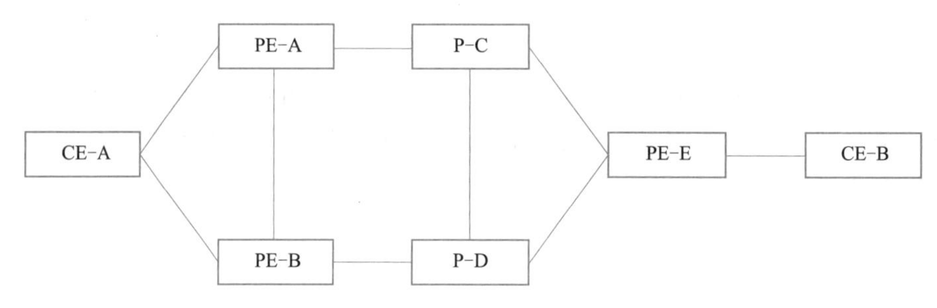

图 2-5-2　CE 双归 PE 的组网图

假设 CE-B 访问 CE-A 的路径为 CE-B—PE-E—P-C—PE-A—CE-A，当 PE-A 节点故障之后，CE-B 访问 CE-A 的路径收敛为 CE-B—PE-E—P-D—PE-B—CE-A。

按照标准的 MPLS L3VPN 技术，PE-A 和 PE-B 都会向 PE-E 发布指向 CE-A 的路由，并分配私网标签。

在传统技术中，PE-E 根据策略优选一个 MBGP 邻居发送的 VPNV4 路由，在这个例子中，优选的是 PE-A 发布的路由，并且只把 PE-A 发布的路由信息（包括转发前缀、内层标签、选中的外层 LSP 隧道）填写在转发引擎使用的转发项中，指导转发。

当 PE-A 节点故障时，PE-E 感知到 PE-A 的故障（BGP 邻居 DOWN 或者外层 LSP 隧道不可用），重新优选 PE-B 发布的路由，并重新下发转发项，完成业务的端到端收敛，在 PE-E 重新下发 PE-B 发布的路由对应的转发项之前，由于转发引擎的转发项指向的外层 LSP 隧道的终点是 PE-A，而 PE-A 节点故障，这段时间之内，CE-B 是无法访问 CE-A 的，端到端业务中断。在传统技术中，端到端业务收敛的时间包括：

①PE-E 感知到 PE-A 故障；

②PE-E 重新优选 PE-B 发布的 VPN V4 路由；

③PE-E 将新的转发项下刷到转发引擎中。

很明显,步骤②和步骤③的速度与 VPNV4 路由的规模相关;VPN FRR 技术对传统技术进行了改进:支持 PE-E 设备根据匹配策略选择符合条件的 VPNV4 路由,对于这些路由,除了优选的 PE-A 发布的路由信息,次优的 PE-B 发布的路由协议同样填写在转发项中;当 PE-A 节点故障时,PE-E 通过 BFD、MPLS OAM 等技术感知到 PE-E 与 PE-A 之间的外层隧道不可用,在典型组网中,端到端故障感知时间小于 500 ms。

当 PE-E 感知到 MPLS VPN 依赖的外层 LSP 隧道不可用之后,将 LSP 隧道状态表中的对应标志设置为不可用并下刷到转发引擎中,转发引擎命中一个转发项之后,检查该转发项对应的 LSP 隧道的状态,如果为不可用,则使用本转发项中携带的次优路由的转发信息进行转发,这样,报文就会打上 PE-B 分配的内层标签,沿着 PE-E 与 PE-B 之间的外层 LSP 隧道交换到 PE-B,再转发给 CE-A,从而恢复 CE-B 到 CE-A 方向的业务,实现 PE-A 节点故障情况下的端到端业务的快速收敛。

当 L3VPN 中承载了大量的路由时,按照传统的收敛技术,当远端 PE 出现故障时,所有这些 VPN 路由都需要重新迭代到新的隧道上,端到端业务故障收敛的时间与 VPN 路由的数量相关,VPN 路由数量越大,收敛时间越长。而对于 VPN FRR 技术,只需要检测并修改这些 VPN 路由迭代的外层公网隧道在转发引擎中的状态,无论转发流量命中的是哪条 VPN 路由,流量都会切换到 VPN FRR 的备份路径上,其收敛时间只取决于远端 PE 故障的检测并修改转发引擎中对应公网隧道状态的时间,而与 VPN 路由的数量无关。

任务小结

本次任务学习了 IP FRR 保护与 VPN FRR 保护的基本概念、工作方式及应用场景。IP FRR 主要解决网络链路故障问题,而 VPN FRR 技术解决了在 CE 双归属网络中隧道尾节点发生故障或尾节点与 CE 之间链路发生故障时的快速收敛问题,故障恢复时间与私网路由的规模无关,简单可靠,部署方便,而且除了 PE 之间的故障快速检测机制之外,不依赖周边设备的配合。

※思考与练习

一、填空题

1. IP FRR 采用快速检测技术和快速保护倒换技术,可将倒换时间控制在(　　)以内。

2. IP FRR 支持静态路由、(　　)、ISIS 和(　　)的 FRR 功能。

3. 基于以太网链路负荷分担的 IP FRR 部署机制中,目前负荷分担主要有两种技术:(　　)、(　　)。

4. FRR(Fast Reroute,快速重路由)技术,当前主要应用有(　　)、(　　)两种应用。

5. 在网络侧路由保护用户侧路由的 IP FRR 部署机制,主备用路由均直接使用(　　)出接口。

二、判断题

1. (　　)MPLS TE FRR 技术可以实现节点故障端到端业务收敛小于 1s 的要求。

2. (　　)VPN FRR 利用基于 VPN 的私网路由快速切换技术,在 PE 节点故障情况下,端到端业务收敛时间小于 1s。

3. (　　)VPN FRR 是基于 VPN 的私网路由快速切换技术。

4.（　　）IP FRR 主用路由的出接口可以是本地以太网接口也可以是其他网络接口。

5.（　　）L3VPN 组网中,IP FRR 常部署在网络侧。

三、简答题

简述什么是 FRR 机制及其特点。

实践活动：调研 PTN 分组网络的生存性能应用

一、实践目的

1. 熟悉我国 PTN 分组网络的生存性能指标。
2. 掌握 PTN 网络中设备端口、链路、网络等不同层面的保护机制及其应用案例。

二、实践要求

通过调研、搜集网络数据等方式完成。

三、实践内容

针对 PTN 网络技术作为我国承载网主流技术之一,其网络生存性保护要求,学生能够实际组织应用进行讨论,提出 PTN 网络各种保护技术的组网应用, PTN 分组网络的生存性能指标、保护技术、保护原理、组网场景等相关的内容。

实践篇 分组传送网络工程

PTN 相对于传统的 MSTP 网络，在工程实施的过程中，网络规划活动显得尤为重要。网络规划应包括组网和业务解决方案级别的高层设计，以及工堪为主要活动的底层网络设计。

完成网络设计后网络进入实施阶段，实施阶段需要根据网络规划设计方案实行。机房选址、光缆布放、设备安装等操作完成后需进行设备的数据调试，完成数据调试后需进行设备的基础数据配置并检查设备运行及环境监控是否存在问题，存在问题及时解决，步骤完成后设备的调试操作完成。

分组传送设备调试完成后需进行业务接入，而业务的接入是存在源宿端，需要对业务主备路径进行规划，并完成业务的 VPN 配置。

学习目标

- 掌握分组传送设备的调试方法。
- 掌握分组传送设备的基础数据配置。
- 掌握分组传送网的 VPN 数据配置。
- 掌握分组传送网的保护配置方法。
- 具备独立完成分组传送设备的调测、基础数据配置、维护等能力。

知识体系

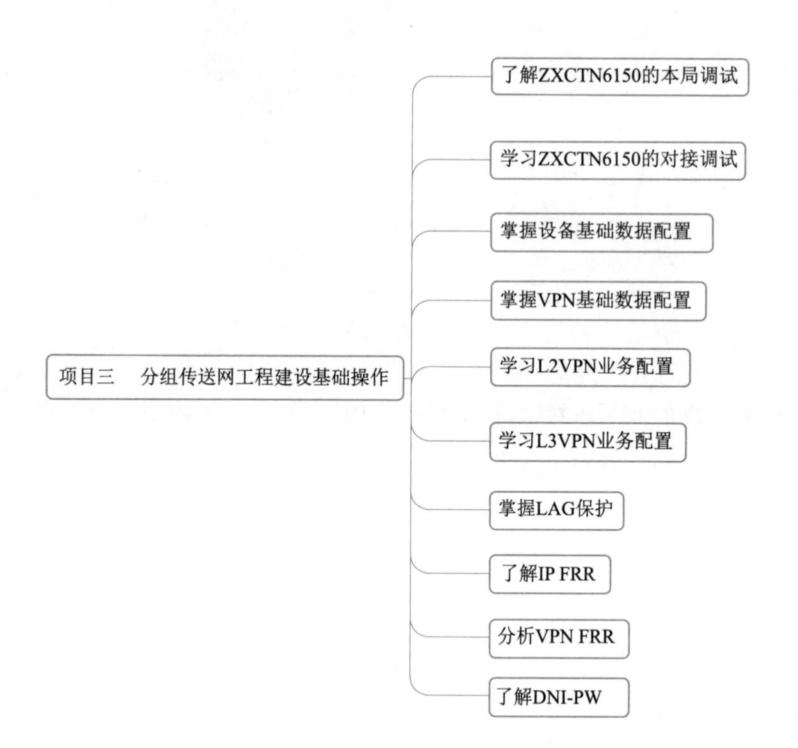
项目三　分组传送网工程建设基础操作
了解ZXCTN6150的本局调试
学习ZXCTN6150的对接调试
掌握设备基础数据配置
掌握VPN基础数据配置
学习L2VPN业务配置
学习L3VPN业务配置
掌握LAG保护
了解IP FRR
分析VPN FRR
了解DNI-PW

项目三 分组传送网络工程建设基础操作

任务一　了解 XCTN 6150 的本局调试

任务描述

通过本任务学习,熟悉 PTN 设备开局基本步骤,做好开局准备工作,掌握 PTN 设备数据库配置清空操作,掌握 PTN 设备开局配置命令模板设置、命令下发。能够熟练完成 PTN 设备的开局操作。

PTN 网络组建初期,当第一个网元连接到 U31 网管服务器上时,需进行本局调试。手动将接入网元与 U31 网管服务器上的数据统一配置。

6150 组网初始化配置如图 3-1-1 所示。

图 3-1-1　6150 组网初始化配置

任务目标

- 熟悉 ZXCTN 设备开局步骤。
- 掌握 ZXCTN 设备调试方法。
- 掌握 U31 网管配置网元方法。

任务实施

一、任务分析

1. 工具准备

需要准备好如下工具和仪表,仪表应经国家计量部门调校合格。

①安装有数据综合测试平台的笔记本式计算机。

②与设备配套的串口线，倘若笔记本式计算机没有串口线，需携带 USB 转串口的配线。

③通用工具和测试仪表如图 3-1-2 所示。

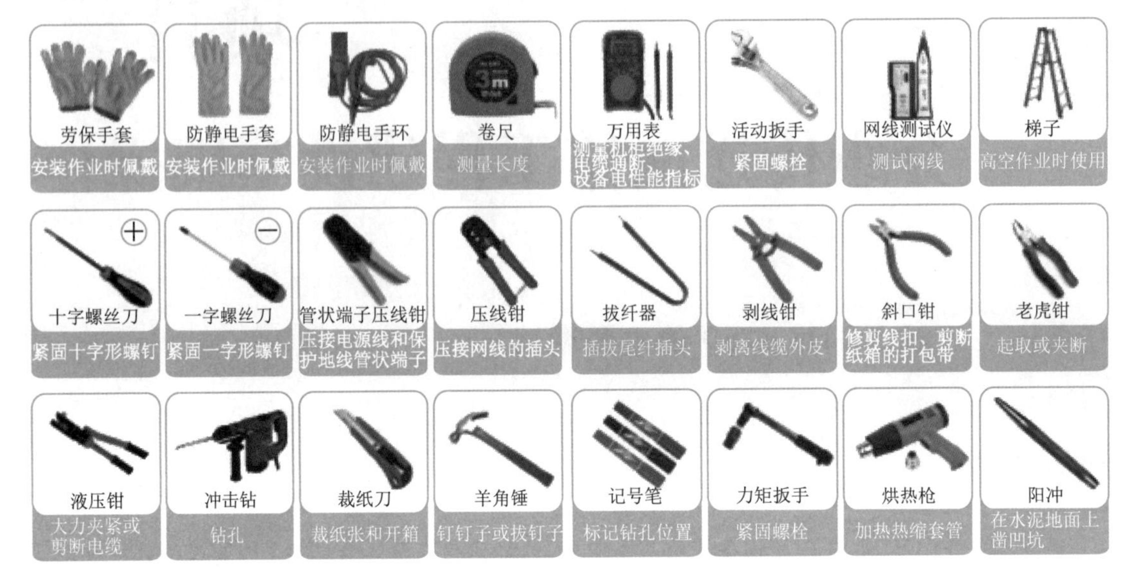

图 3-1-2 通用工具和测试仪表示意图

2. 收集设备信息

调试之前，需对任务需求、网络环境、设备软件版本进行收集调查，并规划调测设备的地址。需要收集的设备信息如表 3-1-1 所示。

表 3-1-1 需要收集的设备信息

信息	说明	
项目总体信息	• 项目的时间要求。 • 用户的特殊要求。 • 与本设备相关的设备的安装情况和互联情况。 • 设备软件版本、网管版本配套	
网络规划信息	网络拓扑图	
	业务需求和规划	
	监控 VLAN 规划、封装 VLAN 规划	对于监控 VLAN，采用 DCN 方案时无须规划（默认使用 VLAN4094）。 对于封装 VLAN，MPLS-TP 场景使用基础数据免配置功能可不用规划（采用默认 VLAN2999）
	网元接口规划	
	IP 地址规划	
	伪线和隧道规划	

3. 注意事项

①进行设备操作（即存储、安装、拆封等）或插拔单板时，应佩戴防静电手环。

②进行插拔单板操作时，切勿用手接触单板上器件、布线或连接器引脚。

③确保不使用的配件保存在静电袋内。

④配件应远离食品包装纸、塑料和聚苯乙烯泡沫等容易产生静电的材料。

其他与安全相关的注意事项如表 3-1-2 所示。

表 3-1-2　安全注意事项

操　　作	注意事项
存储、安装、拆封等设备操作	佩戴防静电手环
拔插单板	切勿用手接触单板上器件、布线或连接器引脚
插拔电源板	电源板不支持热插拔，不能带电插拔电源板。 严禁直接操作连接着电源线的电源板。应先插入电源板再连接电源线，先拔掉电源线再拔电源板
设备接地	机柜、子架外壳已接地保护。 机柜与机房接地铜排通过保护地线相连。 子架与机柜后立柱紧密固定。 单板通过面板接设备外壳，单板内无电气连接
配件保存	确保不使用的配件保存在静电袋内。 配件应远离食品包装纸、塑料和聚苯乙烯泡沫等容易产生静电的材料
其他	系统运行时，请勿堵塞通风口。 安装面板时，如果螺钉需要拧紧，必须使用工具操作。 单机设备调试时严禁影响其他在网业务设备

4. 制作调试串口线

调试串口线不随设备发货，需要现场制作。需要准备如下材料：

①D 型 9 芯直式电缆焊接插头(孔)(DB9)。

②RJ45 水晶头。

③网线。

④压线钳。

⑤焊接用烙铁。

调试串口线示意图如图 3-1-3 所示，A 端连接 ZXCTN 设备的调试串口，B 端连接计算机串口。

图 3-1-3　调试串口线示意图

ZXCTN 6120S 和 ZXCTN 6150 设备的调试串口与主控板上 GPS2 口共用串口，ZXCTN 6180 设备的调试串口与主控板上 GPS 口共用串口。

线缆连接线序如表 3-1-3 所示。制作线缆时，TX 互相连接，RX 互相连接，GND 互相连接。

表 3-1-3 调试串口线缆线序

针脚序号		电缆色谱	信号定义
A端	B端		
1	2	橙白	TX:调试发
2	3	橙	RX:调试收
3	—	绿白	—
4	5	蓝	GND
5	5	蓝白	GND
6	—	绿	—
7	—	棕白	—
8	—	棕	—

制作方法:按照线缆线序,将网线的一头与 DB9 接头用烙铁焊接,网线的另一头与 RJ45 水晶头用压线钳压接。

5. 数据规划

数据规划如表 3-1-4 所示。

表 3-1-4 数据规划

网元	IP 地址
U31 网管	198.8.8.5/24
接入网元 ZXCTN 6150	管理 IP:198.2.1.151 Qx:198.8.8.18/24 子网掩码:255.255.255.0

二、任务引导与步骤

1. 通过命令行方式配置接入网元

(1)连接接入网元

步骤 1:用串口线连接 PC 的串口与 ZXCTN 设备主控板的 Console 口,如图 3-1-4 所示。

步骤 2:在 PC 上(假如操作系统为 Windows XP)启动超级终端。单击"开始"→"程序"→"附件"→"通讯"→"超级终端",弹出"新建连接"对话框,如图 3-1-5 所示。

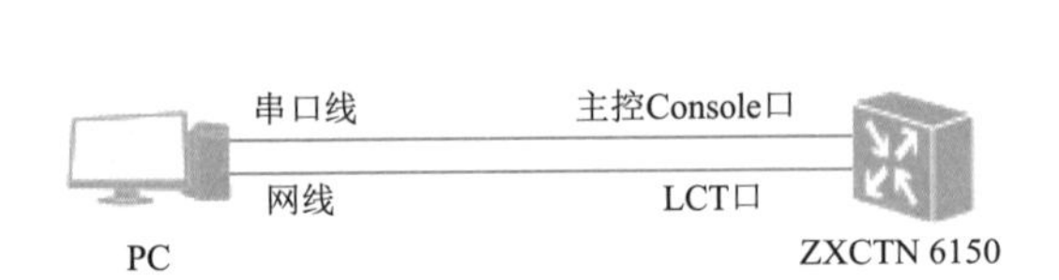

图 3-1-4 串口线连接接入设备

图 3-1-5 新建连接

步骤3:输入新建连接的名称,例如ZXCTN,单击图标,单击"确定"按钮,弹出连接到对话框。

步骤4:根据串口线连接的网管主机串口,在连接时使用栏目中选择相应的串口,例如COM1,单击"确定"按钮,如图3-1-6所示。

步骤5:在COM1属性对话框中,进行端口设置。每秒位数需要修改为115200,其他使用默认值,如图3-1-7所示。

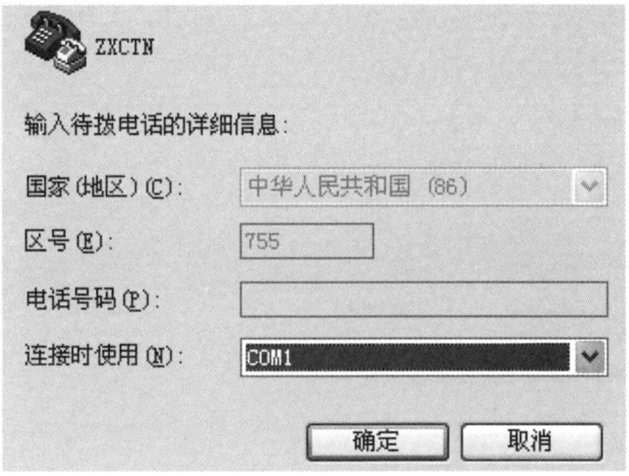

图3-1-6　设置端口

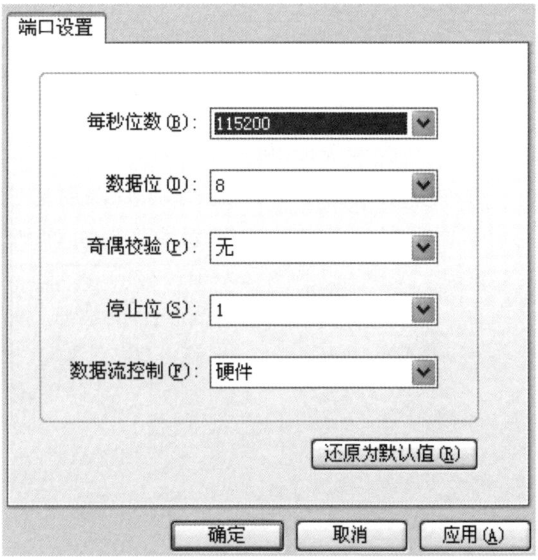

图3-1-7　设置连接端口参数

步骤6:单击"确定"按钮,打开"超级终端"窗口,如图3-1-8所示。

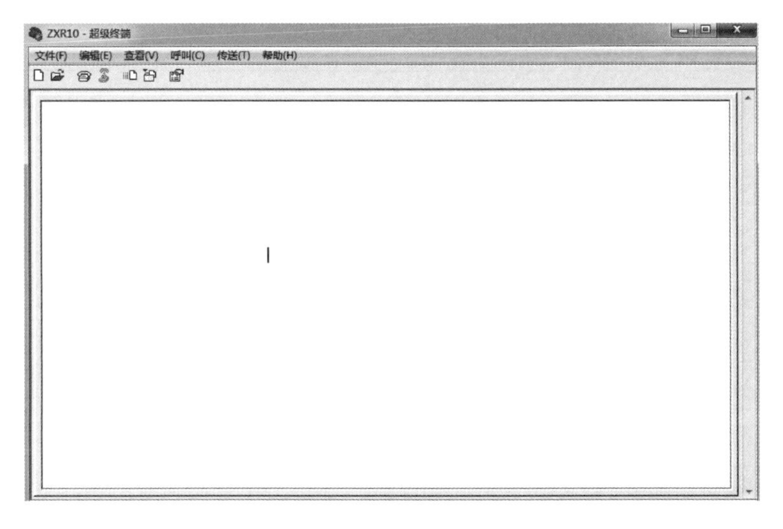

图3-1-8　"超级终端"窗口

(2)在超级终端上配置接入网元

步骤1:进入全局配置模式。

```
ZXR10 > en          //输入 enable 按 Enter 键,可进入提示符为#的特权模式
Password:
ZXR10#
ZXR10#conf  t  //输入 configure terminal,可进入提示符为(config)#的全局配置模式
Enter configuration commands, one per line. End with CTRL/Z.
ZXR10(config)#
```

步骤 2:修改设备名称为 6150-1。

```
ZXR10#(config)#hostname 6150-1
6150-1(config)#
```

步骤 3:配置管理 IP。

系统会根据机架 MAC 或网元 ID 映射生成管理 IP 作为默认值,默认区域在 OSPF 0.0.0.0。用户需要根据规划的管理 IP 地址范围和 OSPF 区域对网元进行配置。

```
6150-1(config)#dcn                    //输入 dcn 命令,可进入 DCN 配置模式
6150-1(config - dcn)#mngip 198.2.1.151 255.255.255.255 2.0.0.0   //配置管理 IP
6150-1#sho dcnbase             //查询 DCN 配置参数
global:  1
qxip          qxipmask        qxmac            qxospfenable  qxflood   qxospfarea
0.0.0.0       0.0.0.0         0203.0405.a1a1   0             0         0.0.0.0
mngip         mngipsubfix     ospfarea
198.2.1.151   255.255.255.255  2.0.0.0
6150 - 1#
```

步骤 4:配置 Qx IP。

```
6150-1(config-dcn)#qx 198.8.8.18 255.255.255.0 0203.0405.a1a1 1 0 2.0.0.0        //配置管理 IP
6150-1#sho dcnbase             //查询 DCN 配置参数
```

(3)(可选)配置路由

当 U31 服务器有客户端时,需要为 U31 服务器和 U31 客户端之间配置路由,如图 3-1-9 所示。如果没有配置 U31 客户端,则无须配置路由。

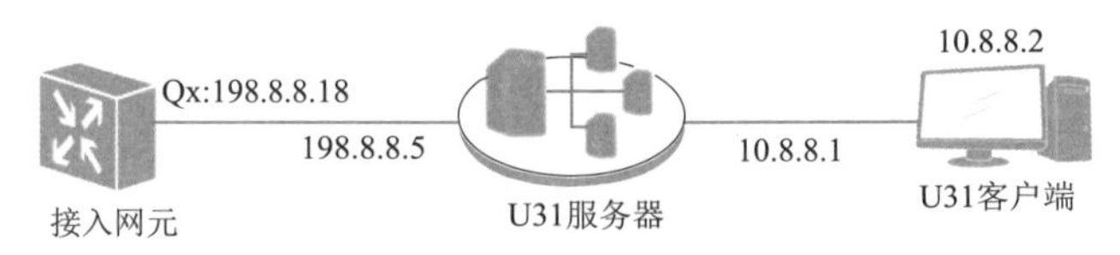

图 3-1-9　配置 U31 服务器和 U31 客户端之间的路由

步骤 1:在全网的每台 ZXCTN 设备上配置以下静态路由。

```
6120S-1(config - dcn)#statrout 10.8.8.0 255.255.255.0 198.8.8.18
```

步骤 2:在 U31 客户端的计算机中执行以下命令添加客户端指向接入网元的管理 IP 的静态路由。

```
route add 198.2.1.0 mask 255.255.255.0 10.8.8.1  - p
```

10.8.8.1 为 U31 服务器与客户端直连的接口 IP,198.2.1.0 为接入网元的管理 IP。

2. 在网管上配置接入网元

完成接入网元的数据配置后,需在网管上配置接入网元。

(1)登录网元管理系统

步骤 1:启动 NetNumen U31 服务器。

在安装了 NetNumen U31 服务器端软件的网管主机中,单击“开始”→“程序”→“NetNumen U31”→“服务器”,弹出“控制台”窗口并自动启动全部控制台进程,如图 3-1-10 所示。

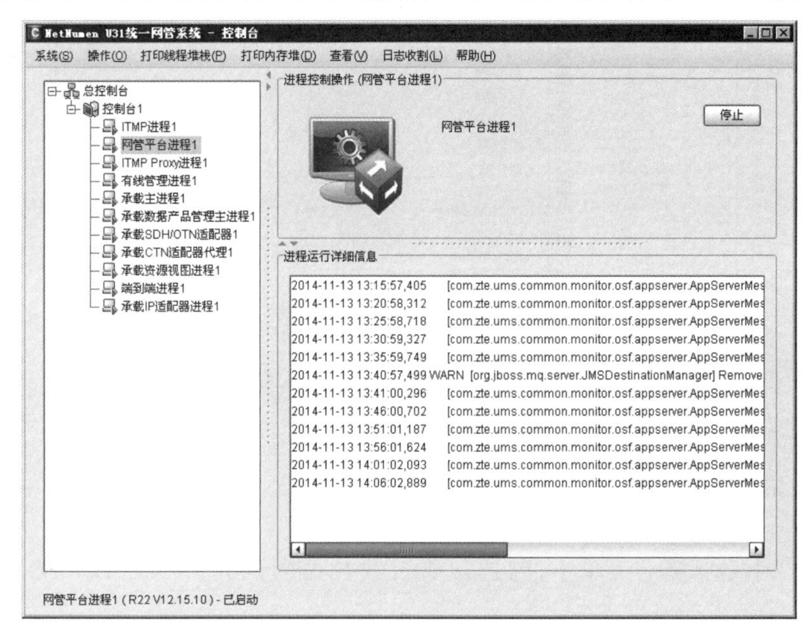

图 3-1-10　“控制台”窗口

步骤 2:登录 NetNumen U31 客户端。

①在安装了客户端软件的主机中,单击“开始”→“程序”→“NetNumen U31”→“客户端”,弹出登录对话框。

②输入用户名、密码、服务器地址,单击“确定”按钮可登录网管系统。

默认用户名为 admin,密码为空。

(2)创建接入网元

步骤 1:右击拓扑管理视图的空白处,在弹出的快捷菜单中选择“新建对象”→“新建承载传输网元”命令,弹出新建承载传输网元对话框。

步骤 2:在左侧的对象类型树中选择“CTN 设备”→“ZXCTN 6150(R)”。

步骤 3:输入网元的网元名称、IP 地址、子网掩码、是否网关网元,单击“确定”按钮,如图 3-1-11所示,完成接入网元的创建。

网管 ID 分配方式默认为系统自动分配,可选择用户输入。

步骤 4:在拓扑管理的视图中右击刚刚创建的网元 6150-1,选择菜单网元属性,配置业务回环地址,可以配置为 router-id,也可以配置为与 MNG IP 相同,单击“应用”按钮。

(3)上载数据库

将接入网元中的数据上载至网管中,保持网元管理系统与设备间的数据同步。

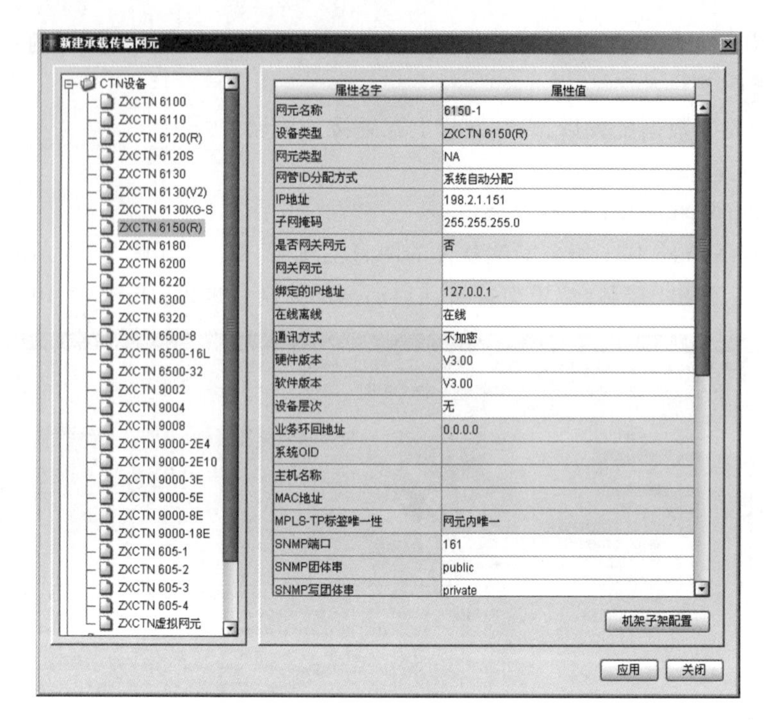

图 3-1-11　“新建承载传输网元”对话框

步骤 1:在拓扑管理视图中,右击需要同步数据的网元,在弹出的快捷菜单中选择“数据同步”命令。

步骤 2:在“上载入库”菜单下,勾选需要上载数据的网元,例如 6120S-1,单击“上载入库”按钮。

(4)自动发现单板

网元创建完成后,可在网管上进行自动发现单板操作。由网管自动搜索设备上实际安插的单板,根据搜索结果在网管上自动创建单板。

步骤 1:在拓扑管理视图中,双击要进行单板自动发现的网元,打开“机架图”对话框。

步骤 2:根据不同情况,选择执行相应操作,如表 3-1-5 所示。

表 3-1-5　不同情况对应用操作

如果…	那么…
自动发现单个槽位单板	右击需要添加单板的槽位,选择快捷菜单单板自动发现,打开单板自动发现对话框
自动发现所有槽位单板	在机架图工具条中,单击按钮,打开单板自动发现对话框

步骤 3:单击“校正”按钮,在弹出的对话框中输入验证码,单击“确定”按钮,网管对自动发现的单板进行校正。

校正完毕,网管显示自动发现单板的机架/子架/槽位编号、网管单板类型、设备应安板类型和设备实安板类型,后三者应该一致。同时网管弹出操作成功提示框。

步骤 4:单击“确定”按钮,关闭提示框。

步骤 5:(可选)如需进行单板数据同步,单击“数据同步”按钮。

步骤 6:单击“关闭”按钮,返回“机架图”对话框。

任务小结

本局调试适用于现场处理 ZXCTN 故障或在工程初期开通第一个网元时使用。本次任务需具备独立 ZXCTN 设备本局调试操作。

※思考与练习

一、填空题

1. 进行设备操作(即存储、安装、拆封等)或插拔单板时,应佩戴(　　)。
2. 在进行设备操作过程中，确保不使用的配件保存在(　　)内。
3. ZXCTN 6150 设备的调试串口与主控板上(　　)口共用串口。
4. 当 U31 服务器有客户端时,需要为 U31 服务器和 U31 客户端之间配置(　　)。
5. 登录 NetNumen U31 客户端时,默认用户名为(　　),密码为空。

二、判断题

1. (　　)进行插拔单板操作时,切勿用手接触单板上器件、布线或连接器引脚。
2. (　　)电源板不支持热插拔,即需要等单板冷却后再进行电源板插拔。
3. (　　)在 U31 客户端上配置 route add 198.2.1.0 mask 255.255.255.0 10.8.8.1 -p,表明该路由是指示到达 10.8.8.1 的路由。
4. (　　)上载数据库操作是将接入网元中的数据上载至网管中,保持网元管理系统与设备间的数据同步。
5. (　　)网元创建完成后,可在网管上进行自动发现单板操作。由网管自动搜索设备上实际安插的单板,根据搜索结果在网管上自动创建单板。

任务二　学习 ZXCTN 6150 的对接调试

任务描述

通过本次任务学习,掌握 PTN 设备对接调试配置方法。

网络建设过程中,完成了网络中与网元管理系统对接网元的本局调制后,需进行其他网元的对接调试。本次任务以本局网元采用 ZXCTN 9008 设备、待调试网元采用 ZXCTN 6150 设备为例。

组网图如图 3-2-1 所示。

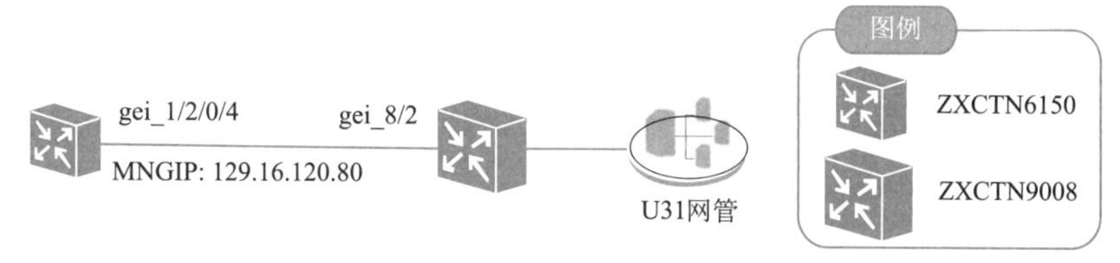

图 3-2-1　组网图

任务目标

- 熟悉 ZXCTN 设备对接配置步骤。
- 掌握 ZXCTN 设备对接调试方法。

任务实施

一、任务分析

1. 数据规划

数据规划如表 3-2-1 所示。

表 3-2-1　数据规划

设备名称	ZXCTN 6150	ZXCTN 9008
设备位置	下游设备	上游设备
设备类型	ZXCTN 6150	ZXCTN 9008-C
互联接口	gei_1/2/0/4	gei_8/2
接口 IP	16.120.2.234/30	16.120.2.233/30
MCC VLAN	3440	3440
MNG IP	129.16.120.80	—

2. 前置条件

上游设备 ZXCTN 9008 设备已完成本局调试,基础数据已配置完毕。

二、任务引导与步骤

1. 上游设备全局启用 DCN,相应接口启用 DCN

步骤 1:在 U31 网管拓扑管理界面中,右击网元 ZXCTN 9008,在弹出的快捷菜单中选择“网元管理”命令,打开网元管理界面。

步骤 2:在网元操作导航树中,选择“系统配置”→“DCN 管理”→“DCN 本端全局配置”。

步骤 3:在“DCN 全局使能”菜单中选择“启用”,在对应接口的“DCN 端口使能”中选择“启用”,开启全局及端口的 DCN,如图 3-2-2 所示。

2. 通过 DCN 邻居配置,配置下游 ZXCTN 6150 设备的 DCN 数据

步骤 1:在网元操作导航树中,选择“系统配置”→“DCN 管理”→“DCN 邻居配置”。

步骤 2:在“DCN 邻居全局配置”中选择端口[0-1-8]-GE:7,设置“远端 DCN 全局使能”为“启用”。

步骤 3:在“管理 IP 属性”页面,设置邻居的 IP 地址为 MNG IP 地址,如图 3-2-3 所示。设置完毕后,将自动触发下游 ZXCTN 6150 设备的 DCN 工作模式为 Mannual(cfgmode2)。

ZXCTN 设备支持两种工作模式:默认情况下为电信(ETH)模式,即 cfgmode1;另一种为中移/联通(PPPoE)模式,即 cfgmode2。

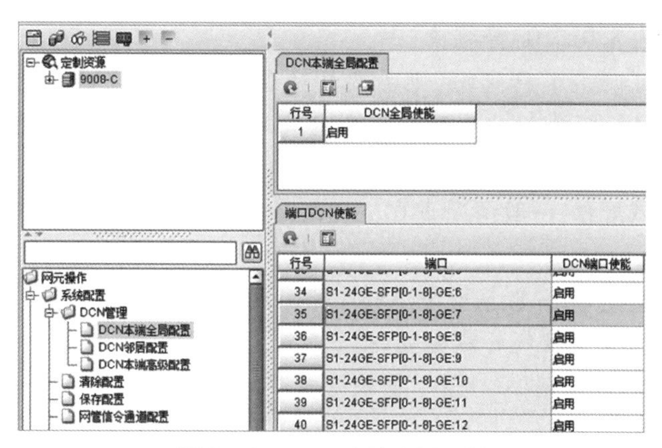

图 3-2-2　DCN 本端全局配置

步骤 4：切换至“端口二层属性列表”页面，选择下游 ZXCTN 6150 设备的接口 gei_1/2/0/4，设置 VLAN 为规划的 MCC VLAN 值，如图 3-2-4 所示。

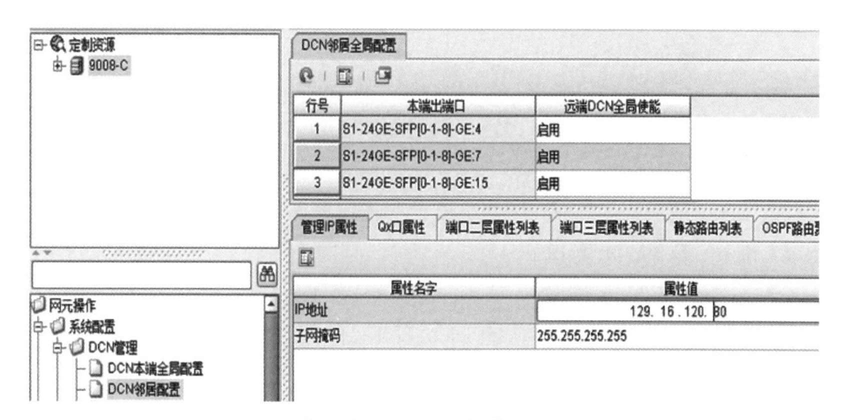

图 3-2-3　DCN 邻居配置

管理IP属性 | Qx口属性 | 端口二层属性列表 | 端口三层属性列表 | 静态路由列表 | OSPF路由聚合列表

行号	端口	DCN端口使能	VLAN	带宽(Mbps)
2	[0-1-2]-DCN互通端口:2	启用	4094	10
3	[0-1-2]-DCN互通端口:3	启用	4094	10
* 4	[0-1-2]-DCN互通端口:4	启用	3440	10
5	[0-1-2]-DCN互通端口:5	启用	4094	10

图 3-2-4　端口二层属性列表设置

步骤 5：切换至“端口三层属性列表”页面，选择下游 ZXCTN 6150 设备的接口 gei_1/2/0/4，设置 IP 接口类型为 ETH，IP 地址类型为 Numbered，IP 地址为接口 IP 互联地址，OSPF 区域为 3.0.0.0，如图 3-2-5 所示。

管理IP属性 | Qx口属性 | 端口二层属性列表 | 端口三层属性列表 | 静态路由列表 | OSPF路由聚合列表 | OSPF区域属性配置

行号	端口	IP接口类型	IP地址类型	IP地址	子网掩码	OSPF区...	OSPF
1	[0-1-2]-DCN互通端口:1	PPP	Unnumbered	192.2.22.33	255.255.255.255	2.0.0.0	0
2	[0-1-2]-DCN互通端口:2	PPP	Unnumbered	192.2.22.33	255.255.255.255	2.0.0.0	0
3	[0-1-2]-DCN互通端口:3	PPP	Unnumbered	192.2.22.33	255.255.255.255	2.0.0.0	0
* 4	[0-1-2]-DCN互通端口:4	ETH	Numbered	16.120.2.234	255.255.255.252	3.0.0.0	0
5	[0-1-2]-DCN互通端口:5	PPP	Unnumbered	192.2.22.33	255.255.255.255	2.0.0.0	0

图 3-2-5　端口三层属性列表设置

规划的 OSPF 域为 3.0.0.0，普通域。

若 OSPF 划分的子域为非普通域，则需要切换到“OSPF 区域属性配置”页面，设置“汇总 LSA 是否不通告给 STUB 区域”为“不通告”，则定义为完全 STUB 区域；若设置为“通告”，则定义为普通 STUB 区域。

对于完全 STUB 域配置，一般情况下在 ASBR 路由器上定义 no-summary 属性，接入层设备配置为普通 OSPF 域。

对于普通 STUB 域配置，一般情况下 ASBR 路由器和接入设备都配置为普通 STUB 区域。

3. 在相应域内设置接口网段的路由宣告

步骤 1：在网元操作导航树中，选择“协议配置”→“路由管理”→“OSPF 协议配置”，切换至“OSPF 区域”页面。

步骤 2：在主表中选择相应实例，单击 Network 页面中的，打开 Network 新建对话框，设置相应 IP 和反掩码。

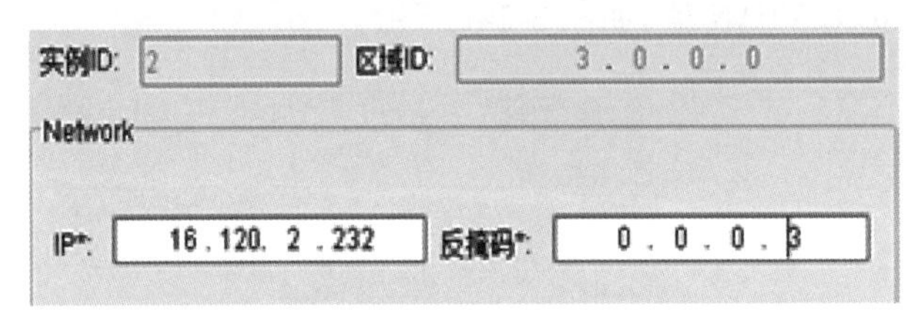

图 3-2-6　IP 和反掩码设置

步骤 3：单击“确定”按钮，完成设置 。

4. 在网管上手动添加并配置待管理网元

步骤 1：在 U31 网管拓扑管理界面中空白处右击，在弹出的快捷菜单中选择“新建对象”→“新建承载传输网元”命令，打开“新建”对话框。

步骤 2：如图 3-2-7 所示，在左侧导航树中选择设备型号，设置 IP 地址为 MNG IP 地址。

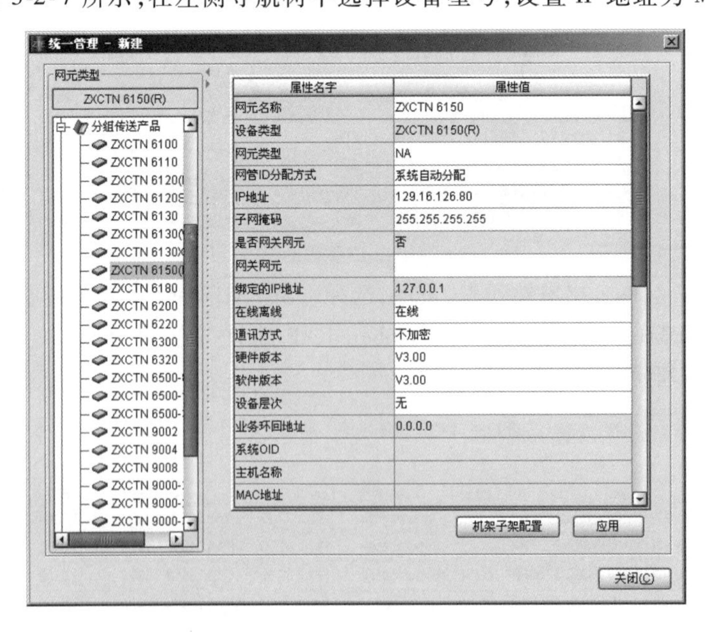

图 3-2-7　“新建”对话框

5. 数据上载

网管正常管理到设备后，右击网元，选择数据同步，进行数据上载。

6. 添加物理连接链路

右击网元，在弹出的快捷菜单中选择“链路自动发现”命令，添加网元间物理连接链路。

7. 配置业务环回地址

右击网元，在弹出的快捷菜单中选择“网元属性”命令，在“网元属性”对话框中根据规划配置业务环回地址。

业务环回地址在创建网元时无法设置，需要在网元正常上线后再设置。

任务小结

对接调试适用于工作中的设备开通或维护期间完成更换网元管理单板时。本次任务需具备独立 ZXCTN 设备对接调试操作。

※思考与练习

一、填空题

1. 在进行设备联调时，上游设备全局及其相应接口需启用(　　)。

2. 在 PTN 设备开启 OSPF 协议时，需要打开“Network 新建”对话框，设置相应 IP 和(　　)。

3. 通过 DCN 邻居配置，设置邻居的 IP 地址为(　　)地址。

4. 通过 DCN 邻居配置，切换至“端口二层属性列表”页面，选择下游设备的接口，设置 VLAN 为规划的(　　)值。

5. 通过 DCN 邻居配置，切换至“端口三层属性列表”页面，选择下游设备的接口，设置 IP 接口类型为(　　)，IP 地址类型为 Numbered。

二、判断题

1.(　　)在“管理 IP 属性”页面，设置邻居的 IP 地址为 MNG IP 地址。设置完毕后，将自动触发下游 ZXCTN 6150 设备的 DCN 工作模式为 Mannual(cfgmode2)。

2.(　　)在进行设备组网联调时，需设备已完成本局调试，基础数据已配置完毕。

3.(　　)在进行设备联调时，上游设备只需全局模式开启 DCN 功能。

4.(　　)通过 DCN 邻居配置，切换至“端口三层属性列表”页面，选择下游设备的接口，设置 IP 接口类型为 ETH，IP 地址类型为 Numbered。

5.(　　)当网元在网管能够正常管理到设备后，需选择数据同步，进行数据上载。

任务三　掌握设备基础数据配置

任务描述

通过本次任务学习，掌握 U31 网管系统 PTN 设备基础数据配置方法。

完成设备的调试后，网元与网元管理系统间的管理通道以及建立完成，此时可通过网元管理系统完成设备的基础数据配置，主要包括端口配置与ARP配置。

组网图如图3-3-1所示。

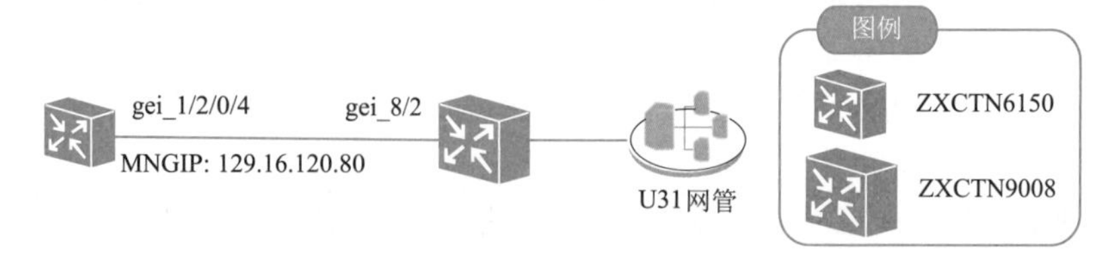

图3-3-1　组网图

任务目标

- 熟悉ZXCTN设备基础数据配置步骤。
- 掌握ZXCTN设备基础数据配置方法。

任务实施

一、任务分析

前置条件：设备与网元管理系统的管理通道已建立完成。

二、任务引导与步骤

1. 环回接口配置

步骤1：在拓扑图中，右击网元，在弹出的快捷菜单中选择“快捷菜单网元管理”命令，打开“网元管理”窗口。

步骤2：在网元操作导航树中，选择“接口配置”→“环回接口配置”，打开“环回接口配置”窗口。

步骤3：单击“增加”按钮，打开“增加”对话框。

步骤4：在基本信息区域框中，设置接口的基本参数值（见表3-3-1）。

表3-3-1　环回接口参数说明

参　　数	说　　明
ID	输入本设备上环回接口的ID值，范围：1～65
用户标签	设置接口的用户标识值
是否启用	设置是否启用接口
是否指定IP	设置是否指定IP地址。 若选中复选框，则还需设置主IP地址和主IP地址掩码。若有需要，还可设置辅助IP地址
主IP地址	输入IP地址值
主IP地址掩码	输入子网掩码

续表

参　　数	说　　明
L3 MTU	设置本环回接口上可传输 L3 业务最大的包数量,单位:Byte
严格 MTU	当业务传输的包数量超过设置值时,则直接丢弃业务包
描述信息	输入接口的备注信息

步骤 5:(可选)设置辅助 IP 地址。

①单击"增加"按钮,辅助 IP 地址/辅助 IP 地址掩码列表中增加一行。

②在列表中,修改辅助 IP 地址和辅助 IP 地址掩码。

步骤 6:单击"确定"按钮,返回"环回接口配置"窗口。

步骤 7:(可选)根据不同情况,执行对应操作,如表 3-3-2 所示。

表 3-3-2　不同情况对应的操作

如果...	那么...
修改接口	①在列表中,选中待修改的接口。 ②单击"修改"按钮,弹出修改对话框。 ③根据需要,修改参数值,单击"确定"按钮
删除接口	①在列表中,选中待删除的接口。 ②单击"删除"按钮,在弹出的对话框中单击"是"按钮
查询接口信息	单击"刷新"按钮,列表中显示最新的接口信息
打印接口信息	①单击"打印"按钮,在弹出的对话框中设置打印参数。 ②单击"打印"按钮

步骤 8:单击"应用"按钮,在弹出的提示框中单击"确定"按钮。

2. 三层接口配置

步骤 1:在拓扑视图中,右击待配置的网元,在弹出的快捷菜单中选择"网元管理"命令,打开"网元管理"窗口。

步骤 2:在左侧的导航树中,选择"网元操作"→"接口配置"→"三层接口/子接口配置",打开"三层接口/子接口配置"窗口。

步骤 3:配置三层接口参数。

①切换到三层接口页面。

②单击"增加"按钮,弹出"增加"对话框。

③参见表 3-3-3,设置三层接口属性。

表 3-3-3　三层接口参数说明

参　　数	说　　明
用户标签	输入用于标识 IP 接口的字符串
绑定端口类型	从下拉列表框中选择 IP 地址绑定的端口类型。 端口类型有 VLAN 端口、以太网端口、链路聚合端口、MLPPP 端口、VCG 端口、TE Trunk、STM-N PPP POS 端口、三层虚接口和虚链路绑定组端口
绑定端口	根据端口类型,从下拉列表框中选择端口,例如 NE1-VLAN 端口:100

续表

参　　数	说　　明
Unnumbered	当端口类型为 MLPPP 端口、VCG 端口、TE Trunk、STM-N PPP POS 端口或虚链路绑定组端口时，此参数可设置。 用于配置此接口是否借用其他接口的 IP 地址
借用 IP 对象	被借用 IP 地址的接口
指定 IP 地址	当隧道接口需要指定 IP 地址时，选中复选框。 显式指定接口的 IP 地址，此时该接口不能借用其他接口的 IP 地址
IP 地址	输入三层接口的 IP 地址。同一网元的三层接口不能在同一网段 在同一 VLAN 内，不同网元业务接口的 IP 地址不能重复。且网元间相邻接口的 IP 地址要求在同一网段。
掩码	输入子网掩码，例如：255.255.255.0。 不同类型的 IP 地址对应不同的子网掩码，比如 A 类地址对应的子网掩码为 255.0.0.0
从 IP 地址列表	当端口连接多个子网时，从 IP 地址列表中设置对应的子网的 IP 地址和子网掩码
启动状态	仅绑定端口类型为 VLAN 端口时可设置
ARP 学习	选中或不选中复选框。 若选中复选框，则设备会从接收到的报文中提取出自身 ARP 表中没有的地址，并将其加入自身的 ARP 表中
ARP 代理	选中或不选中复选框。 若选中复选框，则设备在收到 ARP 请求报文时，发现自身 ARP 表中有报文请求的 MAC 地址，会代替拥有该目的 MAC 地址的设备进行响应
ARP 老化时间(s)	一个 ARP 表项从写入 ARP 表到删除的时间
ARP 条目上限	一个 ARP 表可以容纳的 ARP 表项的数目
ARP 源地址过滤	选中或不选中复选框。 若选中复选框，则设备会过滤掉指定源地址的 ARP 报文
本地 ARP 代理	设置本地 ARP 代理，转发 ARP 请求
L3MTU	L3MTU 即 IP MTU 指以太网帧封装传输的最大数据包，根据以太网帧的长度减去 IP 头部为最大 MTU 值 1 500，当接收到超过 1 500 的数据包时会丢弃该数据包，导致故障。配置范围为：68 ~ 9194，默认配置为 1 500
MAC 偏移	在需要为三层端口指定一个唯一的 MAC 地址的时候，可通过设置该端口的 MAC 偏移来完成。默认情况下，端口的 MAC 地址同设备机架 MAC 地址。通过指定偏移量使端口 MAC 地址与机架 MAC 发生偏移而形成一个新的 MAC 地址
指定 MAC 地址	为本端口手动设定 MAC 地址
ACL 过滤	过滤掉符合相应 ACL 模板定义的流量
ARP 保活(分钟)	定期发送 ARP 查询报文，以便使得 ARP 条目不被老化掉，从而使得业务不受损伤。用在隧道承载的端口上，以便隧道流量不会因为 ARP 老化而导致隧道流量的损伤
免费 ARP 学习	免费 ARP 是一种标准的协议报文，将端口自身的 IP 和 MAC 地址的对应关系通告出去。 免费 ARP 学习即学习其他设备发送的免费 ARP 报文，以便将发送免费 ARP 报文的设备的 IP 地址和 MAC 地址形成 ARP 条目
ARP 学习速率上限	将 ARP 报文的学习速度限制在一定的上限范围内，以防止由于 ARP 报文学习过多而对系统产生冲击。当 ARP 报文超过一定的速率，停止 ARP 学习

续表

参　　数	说　　明
ARP学习速率越限抑制时间	表示停止ARP学习持续时间
动态ARP快速清除时间	设置清除动态ARP信息的时间间隔
免费ARP报文定期发送	设置是否开启免费报文定期发送功能
免费ARP报文发送周期	设置免费ARP发送周期,启用免费ARP报文定期发送功能可配
FRR使能	设置是否开启IP FRR(IP快速重路由)使能
ECMP转发策略	设置转发模式: 流模式:根据目的地址决定流量承载链路,同一个目的地址仅会在同一个成员链路上发送。 包模式:以报文为单位,轮流从所有成员端口中发送报文,以此作为负荷分担方式
备用VRRP角色时ARP学习	若选中复选框,则当接口作为备用VRRP时,从接收到的报文中提取出自身ARP表中没有的地址,并将其加入自身的ARP表中
SD检测	设置是否进行信号劣化的检测
ARP同步伪线	设置主备网元之间的专用伪线,用于同步接入基站ARP信息到备网元

不同设备的参数类型和取值范围不同,以ZXCTN 6120S/6150/6180网管界面的显示为准。

④单击“确定”按钮。

3. ARP条目配置

步骤1:在拓扑管理视图中,右击目标网元,在弹出的快捷菜单中选择“网元管理”命令,打开“网元管理”窗口。

步骤2:在左侧的导航树中,选择“网元操作”→“基础配置”→“基础数据配置”,打开“基础数据配置”窗口。

步骤3:切换到“ARP配置”页面。

也可通过以下路径打开“ARP配置”页面:在导航树中,选择“网元操作”→“协议配置”→“ARP配置”。

步骤4:在“ARP条目配置”页面中,从下拉列表框中选择待配置ARP的端口。

步骤5:单击“增加”按钮,弹出“增加”对话框,如图3-3-2所示。

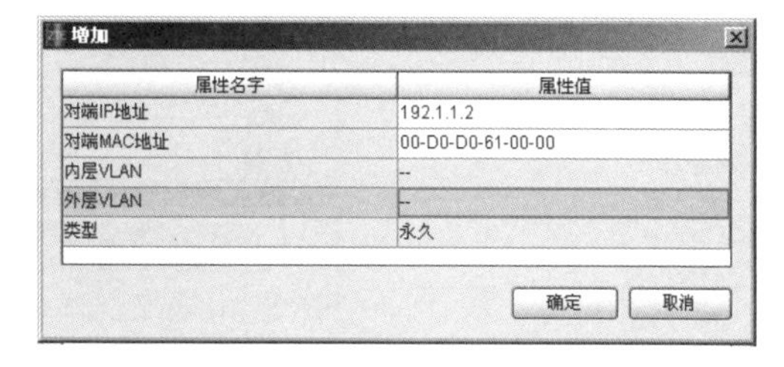

图3-3-2　增加ARP条目

步骤6:参见表3-3-4,设置参数。

表3-3-4　ARP条目配置参数说明

参　　数	说　　明
对端IP地址	输入与本网元相连的对端网元的端口IP地址
对端MAC地址	输入对端网元的系统MAC地址+1,例如:系统MAC地址是22-22-22-22-22,输入22-22-22-22-23。 可通过CLI方式登录到对端网元的全局模式下,使用命令show lacp sys查看MAC地址

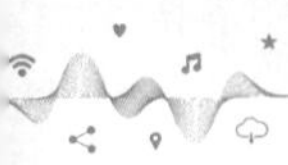

续表

参　　数	说　　明
内层 VLAN	当对子接口进行 ARP 条目配置时,此参数有效。 系统根据子接口的 VLAN 类型读取客户 VLAN 值
外层 VLAN	当对子接口进行 ARP 条目配置时,此参数有效。 系统根据子接口的 VLAN 类型读取业务 VLAN 值
类型	永久

对端 MAC 地址的值必须与对端网元的系统 MAC 地址相匹配。

步骤 7:单击“确定”按钮,返回“ARP 条目配置”页面。

步骤 8:单击“应用”按钮,在弹出的提示对话框中单击“确定”按钮,完成 ARP 条目配置。

4. RSVP-TE 使能配置

步骤 1:在拓扑管理视图中,右击目标网元,在弹出的快捷菜单中选择“网元管理”命令,打开“弹出网元管理”窗口。

步骤 2:在左侧的导航树中,选择“网元操作”→“协议配置”→“MPLS 管理”→“RSVP-TE 配置”。

步骤 3:单击“RSVP-TE 接口配置”页面中的按钮,弹出“创建 RSVP-TE 接口”对话框。

步骤 4:在“基本配置”页面,设置“接口基本参数配置”下的“端口名称”为相应业务环回接口或 NNI 侧子接口,单击“确认”按钮,完成 RSVP-TE 使能,如图 3-3-3 所示。

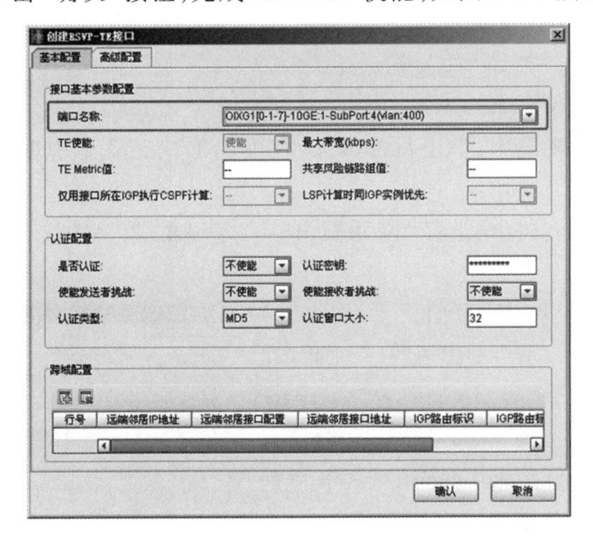

图 3-3-3　“创建 RSVP-TE 接口”对话框

步骤 5:重复步骤 4,完成所有业务环回接口或 NNI 侧子接口的 RSVP-TE 使能。

任务小结

本次任务主要学习了设备基础数据配置方法,完成设备的基础调试后,设备与网元之间的通道建立,网管可以监控到设备的状态,此时需要对设备内其他端口单板的数据初始化。本次任务需具备独立 ZXCTN 设备基础数据配置操作。

※思考与练习

一、填空题

1. 设备的基础数据配置中主要包括端口配置与(　　)配置。

2. PTN 设备选择接口 IP 地址绑定的端口类型为(　　)。

3. ARP 地址学习功能学习的是通信目的地的(　　)地址。

4. 在进行 ARP 设置时,对端 MAC 地址的值必须与对端网元的(　　)地址相匹配。

5. 以太网端口的 VLAN 模式有接入模式、(　　)、(　　)。

二、判断题

1. (　　)同一网元的三层接口不能在同一网段。

2. (　　)在同一 VLAN 内,不同网元业务接口的 IP 地址不能重复。且网元间相邻接口的 IP 地址要求在同一网段。

3. (　　)PTN 设备选择接口 IP 地址绑定的端口类型时既可以选择 VLAN 端口类型也可以选择以太网端口类型。

4. (　　)PTN 设备在网络中具有三层交换机的功能,其 IP 地址需通过 VLAN 进行端口 IP 地址配置。

5. (　　)PTN 设备可以从接收到的报文中提取出自身 ARP 表中没有的地址,并将其加入自身的 ARP 表中。

三、简答题

简述通过 U31 网管进行 PTN 设备基础数据配置时网元接口 IP 及 MAC 地址规划原则。

任务四　掌握 VPN 基础数据配置

任务描述

通过本次任务学习,掌握 U31 网管系统 VPN 基础数据配置方法。

隧道是客户业务的端到端传送通道。在业务视图中,用户可以采用端到端方式创建静态隧道。可创建的静态隧道类型包括线状、环状、全连通和树状。不同类型隧道的节点参数设置不同。

任务目标

- 熟悉 U31 网管系统 VPN 隧道类型。
- 掌握 U31 网管系统隧道配置方法。

任务实施

一、任务分析

前置条件:

网管操作人员具有“系统操作员”或以上的网管用户权限。

已建立网元间纤缆连接。

已完成业务接口的配置,包括配置 VLAN 接口、配置 IP 接口、配置 ARP 和配置静态 MAC 地址。

网管根据承载的不同业务,校验伪线类型是否正确。

不同业务支持的动态伪线类型如下:

- 以太网业务:Ethernet、Ethernet VLAN。
- ATM 业务:Atm NToOne VCC、Atm NToOne VPC、Atm OneToOne VCC、Atm OneToOne VPC、Atm Transparent。
- TDM 业务:PPP、E1、CESoPSN Basic、Fr DIci Martini、Fr Port、T1、E3、T3、CESoPSN TDM、Fr DIci、CEP MPLS、CEP Packet。

二、任务引导与步骤

1. 创建静态隧道

步骤 1:选择“业务”→“新建”→“新建静态隧道”命令,打开“新建静态隧道”页面。

步骤 2:参见表 3-4-1,设置隧道基本参数。

表 3-4-1　基本参数说明

参　数	说　明
参数模板	当网管上已保存有创建静态隧道的参数模板时,可在此直接选择模板,采用模板中的参数值
组网类型	线状:两个网元之间建立一条直线状隧道。 环状:隧道的源节点和宿节点是同一个网元。 全状通:网络中每个网元和其他网元均建立一条隧道。 树状:网络中一个网元作为根节点,其他网元作为叶子节点,根节点和每个叶子节点之间建立一条隧道
保护类型	仅当组网类型为线型时,可设置保护类型。 无保护:两个网元间只有一条工作隧道。 线状保护:两个网元间建立两条隧道,一条为工作隧道,一条为保护隧道。 冗余保护:两个网元间分别创建两条隧道,一条工作隧道,一条保护隧道,共 4 条隧道(两条工作隧道、两条保护隧道)。 环网保护:网元间建立两条隧道,一条为线状的工作隧道,一条为环状的保护隧道
终结属性	终结:隧道在源节点和宿节点终结。 Z 端非终结:隧道在源节点终结,在宿节点不终结。 两端非终结:隧道在源节点和宿节点不终结
组网场景	仅当参数设置满足以下条件时,可选择场景。 • 组网类型为线型。 • 保护类型为无保护。 • 终结属性为终结。 两种组网的使用场景不同: • 普通线状无保护:仅创建一条工作隧道,是创建隧道的通用方式。 • 承载伪线冗余 + 无保护 + 两端终结:一个网元的两个端口连接至两个网元的端口构成两条工作隧道,供伪线冗余使用

续表

参　数	说　明
保护策略	完全保护:要求工作隧道和保护隧道经过的节点必须分离。计算路由时,路由算法会以保证节点分离原则的前提下,选择工作最优路径,保护在与工作分离的前提下,选择算法最优路径。当设置路由约束条件时,不满足节点分离后,网管会提示计算路由不成功。 尽量保护:要求节点尽量分离,链路尽量分离。计算路由时,会优先按照节点分离和链路分离的规则来计算。不满足节点分离和链路分离时,再按不分离的原则计算出路由
隧道保护类型	仅当组网类型为线型,保护类型选择以下方式时可设置: 当保护类型为线型保护或冗余保护时,可选:1+1双发选收路径保护:业务通过工作隧道和保护隧道发向宿端,宿端选择接收两条隧道中质量更高的业务,不需启动APS协议。1:1单发双收路径保护:业务通过工作隧道发向宿端,宿端从工作隧道和保护隧道中接收业务,需启动APS协议。1:1单发单收路径保护:业务通过工作隧道发向宿端,宿端从工作隧道中接收业务,需启动APS协议。 当保护类型为环网保护时,可选:Wrapping环状保护:业务通过环状隧道传送,发生故障时,在故障点相邻两侧节点环回反向传送。Steering环状保护:业务通过环状隧道传送,发生故障时,在源宿端点向与原来路径相反方向转发
伪线保护类型	当保护类型选择冗余保护时,可选: 伪线1:1单发双收:业务在主用伪线或备用伪线上传送。主用伪线和备用伪线的对端均接收业务。 伪线1:1单发单收:业务在主用伪线或备用伪线上传送。主用伪线或备用伪线的对端仅一端接收业务。 伪线1+1双发双收:业务在主用伪线和备用伪线上同时发向两条伪线的对端。主用伪线和备用伪线的对端均接收业务。 伪线1+1双发单收:业务在主用伪线和备用伪线上同时发向两条伪线的对端。主用伪线的对端接收业务,备用伪线的对端不接收业务
业务方向	默认为所有隧道创建为双向隧道
端点/节点	设置隧道的源/宿端点和节点。 不同组网类型需设置的端点不同: • 线状隧道需设置A端点和Z端点,并根据不同的保护类型,设置创建保护隧道的端点。 • 环状隧道需设置环节点1和环节点2。 • 全连通隧道需在FullMesh节点页面增加创建隧道的网元。 • 树状隧道需在Tree节点页面增加根节点和叶子节点。 添加节点的方法: • 通过“请选择网元”对话框选择网元。 • 在拓扑图中通过右击选择网元
批量条数	设置批量创建的隧道条数。仅在组网类型为线状无保护和环状无保护的场景下可配置
用户标签	输入隧道名称,用于标识隧道,方便用户识别
连接允许控制(CAC)	设置是否开启隧道的CAC功能。 各层次的预留带宽之和都不能超过其服务层预留带宽,例如:同一条隧道上的所有伪线预留带宽之和不能超过此隧道的预留带宽,同一物理端口(或者子端口)上的所有隧道预留带宽之和不能超过此物理端口(或者子端口)的预留带宽。 当带宽允许控制(CAC)开关开启时,带宽参数页面的正向CIR和反向CIR的值不能输入,而是联动承诺带宽CIR的值
带宽自动调整	新建隧道默认为预留带宽自动计算,实现CIR参数免配。此时网管给隧道分配一个最小CIR带宽。 当隧道绑定伪线时,伪线的相关带宽参数会自动累加到隧道上,形成新的隧道带宽参数。同时,采用更新之后的带宽参数与隧道的服务层(物理端口或子端口)进行CAC校验。如果校验不通过,则不允许配置此伪线

续表

参　数	说　明
带宽共享模式	对于线状保护，当工作隧道和保护隧道的路由有重叠时，如果要设置带宽共享模式，需要将保护策略设置为尽量保护。 在配置保护的情况下，工作和保护隧道可能经过同样的跨段，在这种情况下如果重复计算预留带宽会造成网络资源浪费，和同一条业务相关的不同隧道应该共享预留带宽。把这些隧道绑定成一个共享组，在进行CAC计算时： 不共享：重复计算预留带宽，会造成网络资源浪费。 自动确定共享关系：如果某一跨段承载了同一共享组内的多条隧道，在此跨段都只按照一份带宽参与计算；如果组内隧道的预留带宽不同，则取最大值
承诺带宽CIR	如果不选中带宽自动调整，隧道可以采用手工指定带宽参数。此参数为固定值，不会随着绑定的伪线带宽变化而变化，同时会校验伪线带宽之和是否超过隧道带宽参数。如果校验不通过，则不允许配置伪线
收敛比模式	继承收敛比：继承服务层的收敛比。对于需要收敛的隧道，在经过每一个跨段的时候都去查找此跨段物理链路的收敛比，乘以这个收敛比再做CAC校验。 无收敛比：对于不需要收敛的隧道，忽略物理链路的收敛比参数。 对于自动计算预留带宽的隧道，隧道的预留带宽固定等于隧道所承载的所有伪线层预留带宽之和+隧道本身预留的带宽。 隧道的收敛比使能控制，仅用于与服务层进行带宽校验用途
客户	为隧道选择其所属的客户。选择客户后，仅此客户可使用该隧道
隧道模式	管道：上行PE节点的本地调度动作有两种，可以是根据客户优先级默认映射，也可以是指定优先级映射；而下行PE节点的本地调度动作是由PW标签的exp决定，但是客户报文的优先级此时不会被更改。 短管道：上行PE节点的本地调度动作同管道模式相同；而下行PE节点的本地调度动作是由客户报文的优先级字段（默认为COS）决定，但客户报文的优先级此时不会被更改。 统一：上行PE节点的本地调度动作根据客户的优先级一一匹配，而下行PE节点的本地调度动作由PW标签的exp决定，客户报文的优先级可能被更改
配置MEG	除环状隧道和线状环网保护隧道外，其他组网场景均可设置此参数。 选中后表示允许为该隧道配置MEG参数
映射优先级	网元内部每个隧道存在调度行为，根据赋予的优先级进行相应的调度。当隧道模式为管道或短管道时，该项才可设置。 当隧道模式为统一模式时，隧道优先级继承伪线优先级。 当隧道模式为管道或短管道时，隧道优先级可继承伪线优先级，也可给隧道强制指定一个优先级。 统一模式下的继承优先级与管道或短管道模式的继承优先级相比，仅下行方向不一样。下行方向指交换网到用户接口方向的数据流。 统一模式下，隧道（服务）优先级继承伪线（客户）优先级后，伪线（客户）优先级将被覆盖。 管道或短管道模式下，伪线优先级不会被覆盖。 此参数用于表示业务的服务等级和报文优先级之间的映射关系。服务等级是指设备的内部优先级，从低到高分8级：BE < AF1 < AF2 < AF3 < AF4 < EF < CS6 < CS7。 CS6和CS7：服务等级最高，用于传送信令。 • EF（Expedited Forwarding，快速转发）：适用于延迟最小、丢包率低的业务流量。 • AF（Assured Forwarding，确保转发）：适用于需要速率保证，但没有延迟或抖动限制的业务。 • BE（Best Effort，尽力而为）：适用于不需要进行特殊处理的业务流量。 每种优先级对应三种颜色的报文。 • 绿色：报文转发优先级最高。 • 黄色：报文转发优先级介于绿色和红色之间。 • 红色：报文转发优先级最低

续表

参　数	说　明
立即激活	选中后表示隧道创建成功后处于激活状态。 激活:实际占用相关的资源。 不激活:仅配置相关参数,但不占用相应的资源
立即投入服务	选中表示隧道创建成功后处于立即投入服务状态

步骤 3:设置隧道节点,根据不同的隧道组网类型以及保护类型,执行不同操作,如表 3-4-2 所示。

表 3-4-2　不同隧道组网类型及保护类型对应的操作

<table>
<tr><th colspan="2">如果...</th><th>那么...</th></tr>
<tr><td rowspan="4">创建线型静态隧道</td><td>无保护</td><td rowspan="2">需设置 A 端点和 Z 端点。
选择下列任一方式设置 A 端点和 Z 端点。
• 单击 A 端点和 Z 端点后的“选择”按钮,在弹出的“请选择网元”对话框中选择网元,单击“确定”按钮。
• 在拓扑图中,双击网元图标。
• 右击网元图标,选择 A 端点或 Z 端点</td></tr>
<tr><td>线性保护</td></tr>
<tr><td>冗余保护</td><td>需设置 A 端点、Z1 端点、Z2 端点</td></tr>
<tr><td>环网保护</td><td>需设置 A 端点、Z 端点、环节点 1 和环节点 2</td></tr>
<tr><td colspan="2">创建环状静态隧道</td><td>需设置环节点 1 和环节点 2。
选择下列任一方式设置环节点 1 和环节点 2。
• 单击环节点 1 和环节点 2 后的“选择”按钮,在弹出的“请选择网元”对话框中,选择网元,单击“确定”按钮。
• 在拓扑图中,双击网元图标。
• 右击网元图标,选择环节点 1 和环节点 2</td></tr>
<tr><td colspan="2">创建全连通静态隧道</td><td>选择下列任一方式设置设置 FullMesh 节点。
• 切换到 FullMesh 节点页面,单击“增加”按钮,在弹出的“请选择网元”对话框中,选择多个网元,单击“确定”按钮。
• 在拓扑图中,双击网元图标。
• 右击网元图标,选择增加 FullMesh 节点,在弹出的提示框中选择路由协议,单击“确定”按钮。</td></tr>
<tr><td colspan="2">创建树状静态隧道</td><td>选择下列任一方式设置 Tree 节点。
• 在页面下方的 Tree 节点页面中,单击根/Spoke 和叶子/Hub 区域框中的“选择”按钮,在弹出的“请选择网元”对话框中选择网元,单击“确定”按钮。
• 在拓扑图中,右击网元图标,选择根/Spoke 或叶子/Hub</td></tr>
</table>

步骤 4:(可选)对于线状和环状静态隧道,可在约束选项页面设置隧道路由的约束选项。

①单击“增加”按钮,弹出“路由约束”对话框。

②在“路由约束”页面,单击“增加”下拉按钮,根据不同需求,选择不同操作设置路由约束属性,如图 3-4-3 所示。

表 3-4-3　不同需求对应的操作

如果...	那么...
设置隧道必经或不经过某些网元	(1)单击增加下拉列表按钮,选择网元,弹出"请选择网元"对话框。 (2)选择必经或不经过的网元,单击"确定"按钮,返回"路由约束"对话框。 (3)设置路由的约束类型为必经或禁止。 (4)单击"确定"按钮,完成路由约束设置
设置隧道必经或不经过某些链路	(1)单击增加下拉列表按钮,选择业务,弹出"选择业务"对话框。 (2)选择必经或不经过的链路,单击"确定"按钮,返回"路由约束"对话框。 (3)设置路由的约束类型为必经或禁止。 (4)单击"确定"按钮,完成路由约束设置

步骤 5:在"静态路由"页面,勾选"启用负载均衡策略"项,选择以下两种方式之一计算路由。

- 勾选自动计算,系统自动为隧道分配正向标签和反向标签。

通过以下方式手动设置正向标签和反向标签:右击隧道路由,在弹出的快捷菜单中选择"修改正向/反向标签"命令,在弹出的"隧道属性"修改对话框中设置正向标签和反向标签。

- 单击"计算"按钮,系统将计算结果显示在路由计算结果区域中。

勾选"启用负载均衡策略"项,启用路由优化功能,在路由算法进行选路时,在考虑权重优先级最高的同时,还参考链路承载路由的量来选路等。

单击"路由详情"按钮,在弹出的对话框中查看系统计算出的隧道路由。

步骤 6:(可选)若创建带保护的隧道,参见表 3-4-4,设置 TNP 保护参数。

表 3-4-4　TNP 保护参数

参　　数	说　　明
用户标签	用于标识 TNP,方便用户识别
保护子网类型	1+1 双发选收路径保护:业务通过工作隧道和保护隧道发向宿端,宿端选择接收两条隧道中质量更高的业务,不需启动 APS 协议。 1:1 单发双收路径保护:业务通过工作隧道发向宿端,宿端从工作隧道和保护隧道中接收业务,需启动 APS 协议。 1:1 单发单收路径保护:业务通过工作隧道发向宿端,宿端从工作隧道中接收业务,需启动 APS 协议
开放类型	开放:工作路径和保护路径是同源不同宿时,选择该项。 不开放:工作路径和保护路径是同源同宿时,选择该项
返回方式	返回式:当工作路径从故障中恢复正常后,业务信号从保护路径切换到工作路径上传送。 非返回式:当工作路径从故障中恢复正常后,业务信号仍然通过保护路径进行传送,不切换回工作路径
等待恢复时间(分钟)	当工作路径从故障中恢复正常,业务信号不会立即从保护路径切换到工作路径,需经过等待恢复时间后,才发生切换
倒换迟滞时间(100 毫秒)	当工作路径发生故障,业务信号不会立即切换到保护路径,当经过倒换迟滞时间后工作路径没有恢复正常,才发生切换

续表

参　　数	说　　明
APS 协议状态	启动:双端 1+1/1:1 倒换类型的保护需启动 APS 协议。 暂停:单端 1+1/1:1 倒换类型的保护不需启动 APS 协议。 恢复:当返回方式设置为非返回式,业务已在保护路径上传送,若需将业务倒换回工作路径,需将 APS 协议设置为恢复
APS 报文收发使能	设置是否开启收发 APS 报文的功能
SD 使能	设置是否开启信号劣化的功能

步骤 7:在带宽参数页面,参见表 3-4-5,设置带宽相关参数。

表 3-4-5　带宽参数

参　　数	说　　明
正向/反向流量控制	设置是否开启隧道的正向/反向流量控制功能。仅当连接允许控制(CAC)或流量控制开启时,可对带宽参数(CIR、CBS、PIR、PBS)进行设置
正向/反向 CIR(kbit/s)	隧道 A→Z/Z→A 方向的 CIR(Committed Information Rate,承诺信息速率),即正常业务流量时的保证带宽值。 所有隧道的 CIR 之和必须小于端口的 CIR。 在设置带宽参数时,CIR 与 PIR、CBS 与 PBS、正向与反向参数之间产生联动: • 若 CIR > PIR,则修改一个参数后,另一参数自动修改为相同值。 • 若 CBS > PBS,则修改一个参数后,另一参数自动修改为相同值。 • 当修改正向参数后,反向参数会自动修改为相同值;而修改反向参数后,不会影响正向参数值。 当带宽允许控制(CAC)开关开启时,带宽参数页面的正向 CIR 和反向 CIR 的值不能输入,而是联动承诺带宽 CIR 的值
正向/反向 CBS(KB)	隧道 A→Z/Z→A 方向的 CBS(Committed Burst Size,可承诺最大信息帧大小)
正向/反向 PIR(kbit/s)	隧道 A→Z/Z→A 方向的 PIR(Peak Information Rate,峰值信息速率),即业务有突发流量时的最大带宽值。 在进行隧道限速配置时,必须保证 CIR≤PIR
正向/反向 PBS(KB)	隧道 A→Z/Z→A 方向的 PBS(Peak Burst Size,峰值突发度)
正向/反向色敏感模式	色盲:只根据流量监管测量的结果对报文着色。 色敏感:根据流量监管测量的结果和报文以前的颜色对报文进行重新着色

步骤 8:(可选)若勾选了配置 MEG,则需切换至 MEG 页面,参见表 3-4-6,设置 MEG 相关参数。

表 3-4-6　MEG 参数

参　　数	说　　明
MEG ID	标识隧道的 MEG ID,要求网元内唯一。 当配置线性保护组时,需要同时配置工作隧道和保护隧道的 MEG ID 值
本端 MEP ID	标识隧道的本端 MEP 的 ID。 该值无须人工设置,通过网管自动下发保证数据唯一性。对于同一条隧道,本端 MEP 和对端 MEP 的值不能相同

续表

参数		说明
远端 MEP ID		标识隧道的对端 MEP 的 ID。 该值无须人工设置,通过网管自动下发保证数据唯一性。对于同一条隧道,本端 MEP 和对端 MEP 的值不能相同
速度模式		发送 OAM 报文的速度模式
CV 包	使能状态	CV 包即连接检测报文,本端和对端通过周期性收发连接检测报文,确认连通性是否良好。 勾选时表示启用 CV 包收发功能。 ● 如果 OAM 信息用于网络级保护时,CV 包的发送周期和 CV 包 PHB 应设置为 3.33 ms 和 EF。 ● 如果 OAM 信息用于层次保护时,客户层的 CV 包发送周期应大于服务层 CV 包发送周期,例如:双归保护嵌套线性保护时,可设置隧道层的 CV 包发送周期为 3.33 ms,伪线层的 CV 包发送周期为 10 ms
	发送周期	CV 包的发送周期。与 OAM 报文的发送速度模式相关: 当速度模式设置为高速时,发送周期可选:3.33 ms、10 ms 或 100 ms。 当速度模式选择低速时,发送周期可选:1 s、10 s、1 min 或 10 min
	CV 包 PHB	CV 包的转发优先级。 CS7 的优先级最高
连接检测		勾选时表示启用 OAM 报文的连接检测功能
预激活 LM	使能状态	LM 功能用于业务帧丢失测量。CV 包使能时,预激活 LM 才能够设置。 勾选时表示启用 OAM 报文的预激活 LM 功能
	LM 统计本层报文	勾选时表示允许通过 LM 测量的方式统计报文数量
AIS	使能状态	AIS 即告警指示信号。 勾选时表示启用 AIS 检测
	FDI 包 PHB	FDI 包的转发优先级。FDI 包即前向缺陷指示报文。 优先级有 AF11、AF12、AF21、AF22、AF31、AF32、AF41、AF42、BE、EF、CS6 和 CS7,其中 CS7 的优先级最高
CSF	CSF 插入/提取	设置 CSF 插入/提取的使能状态。 CSF 功能用于 MEP 通知对端 MEP 客户层输入信号失效。 仅当 MEG 类型为伪线 MEG 时,此选项可设置
	CSF 包 PHB	设置 CSF 的转发优先级,CS7 的优先级最高。 仅当使能 CSF 插入/提取时,此选项可设置
预激活 DM	使能状态	DM 功能用于业务帧时延测量。 勾选时表示启用 OAM 报文的预激活 DM 功能
	预激活 DM 方向	单向:由源 MEP 发送请求 DM 帧,在目的 MEP 处完成单向帧时延和/或单向帧时延抖动的测量。 双向:源 MEP 发送请求 DM 帧,并在接收到目的 MEP 反馈的应答 DM 帧后,通过对帧中时间差的计算,实现整个帧时延的测量
	预激活 DM 发送间隔(100 毫秒)	DM 包的发送周期。DM 包指源 MEP 向对端 MEP 发送的请求 DM 帧
	预激活 DM 报文长度	DM 包的报文长度
	DM 包 PHB	DM 包的转发优先级。 CS7 的优先级最高

步骤 9:在高级属性页面,参见表 3-4-7,设置高级属性相关参数。

表 3-4-7　隧道高级属性

参　　数	说　　明
SD 使能	勾选时表示隧道层开启 SD 检测。 SD 检测用于检测链路的丢包率,当丢包率大于设定的门限值,则链路处于 SD 状态,设备自动上报 SD 告警,触发 APS 进行相应的保护倒换
SD 检测方式	• CV:连接确认,通过两端周期性发送 CV 报文,检查连通性是否良好。 • LM:丢失测量,通过两端收发业务帧的数量差,检查是否帧丢失。 • DM:时延测量,通过源 MEP 向目的 MEP 发送请求 DM 帧,检查是否帧时延。 • CV + LM:连接确认和丢失测量。 • CV + DM:连接确认和时延测量。 • LM + DM:丢失测量和时延测量。 • CV + LM + DM:连接确认、丢失测量和时延测量
流量统计	勾选时表示对隧道上流量进行统计
检测会话	输入关联的 Track 会话名称

步骤 10:(可选)单击保存为模板按钮,根据不同情况,选择执行不同操作,如表 3-4-8 所示。

表 3-4-8　不同情况对应的操作

如果...	那么...
将参数配置信息保存为新增模板	单击"保存模板"按钮,选择"新增模板"命令。在弹出的"新增模板"对话框中,输入模板名,选择是否为默认模板,单击"确定"按钮
将参数配置信息保存为已存在的模板	单击"保存模板"按钮,选择"保存为已存在的模板"命令。在弹出的"保存为已存在的模板"列表中,选择需要覆盖的模板,单击"确定"按钮

在日常业务开通中,将同样业务配置参数保存为模板,在下次创建相同业务时,引用保存的模板配置,可减少配置工作量,提高工作效率。

步骤 11:(可选)在其他页面设置自定义属性的数值,包括自定义 1、自定义 2、自定义 3 和用户批注信息。

步骤 12:单击"应用"按钮,弹出"信息"对话框。

步骤 13:单击"浏览业务"按钮,打开业务管理器,查看已创建的业务。

2. 新建伪线

步骤 1:选择"业务"→"新建"→"新建伪线"命令,打开"新建伪线"页面。

步骤 2:在"新建伪线"页面,参见表 3-4-9,设置伪线基本属性。

表 3-4-9　基本参数说明

参　　数	说　　明
创建方式	静态:伪线创建成功后,经过的链路和节点固定不变。 动态:基于 PWE3 或 MARTINI 信令协议创建伪线。伪线创建成功后,经过的链路和节点可以改变
业务方向	默认双向
批量条数	可一次创建多条伪线,设置需同时创建的伪线数量

续表

参　数	说　明
用户标签	输入伪线的名称
客户	选择伪线的所属客户。仅此客户可使用该伪线
隧道绑定策略	基于单向隧道:伪线与单向隧道绑定。 基于双向隧道:伪线与双向隧道绑定。 基于 LDP 隧道:伪线与 LDP 隧道绑定
A1 端点	选择伪线的源节点。可通过以下两种方式选择端点: • 在“请选择网元”对话框中选择端点。 • 在拓扑图中,通过右键快捷菜单选择端点
Z1 端点	选择伪线的宿节点
配置 MEG	选中参数表示伪线层开启 OAM 功能。 创建静态伪线时,可选择是否配置 MEG
信令类型	选择创建动态伪线所使用的信令协议,创建方式选择动态可配置
立即激活	伪线创建成功后处于激活状态。 激活:实际占用相关的资源。 不激活:仅配置相关参数,但不占用相应的资源
立即投入服务	伪线创建成功后处于立即投入服务状态
连接允许控制(CAC)	设置是否开启业务的 CAC 功能。 各层次的预留带宽之和都不能超过其服务层预留带宽,例如,同一条隧道上的所有伪线预留带宽之和不能超过此隧道的预留带宽,同一物理端口(或者子端口)上的所有隧道预留带宽之和不能超过此物理端口(或者子端口)的预留带宽。 当带宽允许控制(CAC)开关开启时,带宽参数页面的正向 CIR 和反向 CIR 的值不能输入,而是联动承诺带宽 CIR 的值
承诺带宽 CIR(kbit/s)	承诺信息速率,即正常业务流量时的保证带宽值

步骤 3:在隧道绑定页面,参见表 3-4-10,设置参数。

表 3-4-10　隧道绑定参数说明

参　数	说　明
正向隧道	选择伪线绑定的正向隧道
反向隧道	选择伪线绑定的反向隧道
正向标签	创建静态伪线时,需要为单段伪线指定正向标签
反向标签	创建静态伪线时,需要为单段伪线指定反向标签
控制字支持	伪线用于承载 CES 业务时,必须选中控制字支持,表示伪线报文中携带控制字的字段,用于对报文进行重新排序
序列号支持	伪线用于承载 CES 业务时,必须选中序列号支持,表示伪线报文中携带序列号的字段,用于对报文进行重新排序
A 网元伪线类型	选择 A 端网元处的伪线类型
Z 网元伪线类型	选择 Z 端网元处的伪线类型

步骤 4:(可选)在带宽参数页面,参见表 3-4-11,配置伪线的正反向带宽参数。

表 3-4-11　带宽参数说明

参　　数	说　　明
正向/反向流量控制	设置是否开启隧道的正向/反向流量控制功能。仅当连接允许控制(CAC)或流量控制开启时,可对带宽参数(CIR、CBS、PIR、PBS)进行设置
正向/反向 CIR(kbit/s)	表示伪线 A→Z/Z→A 方向的 CIR,即正常业务流量时的保证带宽值。 所有伪线的 CIR 之和必须小于端口的 CIR。 在设置带宽参数时,CIR 与 PIR、CBS 与 PBS、正向与反向参数之间产生联动: • 若 CIR ＞ PIR,则修改一个参数后,另一参数自动修改为相同值。 • 若 CBS ＞ PBS,则修改一个参数后,另一参数自动修改为相同值。 • 当修改正向参数后,反向参数会自动修改为相同值;而修改反向参数后,不会影响正向参数值。 当带宽允许控制(CAC)开关开启时,带宽参数页面的正向 CIR 和反向 CIR 的值不能输入,而是联动承诺带宽 CIR 的值
正向/反向 CBS(KB)	表示隧道 A→Z/Z→A 方向的 CBS
正向/反向 PIR(kpit/s)	表示伪线 A→Z/Z→A 方向的 PIR,即业务有突发流量时的最大带宽值。 在进行伪线限速配置时,必须保证 CIR≤PIR
正向/反向 PBS(KB)	表示隧道 A→Z/Z→A 方向的 PBS
正向/反向色敏感模式	色盲:只根据流量监管测量的结果对报文着色。 色敏感:根据流量监管测量的结果和报文以前的颜色对报文进行重新着色

步骤 5:在“高级属性”页面,参见表 3-4-12,设置伪线的高级属性参数。

表 3-4-12　高级属性参数说明

参　　数	说　　明
VCCV 类型	VCCV 是一种虚电路连接的检测和验证机制,用于协商检测类型,支持 RFC5085 标准。VCCV 检测分 3 种:带内、带外和基于 TTL。 • 带内:一种带内检测方式,采用控制字方式封装报文。 • 带外:一种带外检测方式,采用告警标签的方式封装报文。 • 基于 TTL:一种基于 TTL 的检测方式,采用 TTL 方式封装报文。 注:支持 VCCV 类型时,需要指定连接确认类型类型
连接类型确认	连接确认类型有下面几种: lsp-ping:对 lsp 采用 ping 检测。 icmp-ping:对 icmp 采用 ping 检测。 bfd-pwach-fs:BFD 使用 GACH 封装且只检测缺陷。 bfd-pwach-fo:BFD 使用 GACH 封装且支持检测缺陷和状态通行。 bfd-ipudp-fs:BFD 使用 UPD 封装且只检测缺陷。 bfd-ipudp-fo:BFD 使用 UPD 封装且支持检测缺陷和状态通行
SD 使能	勾选时表示伪线层开启 SD 检测。SD 检测用于检测链路的丢包率,当丢包率大于设定的门限值时,链路处于 SD 状态,设备自动上报 SD 告警,触发 APS 进行相应的保护倒换
SD 检测方式	CV:连接确认,通过两端周期性发送 CV 报文,检查连通性是否良好。 LM:丢失测量,通过两端收发业务帧的数量差,检查是否帧丢失。 DM:时延测量,通过源 MEP 向目的 MEP 发送请求 DM 帧,检查是否帧时延。 CV + LM:连接确认和丢失测量。 CV + DM:连接确认和时延测量。 LM + DM:丢失测量和时延测量。 CV + LM + DM:连接确认、丢失测量和时延测量

续表

参　　数	说　　明
流量统计	勾选时表示对伪线上承载的业务流量进行统计
状态上报 LDP	勾选时表示启用状态上报 LDP 功能
L 比特使能	勾选时表示启用该功能
检测会话	输入关联的 Track 会话名称
比特率参考时隙通道配置	勾选时表示伪线传输的比特率会根据时隙配置而调整
流标签发送	勾选时表示使能发送流标签功能
流标签接收	勾选时表示使能接收流标签功能

步骤 6:(可选)若在步骤 2 中勾选了配置 MEG,则需切换至 MEG 页面,参见表 3-4-13,设置 MEG 相关参数。

表 3-4-13　MEG 配置参数说明

参　　数		说　　明
MEG ID		标识网元内唯一的 MEG ID,不超过 13 个字符。 属于同一个 MEG 内的网元的 MEG ID 必须一致,否则该 MEG 内的 OAM 信息不通
本端 MEP ID		标识本端 MEP 的 ID,值域为 1 ~ 8191。 在同一个 MEG 内,网元的本端 MEP ID 和远端 MEP ID,必须与对端网元的配置一致,否则该 MEG 内的 OAM 信息不通
远端 MEP ID		标识对端 MEP 的 ID,值域为 1 ~ 8191
速度模式		可选项有:快速、慢速
CV 包	使能状态	选中复选框:CV 包使能。 不选中复选框:CV 包不使能
	发送周期	选择 CV 包的发送周期。 • 如果 OAM 信息用于网络级保护,CV 包的发送周期和 CV 包 PHB 应设置为 3.33 ms 和 EF。 • 如果 OAM 信息用于层次保护,客户层的 CV 包发送周期应大于服务层 CV 包发送周期,例如:双归保护嵌套线性保护时,可设置隧道层的 CV 包发送周期为 3.33 ms,伪线层的 CV 包发送周期为 10 ms
	CV 包 PHB	选择 CV 包的转发优先级,优先级有 AF11、AF12、AF21、AF22、AF31、AF32、AF41、AF42、BE、EF、CS6 和 CS7。其中,CS7 的优先级最高
连接检测		选择连接检测为允许或不允许
预激活 LM		选择 LM 检测的使能状态为允许或不允许。CV 包使能时,预激活 LM 才能够设置。 当配置预激活 LM 时,LM 包的转发优先级必须要和监控的业务报文的优先级一致,否则 LM 包将不通
AIS	使能状态	选择 AIS 检测的使能状态为允许或不允许
	FDI 包 PHB	设置 FDI 包的转发优先级,优先级有 AF11、AF12、AF21、AF22、AF31、AF32、AF41、AF42、BE、EF、CS6 和 CS7。其中,CS7 的优先级最高

续表

参数		说明
CSF插入/提取	使能状态	选择 CSF 插入/提取的使能状态为允许或不允许
	CSF 包 PHB	设置 CSF 的转发优先级，优先级有 AF11、AF12、AF21、AF22、AF31、AF32、AF41、AF42、BE、EF、CS6 和 CS7。其中，CS7 的优先级最高
预激活 DM	使能状态	设置预激活 DM 功能是否使能
	预激活 DM 方向	设置预激活 DM 为使能状态后，设置预激活的方向
	预激活 DM 发送间隔(100 毫秒)	设置预激活 DM 为使能状态后，设置预激活的发送间隔，单位：100 毫秒
	预激活 DM 报文长度	设置允许预激活的报文长度，范围：[1,400]
	DM 包 PHB	设置预激活 DM 为使能状态后，设置 DM 包的转发优先级，优先级有 AF11、AF12、AF21、AF22、AF31、AF32、AF41、AF42、BE、EF、CS6 和 CS7。其中，CS7 的优先级最高

步骤 7：(可选)单击“导入数据”按钮，根据不同情况，选择下拉按钮导入伪线模板数据，弹出“业务参数模板管理”对话框。

默认只显示伪线类型的模板，有新增、修改和删除模板。

在日常业务开通中，将同样业务配置参数保存为模板，在下次创建相同业务时，引用保存的模板配置，可减少配置工作量，提高工作效率。

步骤 8：在“业务参数模板管理”对话框中，选择只等的模板，单击“确定”按钮。

步骤 9：(可选)在“其他”页面里，设置伪线的自定义属性、用户批注信息属性。

步骤 10：单击“应用”按钮，弹出“确认”对话框。

步骤 11：单击“是”按钮，弹出“信息”对话框。

步骤 12：单击“浏览业务”按钮，打开业务管理器，查看已创建的业务。

任务小结

VPN 数据需要通过 LSP 来承载，LSP 需要确定路径以及其他相关配置，所以在配置 VPN 之前需要完成隧道、伪线等配置操作。本次任务学生需独立完成 VPN 基础数据中隧道、伪线的配置操作。

※思考与练习

一、填空题

1. 当组网类型为线状时，可设置保护类型为线状保护即两个网元间建立两条隧道，一条为(　　)，一条为(　　)。

2. 当组网类型为树状时，网络中一个网元作为根节点，其他网元作为叶子节点，根节点和每个叶子节点之间建立一条(　　)。

3. 隧道保护类型中 1:1 保护按照工作机制不同可以分为(　　)、(　　)。

4. 在进行树状隧道配置时，需在 Tree 节点页面增加(　　)和(　　)。

5. 隧道保护类型配置时返回方式可以配置为(　　)、(　　)。

二、选择题

1. U31 网管创建隧道时,组网类型有(　　)。

A. 线性　　B. 环状

C. 全连通　　D. 树状

2. U31 网管创建隧道时,隧道保护类型有(　　)。

A. 无保护　　B. 线性

C. 冗余　　D. 环网

3. 下列组网类型中可以配置保护类型的是(　　)。

A. 线性　　B. 环状

C. 全连通　　D. 树状

4. 以下 TNP 保护子网类型中需启用 APS 协议的是(　　)。

A. 1 +1 双发选收　　B. 1 +1 单发选收

C. 1:1 单发双收　　D. 1:1 单发单收

5. 在进行隧道带宽限速设置时需进行正向/反向 CIR(kbit/s)业务流量的保证带宽值和正向/反向 PIR(kbit/s)突发流量时的最大带宽值的配置,配置要求需满足(　　)。

A. CIR≤PIR　　B. CIR≥PIR

C. CIR = PIR　　D. 以上均可

三、判断题

1. (　　)U31 网管默认为所有隧道创建为双向隧道。

2. (　　)当组网类型为树状时,网络中一个网元作为根节点,其他网元作为叶子节点,根节点和每个叶子节点之间都可以进行隧道建立。

3. (　　)当组网类型为树状时,网络中根节点、叶子节点之间以及每个叶子节点之间都可以任意互通。

4. (　　)1 +1 双发选收路径保护:业务通过工作隧道和保护隧道发向宿端,宿端选择接收两条隧道中质量更高的业务,需启动 APS 协议。

5. (　　)隧道高级属性配置中 SD 检测用于检测链路的丢包率,若丢包率大于设定的门限值,则链路处于 SD 状态,设备自动上报 SD 告警,触发 APS 进行相应的保护倒换。

任务五　学习 L2VPN 业务配置

任务描述

通过本次任务学习,主要掌握 L2VPN 业务配置方法。

场景中,客户接入侧进入的数据报文只有一层 VLAN Tag,从 NNI 侧端口出去的报文带两层 VLAN Tag,配置中需要在原有 VLAN Tag 的基础上再多增加一个 VLAN Tag。用户 A 和用户 B 之间的 ZXCTN 设备 PE1、P 和 PE2 处在直连链路上,业务从 PE1 经过中间节点 P 到 PE2 设备。

用户交换机均支持VLAN。

组网图如图3-5-4所示。

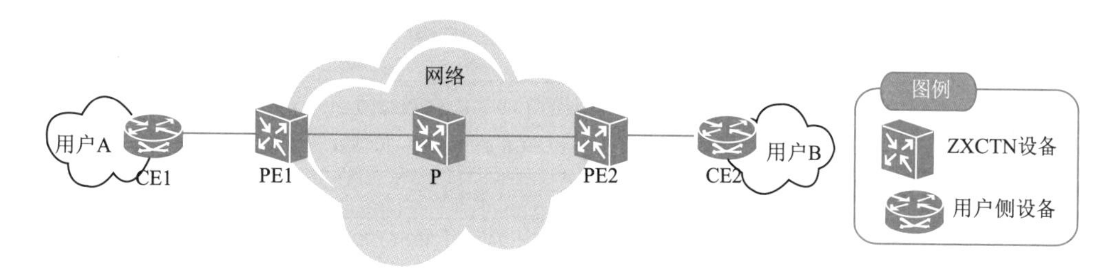

图 3-5-1　组网图

任务目标

- 熟悉U31网管系统L2VPN业务配置步骤。
- 掌握U31网管系统L2VPN业务配置方法。

任务实施

根据业务需求，两家公司之间的业务需要点到点隔离传送。经过分析，可通过ZXCTN设备搭建点到点网络，配置两条基于静态隧道的EVPL业务，实现L2VPN业务的传送。并配置基于端口VLAN的基本Q-in-Q，客户接入侧进入的数据报文只有一层VLAN Tag，从NNI侧端口出去的报文带两层VLAN Tag，配置中需要在原有VLAN Tag的基础上再多增加一个VLAN Tag。

一、任务分析

1. 数据规划网元规则如表3-5-1所示。

表 3-5-1　网元规划

参　数	PE1	P	PE2
网元类型	ZXCTN 6120S	ZXCTN 6120S	ZXCTN 6150
IP 地址	192.168.20.1	192.168.20.2	192.168.20.3
硬件/软件版本	V3.00/V3.00	V3.00/V3.00	V3.00/V3.00
单板	OEIFGE(1#、3#)	OEIFGE(1#)/OIXG2(3#)	OIXG2(5#、6#)
业务环回地址	1.1.1.1	2.2.2.2	3.3.3.3

1#表示1号槽位。

基础数据规划如表3-5-2所示。

表 3-5-2　基础数据规划

基础数据配置项		PE1		P		PE2	
"三层接口/子接口配置"→"三层接口"页面	绑定端口类型	以太网端口		以太网端口		以太网端口	
	绑定端口	OEIFGE[0-1-1]-GE:1	OEIFGE[0-1-3]-GE:1	OEIFGE[0-1-1]-GE:1	OIXG2[0-1-3]-10GE:1	OIXG2[0-1-5]-10GE:1	OIXG2[0-1-6]-10GE:1
	指定 IP 地址	√					
	IP 地址	192.61.1.1	192.61.3.1	192.61.1.2	192.61.2.1	192.61.2.2	192.61.5.1
	掩码	255.255.255.0					
"ARP 配置"→"ARP 条目配置"页面	对端 IP 地址	192.61.1.2	192.61.3.2	192.61.1.1	192.61.2.2	192.61.2.1	192.61.5.2
	对端 MAC 地址	00-00-00-00-00-02	00-00-00-00-00-04	00-00-00-00-00-01	00-00-00-00-00-03	00-00-00-00-00-02	00-00-00-00-00-06
"三层接口/子接口配置"→"子接口"页面	绑定端口类型	以太网端口		以太网端口		以太网端口	
	绑定端口	OEIFGE[0-1-1]-GE:1	OEIFGE[0-1-3]-GE:1	OEIFGE[0-1-1]-GE:1	OIXG2[0-1-3]-10GE:1	OIXG2[0-1-5]-10GE:1	OIXG2[0-1-6]-10GE:1
	子接口 ID	1	1	1	1	1	1
	封装方式	DOT1Q					
	外层 VLAN	12	12	12	12	12	12
	外层 TPID（十六进制）	8100	8100	8100	8100	8100	8100
其他参数		默认值					

静态隧道参数规划如表 3-5-3 所示。

表 3-5-3　静态隧道参数规划

参　　数	值
组网类型	线状
保护类型	无保护
终结属性	终结
组网场景	普通线状无保护
业务方向	双向
A 端点	PE1
Z 端点	PE2
用户标签	Tunnel_PE1_PE2
连接允许控制(CAC)	不勾选
其他参数	默认值

EVPL 业务基本参数规划如表 3-5-4 所示。

表 3-5-4　EVPL 业务基本参数规划

参　　数	值
业务类型	EVPL
应用场景	无保护
A 端点	PE1 - OEIFGE[0 - 1 - 3] - GE:1 - SubPort:1(VLAN12)
Z 端点	PE2 - OIXG2[0 - 1 - 6] - 10GE:1 - SubPort:1(VLAN12)
用户标签	L2VPN
连接允许控制(CAC)	不勾选
其他参数	默认值

节点参数规划如表 3-5-5 所示。

表 3-5-5　节点参数规划

节　　点	对　　象	首层 VLAN 动作	首层 VLAN 值	外层 VLAN 动作	外层 VLAN 值
PE1	PE1 - OEIFGE[0 - 1 - 3] - GE:1 - SubPort:1(vlan:12)	保持	—	不关心	—
	PE1 - PE2 - W - PW - 7	增加或替换	1 000	不关心或剥离	—
PE2	PE2 - OIXG2[0 - 1 - 6] - 10GE:1 - SubPort:1(vlan:12)	保持	—	不关心	—
	PE1 - PE2 - W - PW - 7	增加或替换	1 000	不关心或剥离	—

高级属性规则如表 3-5-6 所示。

表 3-5-6　高级属性规划

参　　数	属　性　值
AC 与伪线状态的关联	√
差分模型	统一
MTU	1 500
其他参数	默认值

2. 前置条件

已完成网元基础数据配置,且子接口封装类型已设置为 DOT1Q。

二、任务引导与步骤

1. 创建静态隧道

步骤 1:在网管主界面的工具栏,选择"业务"→"新建"→"新建静态隧道"命令,打开"新建静态隧道"页面。

步骤 2:在"新建静态隧道"页面中,参见表 3-5-3,创建静态隧道,如图 3-5-2 所示。

步骤 3:在"静态路由页面",勾选"自动计算",网管自动计算静态路由。

步骤 4:选择应用,完成静态隧道的创建。

2. 创建以太网专线业务

步骤 1:在网管主界面的工具栏,选择"业务"→"新建"→"新建以太网专线业务"命令,进入"新建以太网专线业务"页面。

步骤 2:在"新建以太网专线业务"页面,参见表 3-5-4,设置 EVPL 业务基本参数,如图 3-5-3 所示。

新建静态隧道	
参数模板	
组网类型	线型
保护类型	无保护
终结属性	终结
组网场景	普通线型无保护
组网样图	A —— Z
保护策略	
业务方向	双向
A端点*	PE1a
Z端点*	PE2a
批量条数	1
用户标签	Tunnel_PE1_PE2
连接允许控制(CAC)	□

图 3-5-2　“新建静态隧道”页面

新建以太网专线业务	
业务类型	EVPL
参数模板	
应用场景	无保护
组网样图	A —— Z
OAM策略	不配置
A端点*	PE1a-OEIFGE[0-1-3]-GE:1-SubPort:1(vlan:12)
Z端点	PE2a-OIXG2[0-1-6]-10GE:1-SubPort:1(vlan:12)
波分以太网保护类型	无保护
用户标签	L2VPN
客户	
连接允许控制(CAC)	□

图 3-5-3　“新建以太网专线业务”页面

3. 配置业务参数

步骤 1:“在用户侧接口配置”页面,绑定业务的端口已添加到用户侧端口配置窗口,如图 3-5-4所示。

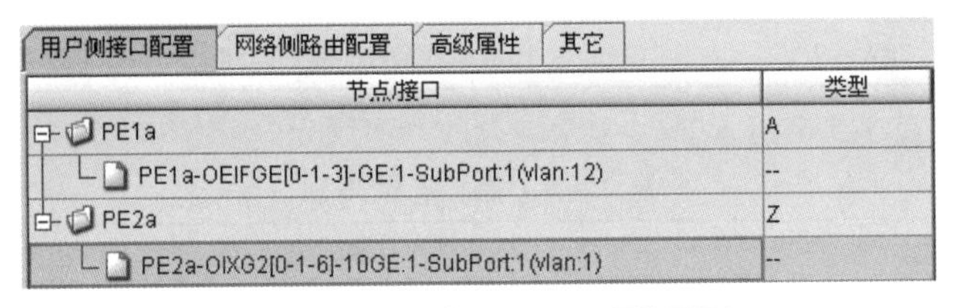
用户侧接口配置　网络侧路由配置　高级属性　其它

节点/接口	类型
PE1a	A
PE1a-OEIFGE[0-1-3]-GE:1-SubPort:1(vlan:12)	--
PE2a	Z
PE2a-OIXG2[0-1-6]-10GE:1-SubPort:1(vlan:1)	--

图 3-5-4　“用户侧接口配置”页面

步骤 2:切换至“网络侧路由配置”页面,手工选择使用已有的隧道,如图 3-5-5 所示。

用户侧接口配置　网络侧路由配置　高级属性　其它

路由约束:当前有0 条路由约束信息。　约束　清除

路由计算

☑ 自动增量计算　重新计算

服务层名称	隧道策略	所经隧道	交换点	MEG
路由单元:PE1a--PE2a				
W:PW-PE1a_PE2a-4223	手工选择已有隧道	Tunnle_PE1_PE2		□

图 3-5-5　“网络侧路由配置”页面

步骤 3:在“新建以太网专线业务”业务视图下方,单击“节点参数配置”页面,参见表 3-5-5,配置转发模式,完成基本 Q-in-Q 配置,如图 3-5-6 所示。

PE1a　PE2a　节点参数图例

节点业务类型　EVPL

行号	对象	首层VLAN动作	首层VLAN值	外层VLAN动...	外层VLAN值
1	PE1a-OEIFGE[0-1-3]-GE:1-SubPort:1(vlan:12)	保持	--	不关心	--
2	PE1a-PE2a-W-PW-7	增加或替换	1000	不关心或剥离	--

图 3-5-6　节点参数配置

4.(可选)配置业务高级属性

步骤1:在“高级属性”页面,参见表3-5-6,设置业务高级属性,如图3-5-7所示。

用户侧接口配置 | 网络侧路由配置 | 高级属性 | 其它

属性名字	属性值
AC与伪线状态的关联	☑
QoS模板	
差分模型	统一
PHB映射	--
MTU	1500
MAC撤销	☐
支持透传的二层协议	
流量统计	☐

图3-5-7　高级属性

步骤2:在“其他”页面,设置自定义属性和用户批注信息。

5.完成业务配置

单击“应用”按钮,弹出以太网专线业务创建成功的信息对话框。

①若需继续创建业务,单击“继续新建”按钮。

②若需查看业务,单击“浏览业务”按钮。在弹出的“业务管理器”窗口,可查看业务拓扑及详细信息。

6.设置NNI侧TPID

步骤1:返回到拓扑管理视图,右击PE1网元,在弹出的快捷菜单中选择“网元管理”命令,打开“网元管理”窗口。

步骤2:在左侧网元操作导航树中,选择“业务配置”→“以太网业务配置”,在窗口右侧选择业务L2VPN,单击“修改”按钮,弹出“修改最小流域片段(MFDFr)”对话框,如图3-5-8所示。

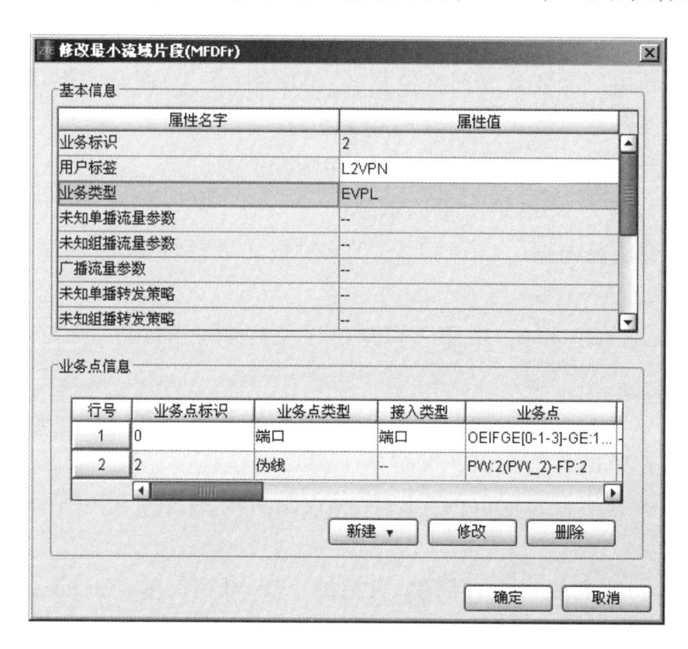

图3-5-8　“修改最小流域片段(MFDFr)”对话框

步骤3:在“业务点信息”栏选择相应伪线,单击“修改”按钮,打开“修改业务点”对话框,如图3-5-9所示。

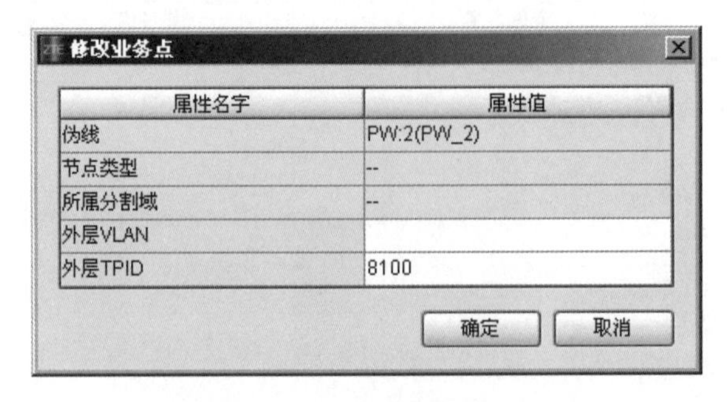

图3-5-9　“修改业务点”对话框

步骤4:修改“外层TPID”为8100,单击“确定”按钮,完成网元PE1的NNI侧TPID设置。

步骤5:重复步骤1~4,完成网元PE2的NNI侧TPID设置。

任务小结

本次任务主要学习了L2VPN业务中EVPL配置方法,L2VPN业务是分组传送网中最为常用的业务,2G业务、3G业务、专线业务、部分4G通道都是采用L2VPN技术承载。本次任务学生需独立完成L2VPN业务配置操作。

※思考与练习

一、填空题

1. EVPL业务不同用户需要共享网络带宽,需要使用(　　)区分不同用户数据。
2. EVPL业务中设备端口的VLAN模式需设置为(　　)。
3. 802.1Q协议标签头包含2字节的TPID,其标准值为(　　)。
4. 隧道用于承载PW,一条隧道上可以承载(　　)条PW。
5. QINQ应用中设备只根据(　　)VLAN Tag对报文进行转发。

二、判断题

1. (　　)EVPL与EPL相比,由于EVPL由于是逻辑上的用户隔离,因此安全性比EPL较差。
2. (　　)EVPL业务为不同用户共用业务端口,EPL业务为单个用户独占端口。
3. (　　)EVPL业务的连通性仅在源宿两个点之间。
4. (　　)EVPL业务中设备端口的VLAN模式既可以设置为接入模式也可以设置为干线模式。
5. (　　)端口QinQ特性是一种简单、灵活的二层VPN技术,它通过在运营商网络边缘设备上为用户的私网报文封装外层VLAN Tag,使报文携带两层VLAN Tag穿越运营商的主干网络(公网)。

任务六　学习 L3VPN 业务配置

任务描述

本次任务介绍基于 FullMesh 场景的 L3VPN 业务的创建方法。对于静态 L3VPN 业务，PE 设备之间、PE 与 CE 之间通过静态路由实现互通。如图 3-6-1 所示，某公司的三个分部位于不同地区，各分部的路由器均与本地服务提供商的 ZXCTN 设备连接。该公司需要将三地分部网络通过本地服务提供商网络，建立 VPN，实现全公司信息共享。

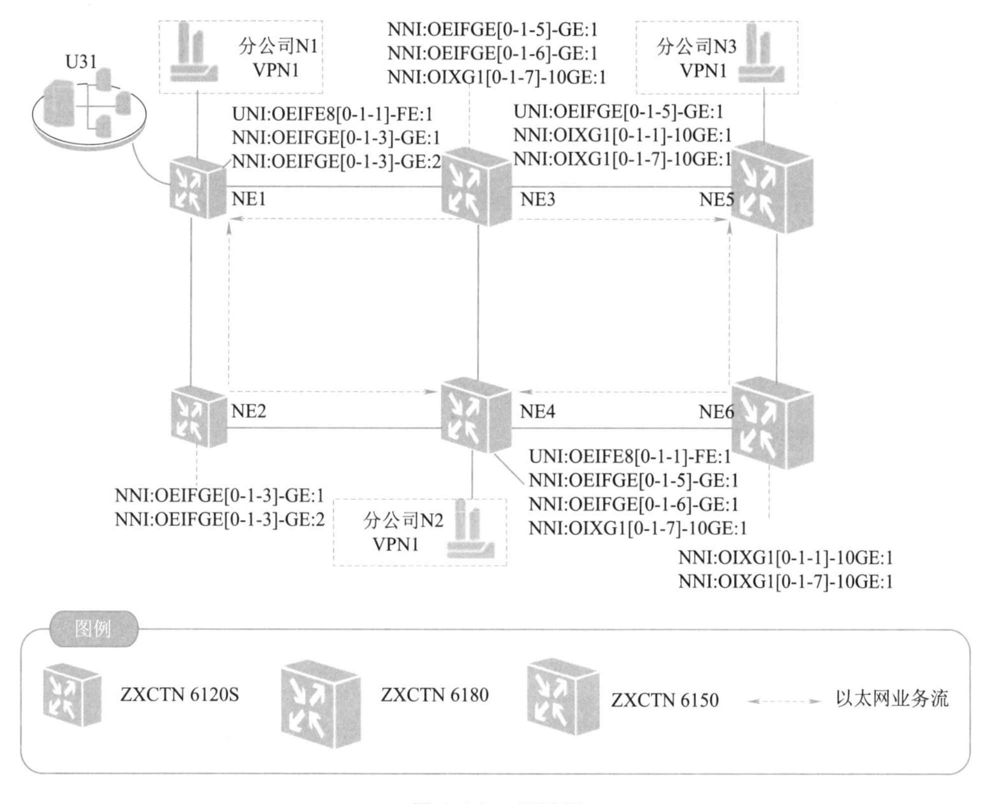

图 3-6-1　组网图

任务目标

- 熟悉 U31 网管系统 L3VPN 业务配置步骤。
- 掌握 U31 网管系统 L3VPN 业务配置方法。

任务实施

一、任务分析

1. 业务组网规划

L3VPN 业务组网规划如图 3-6-2 所示。

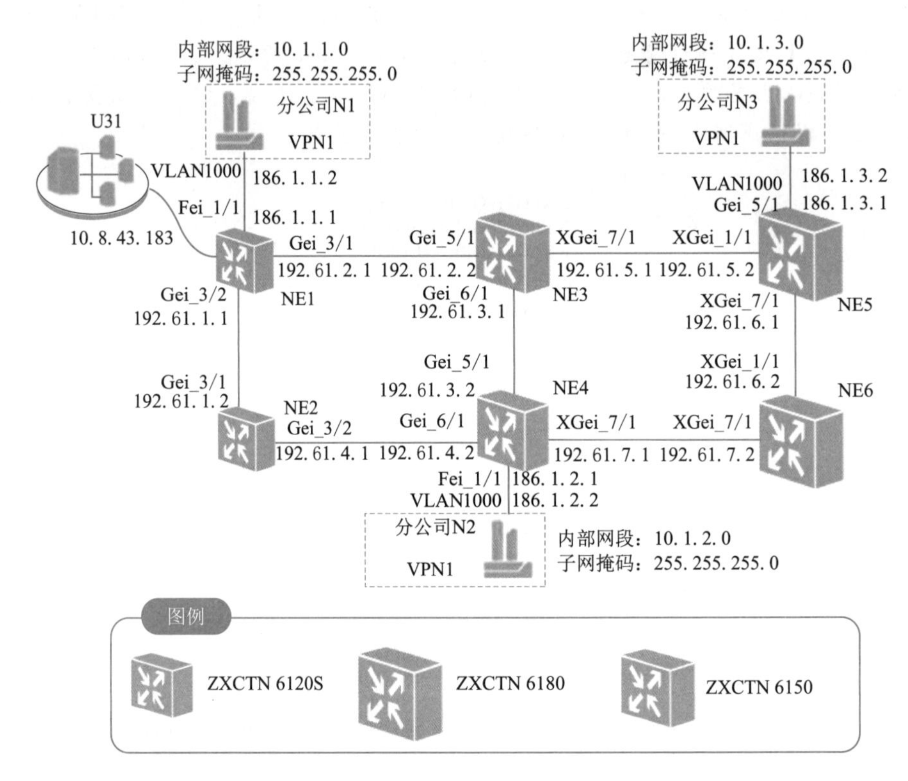

图 3-6-2　L3VPN 业务组网规划图

2. 参数规划

网元规划如表 3-6-1 所示。

表 3-6-1　网元规划

参　数	NE1	NE2	NE3	NE4	NE5	NE6
网元类型	ZXCTN 6120S	ZXCTN 6120S	ZXCTN 6150	ZXCTN 6150	ZXCTN 6180	ZXCTN 6180
IP 地址	192.168.20.1	192.168.20.2	192.168.20.3	192.168.20.4	192.168.20.5	192.168.20.6
硬件/软件版本	V3.00/V3.00	V3.00/V3.00	V3.00/V3.00	V3.00/V3.00	V3.00/V3.00	V3.00/V3.00
单板	OEIFGE(3#)/OEIFE8(1#)	OEIFGE(3#)	OEIFGE(5#、6#)/OIXG1(7#)	OEIFGE(5#、6#)/OIXG1(7#)/OEIFE8(1#)	OIXG1(1#、7#)/OEIFGE(5#)	OIXG1(1#、7#)

基础数据规划如表 3-6-2 所示。

表 3-6-2　基础数据规划

网元	基础数据配置项							
	“三层接口/子接口配置”→“三层接口”页面					“ARP 配置”→“ARP 条目配置”页面		其他参数
	绑定端口类型	绑定端口	指定 IP 地址	IP 地址	掩码	对端 IP 地址	对端 MAC 地址	
NE1	以太网端口	OEIFGE[0 - 1 - 3] - GE:1	√	192.61.2.1	255.255.255.0	192.61.2.2	00 - 00 - 00 - 00 - 00 - 03	默认值
		OEIFGE[0 - 1 - 3] - GE:2		192.61.1.1		192.61.1.2	00 - 00 - 00 - 00 - 00 - 02	
NE2		OEIFGE[0 - 1 - 3] - GE:1		192.61.1.2		192.61.1.1	00 - 00 - 00 - 00 - 00 - 01	
		OEIFGE[0 - 1 - 3] - GE:2		192.61.4.1		192.61.4.2	00 - 00 - 00 - 00 - 00 - 04	
NE3		OEIFGE[0 - 1 - 5] - GE:1		192.61.2.2		192.61.2.1	00 - 00 - 00 - 00 - 00 - 01	
		OEIFGE[0 - 1 - 6] - GE:1		192.61.3.1		192.61.3.2	00 - 00 - 00 - 00 - 00 - 04	
		OIXG1[0 - 1 - 7] - 10GE:1		192.61.5.1		192.61.5.2	00 - 00 - 00 - 00 - 00 - 05	
NE4		OEIFGE[0 - 1 - 5] - GE:1		192.61.3.2		192.61.3.1	00 - 00 - 00 - 00 - 00 - 03	
		OEIFGE[0 - 1 - 6] - GE:1		192.61.4.2		192.61.4.1	00 - 00 - 00 - 00 - 00 - 02	
		OIXG1[0 - 1 - 7] - 10GE:1		192.61.7.1		192.61.7.2	00 - 00 - 00 - 00 - 00 - 06	
NE5		OIXG1[0 - 1 - 1] - 10GE:1		192.61.5.2		192.61.5.1	00 - 00 - 00 - 00 - 00 - 03	
		OIXG1[0 - 1 - 7] - 10GE:1		192.61.6.1		192.61.6.2	00 - 00 - 00 - 00 - 00 - 06	
NE6		OIXG1[0 - 1 - 1] - 10GE:1		192.61.6.2		192.61.6.1	00 - 00 - 00 - 00 - 00 - 05	
		OIXG1[0 - 1 - 7] - 10GE:1		192.61.7.2		192.61.7.1	00 - 00 - 00 - 00 - 00 - 04	

静态隧道参数规划如表 3-6-3 所示。

表 3-6-3　静态隧道参数规划

参　　数	第一条隧道	第二条隧道	第三条隧道
组网类型	线型	线型	线型
保护类型	线型保护	线型保护	线型保护
终结属性	终结	终结	终结
组网场景	普通线型 + 隧道线型保护 + 两端终结		
隧道保护类型	1:1 单发双收路径保护		
业务方向	双向	双向	双向
A 端点	NE1	NE1	NE4
Z 端点	NE5	NE4	NE5
用户标签	Tunnel_NE1 - NE3 - NE5	Tunnel_NE1 - NE2 - NE4	Tunnel_NE4 - NE6 - NE5
连接允许控制(CAC)	不勾选	不勾选	不勾选
约束选项	保护路径必经网元 NE3	保护路径必经网元 NE2	保护路径必经网元 NE6
其他参数	默认值		

静态 L3VPN 业务基本参数规划如表 3-6-4 所示。

表 3-6-4　静态 L3VPN 业务基本参数规划

参　　数	值
配置方式	静态
用户标签	L3VPN1
组网类型	FullMesh 组网
其他参数	默认值

静态 L3VPN 业务接入接口规划如表 3-6-5 所示。

表 3-6-5　静态 L3VPN 业务接入接口规划

网　　元	用户侧接口	IP	掩　　码
NE1	NE1 - OEIFE8[0 - 1 - 1] - FE:1 - (L3)	186.1.1.1	255.255.255.0
NE4	NE4 - OEIFE8[0 - 1 - 1] - FE:1 - (L3)	186.1.2.1	255.255.255.0
NE5	NE5 - OEIFGE[0 - 1 - 5] - GE:1 - (L3)	186.1.3.1	255.255.255.0

静态 L3VPN 业务的 VRF 配置规则如表 3-6-6 所示。

表 3-6-6　静态 L3VPN 业务的 VRF 配置规划

参　　数	NE1	NE4	NE5
入标签	102940	102874	102970
VRF 名称	VPN1	VPN1	VPN1

PE 到 CE 的静态路由规划如表 3-6-7 所示。

表 3-6-7　PE 到 CE 的静态路由规划

参　　数	NE1	NE4	NE5
组网类型	非直连路由	非直连路由	非直连路由
目标网段	10.1.1.0	10.1.2.0	10.1.3.0
掩码	255.255.255.0	255.255.255.0	255.255.255.0
主节点出端口	NE1 - OEIFE8[0 - 1 - 1] - FE:1 - (L3)	NE4 - OEIFE8[0 - 1 - 1] - FE:1 - (L3)	NE5 - OEIFGE[0 - 1 - 5] - GE:1 - (L3)
主节点下一跳	186.1.1.2	186.1.2.2	186.1.3.2
其他参数	默认设置		

高级属性规划如表 3-6-8 所示。

表 3-6-8　高级属性规划

参　　数	属 性 值
控制进入 VRF 的路由数	4294967295
达到路由数目动作	仅告警
流量统计	√
映射优先级	继承优先级
TTL 模式	管道模式
其他参数	默认值

3. 前置条件

已完成网元基础数据配置。

二、任务引导与步骤

1. 创建静态隧道

步骤1:在网管主界面的工具栏,选择“业务”→“新建”→“新建静态隧道”命令,进入“新建静态隧道”页面。

步骤2:在“新建静态隧道”页面中,参见表3-6-3,创建一条隧道,如图3-6-3所示。

2. 创建静态L3VPN业务

步骤1:在网管主界面的工具栏,选择“业务”→“新建”→“新建L3VPN业务”命令,进入“新建L3VPN业务”页面。

步骤2:在“新建L3VPN业务”页面,参见表3-6-4,设置L3VPN业务的基本参数,如图3-6-4所示。

新建静态隧道	
参数模板	TMP-1:1单发双收-SD使能(缺省)
组网类型	线型
保护类型	线型保护
终结属性	终结
组网场景	普通线型+隧道线型保护+两端终结
组网样图	A Z
保护策略	完全保护
隧道保护类型	1:1单发双收路径保护
业务方向	双向
A端点*	NE1
Z端点*	NE5
批量条数	1
用户标签	Tunnel_NE1-NE3-NE5

图3-6-3　“新建静态隧道”页面

新建L3VPN业务	
参数模板	
配置方式	静态
用户标签	L3VPN
客户	
组网类型	FullMesh组网
立即激活	☑
立即投入服务	☑

图3-6-4　“新建L3VPN业务”页面

3. 配置静态L3VPN参数

步骤1:切换到“节点和接口”页面,参见表3-6-5,设置业务的接入节点和接口,如图3-6-5所示。

节点和接口　隧道绑定　VRF配置　静态路由　高级属性　其它

节点和接口	节点类型	IP	掩码
NE1	SPE		
NE1-OEIFE8[0-1-1]-FE:1-(L3)		186.1.1.1	255.255.255.0
NE4-	SPE		
NE4--OEIFE8[0-1-1]-FE:1-(L3)		186.1.2.1	255.255.255.0
NE5-	SPE		
NE5--OEIFGE[0-1-5]-GE:1-(L3)		186.1.3.1	255.255.255.0

图3-6-5　“节点和接口”页面

步骤 2:切换到“隧道绑定”页面,设置业务绑定的隧道,如图 3-6-6 所示。

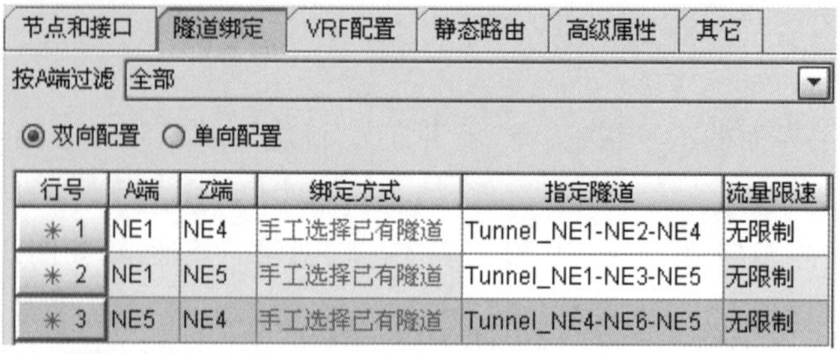

节点和接口 | 隧道绑定 | VRF配置 | 静态路由 | 高级属性 | 其它

按A端过滤 全部

◉ 双向配置 ○ 单向配置

行号	A端	Z端	绑定方式	指定隧道	流量限速
* 1	NE1	NE4	手工选择已有隧道	Tunnel_NE1-NE2-NE4	无限制
* 2	NE1	NE5	手工选择已有隧道	Tunnel_NE1-NE3-NE5	无限制
* 3	NE5	NE4	手工选择已有隧道	Tunnel_NE4-NE6-NE5	无限制

图 3-6-6 “隧道绑定”页面

用户可根据需要配置流量限速,本任务中设置为无限制。

步骤 3:切换到“VRF 配置”页面,参见表 3-6-6,配置 VRF 的 VRF 名称,如图 3-6-7 所示。

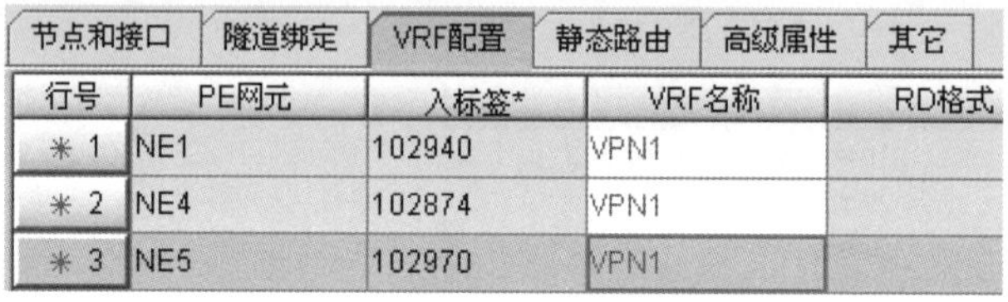

节点和接口 | 隧道绑定 | VRF配置 | 静态路由 | 高级属性 | 其它

行号	PE网元	入标签*	VRF名称	RD格式
* 1	NE1	102940	VPN1	
* 2	NE4	102874	VPN1	
* 3	NE5	102970	VPN1	

图 3-6-7 “VRF 配置”页面

对于静态 L3VPN 业务,网管会给每个 VRF 分配一个标签。如果不配置 VRF 名称,网管会自动分配一个名称。

步骤 4:切换到“静态路由”页面,选中按路由关联关系,如图 3-6-8 所示。

节点和接口 | 隧道绑定 | VRF配置 | 静态路由 | 高级属性 | 其它

○ 按单个路由表项 ◉ 按路由关联关系

行号	编辑状态	路由类型	本地网元	目标网段	掩码	相关网元
1	新增	直连路由	NE1	186.1.1.0	255.255.255.0	NE4, NE5
2	新增	直连路由	NE4	186.1.2.0	255.255.255.0	NE1, NE5
3	新增	直连路由	NE5	186.1.3.0	255.255.255.0	NE1, NE4

图 3-6-8 “静态路由”页面

本任务中,在设备 NE1、NE4 和 NE5 上,系统自动生成到 186.1.1.0、186.1.2.0 和 186.1.3.0 三个网段的静态路由信息。

4. 配置 PE 到 CE 的非直连静态路由

步骤 1:在“静态路由”页面中,单击“增加”下拉按钮,选择“增加路由”组,打开“增加路由组向导 - -增加路由”对话框。

步骤 2:在“主节点”下拉列表框中,选择网元 NE1,单击“增加路由”按钮,增加一条路由设置。参见表 3-6-7,配置 NE1 到 CE 设备局域网的静态路由,如图 3-6-9 所示。

步骤 3:单击“下一步”按钮,打开“增加路由组向导 - 设置路由发布属性”对话框。在“请选择要将路由发布到哪些网元”区域框里,选中所有复选框,如图 3-6-10 所示。

步骤 4:单击“下一步”按钮,打开“增加路由组向导 - 路由发布预览”对话框,如图 3-6-11 所示。

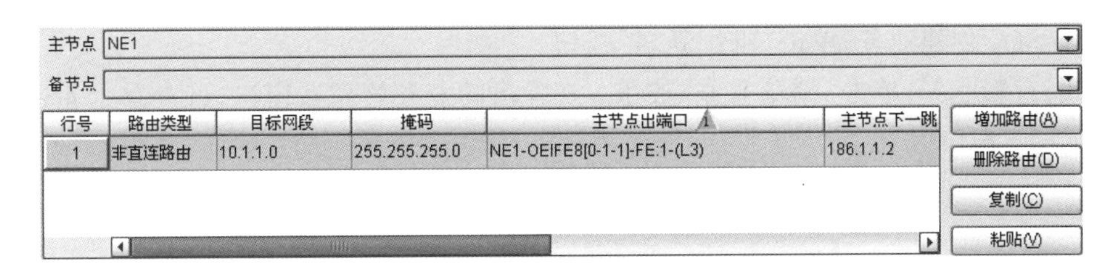

图 3-6-9　配置路由

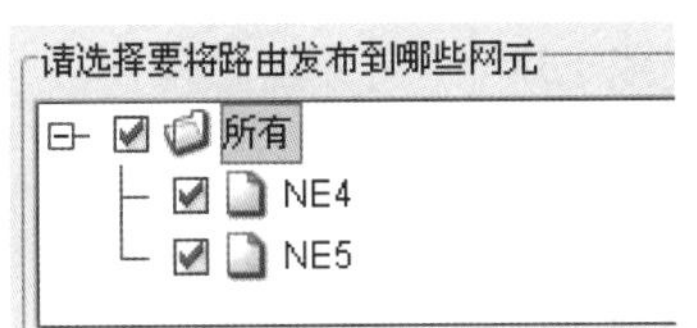

图 3-6-10　选择网元

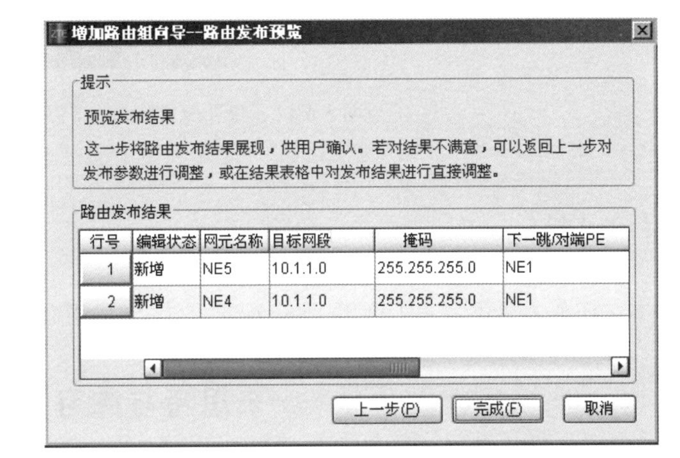

图 3-6-11　“增加路由组向导－路由发布预览”对话框

步骤 5：单击“完成”按钮，完成网元 NE1 到 CE 的非直连静态路由配置。

步骤 6：重复步骤 1～5，配置网元 NE4、NE5 到 CE 的非直连静态路由信息，如图 3-6-12 所示。

5.（可选）配置静态 L3VPN 业务其他属性

步骤 1：切换至“高级属性”页面，参见表 3-6-8，配置静态 L3VPN 业务的高级属性，如图 3-6-13所示。

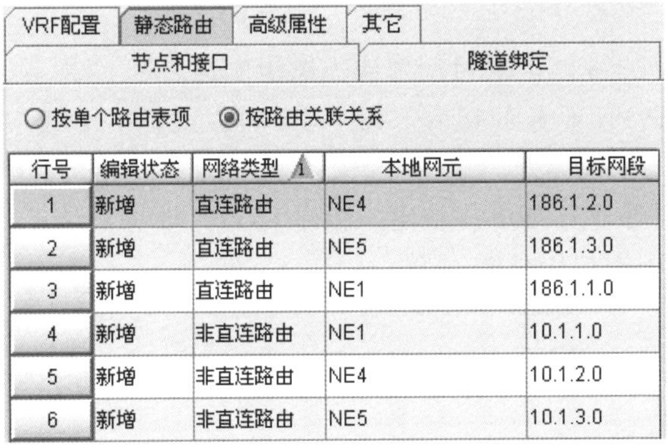

VRF配置　静态路由　高级属性　其它　节点和接口　隧道绑定

○按单个路由表项　◉按路由关联关系

行号	编辑状态	网络类型	本地网元	目标网段
1	新增	直连路由	NE4	186.1.2.0
2	新增	直连路由	NE5	186.1.3.0
3	新增	直连路由	NE1	186.1.1.0
4	新增	非直连路由	NE1	10.1.1.0
5	新增	非直连路由	NE4	10.1.2.0
6	新增	非直连路由	NE5	10.1.3.0

图 3-6-12　配置路由

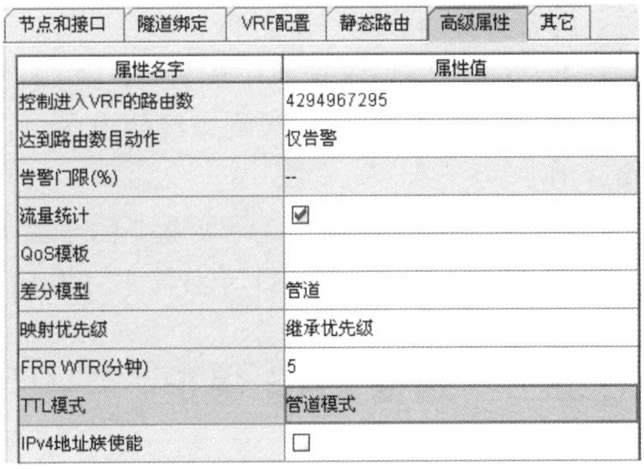

节点和接口　隧道绑定　VRF配置　静态路由　高级属性　其它

属性名字	属性值
控制进入VRF的路由数	4294967295
达到路由数目动作	仅告警
告警门限(%)	--
流量统计	☑
QoS模板	
差分模型	管道
映射优先级	继承优先级
FRR WTR(分钟)	5
TTL模式	管道模式
IPv4地址族使能	☐

图 3-6-13　“高级属性”页面

步骤 2：切换至其他页面，配置静态 L3VPN 业务的自定义属性、用户批注信息。

6. 完成业务配置

单击“应用”按钮，弹出“新建 L3VPN 业务成功”的信息对话框。

①若需继续创建业务,单击“继续新建”按钮。

②若需查看业务,单击“浏览业务”按钮。在弹出的业务管理器窗口,可查看业务拓扑及详细信息,如图 3-6-14 所示。

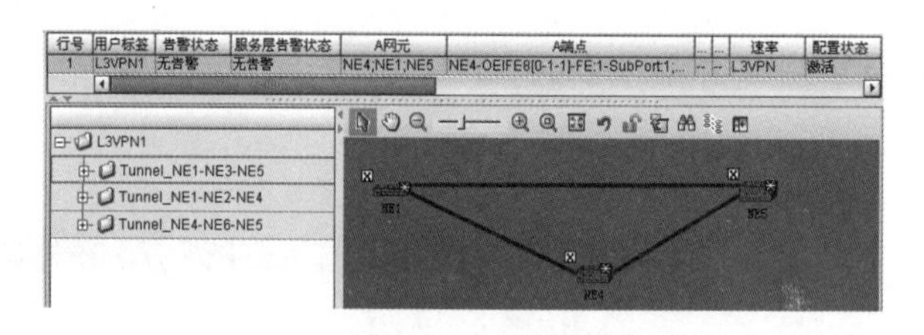

图 3-6-14　查看配置结果(L3VPN 业务)

任务小结

本次任务主要学习了 L3VPN 业务配置方法,学生需独立完成 L3VPN 业务配置操作。

※思考与练习

一、填空题

1. 创建新网元的方式有(　　)、(　　)、(　　)。
2. PTN 设备的 NNI 侧接口支持 3 种端口设置,分别为(　　)、(　　)和混合端口模式。
3. 路由类型可以分为(　　)、静态路由、动态路由.
4. L3VPN 业务隧道建立时,组网类型为(　　)、保护类型为(　　)。
5. 隧道 1:1 保护类型中可以分为(　　)保护和(　　)保护。

二、选择题

1. (　　)对于静态 L3VPN 业务,网管会给每个 VRF 分配一个标签。如果不配置 VRF 名称,网管会自动分配一个名称。
2. (　　)L3VPN 业务中配置 PE 到 CE 的非直连路由通过配置静态路由实现。
3. (　　)PE 为公共网络边缘侧设备,负责 VPN 业务的接入。每个 PE 可以维护一个或多个 VRF。
4. (　　)创建静态 L3VPN 业务的步骤为选择业务菜单→新建→新建 L3VPN 业务。
5. (　　)隧道保护 1:1 单发双收工作过程中需启用 APS 协议。

任务七　掌握 LAG 保护

任务描述

LAG 保护最为常用的是负载均衡模式,此次任务介绍 UNI 侧负载均衡模式的 GE 链路聚合组的配置方法。该场景中,通过 U31 网管在 ZXCTN 设备上配置基于 Native VLAN 的负载均衡模式动态链路聚合组。

如图 3-7-1 所示，RNC 通过接入 ZXCTN 设备，与远端 NodeB 完成业务交互。ZXCTN 设备通过组成 LAG 组的 GE 端口 1、2 和 3，与用户侧 RNC 设备进行连接。

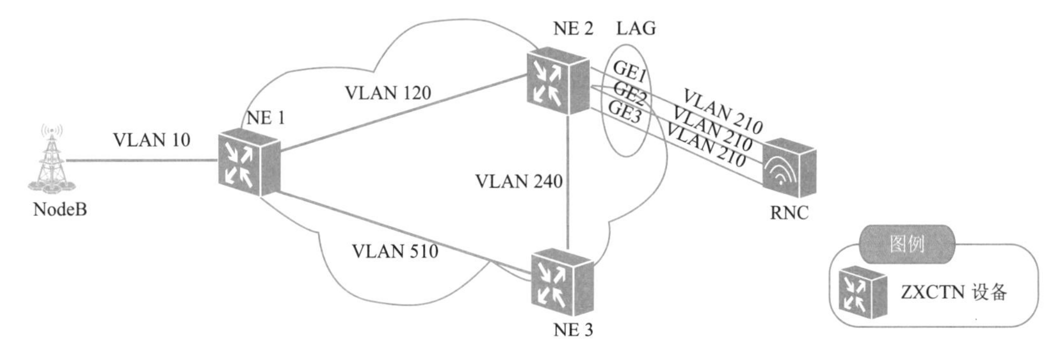

图 3-7-1　组网图

任务目标

- 熟悉 U31 网管系统 LAG 保护配置步骤。
- 掌握 U31 网管系统 LAG 保护配置方法。

任务实施

一、任务分析

1. 数据规划

网络规划如表 3-7-1 所示。

表 3-7-1　网络规划

网　元	网元 IP 地址	单　板	槽　位　号	端　口　号	接口 IP	接口 VLAN
NE1	192.61.20.1	OEIFGE	1	1	10.10.51.2	510
		OEIFE8	2	1	10.10.12.1	120
			4	1	10.10.11.1	110
NE2	192.61.20.2	OEIGE4	1	1	10.10.12.2	120
			2	1	10.10.24.1	240
			4	1	10.10.21.1	210
				2	10.10.21.3	210
				3	10.10.21.5	210
NE3	192.61.20.3	OEIFGE	1	1	10.10.24.2	240
			2	1	10.10.51.1	510

链路聚合端口属性如表 3-7-2 所示。

表 3-7-2　链路聚合端口属性

参　　数	值
端口	OEIFGE[0-1-4] - GE:1 OEIFGE[0-1-4] - GE:2 OEIFGE[0-1-4] - GE:3
速率选择	1 000 Mbit/s 全双工
VLAN 模式	干线

链路聚合组 1 的高级属性参数设置如表 3-7-3 所示。

表 3-7-3　链路聚合组 1 的高级属性参数设置

参　　数	值
用户标示	LAG_1
VLAN 模式	干线
聚合模式	手工
保护方式	负载均衡模式
其他参数	默认设置

链路聚合组的 LACP 属性如表 3-7-4 所示。

表 3-7-4　链路聚合组的 LACP 属性

参　　数	值
返回方式	返回式
等待恢复时间(s)	30
其他	默认设置

2. 前置条件

已完成网元基础数据配置。该场景涉及的端口满足任务需求。

二、任务引导与步骤

1. 设置参与链路聚合的物理端口速率一致

步骤 1:在拓扑管理视图中,右击网元 NE2,在弹出的快捷菜单中选择“网元管理”命令,弹出“网元管理”对话框。

步骤 2:在左下角的网元操作导航树中,选择“接口配置”→“以太网端口基本属性配置”,弹出“以太网端口基本属性配置”对话框。

步骤 3:在“选择单板”下拉列表框中选择 OEIFGE[0-1-4]单板。

步骤 4:参见表 3-7-2,设置端口属性,如图 3-7-2 所示。

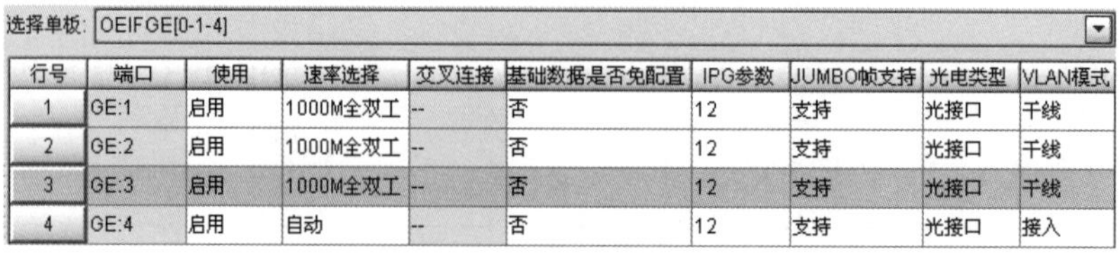

选择单板: OEIFGE[0-1-4]

行号	端口	使用	速率选择	交叉连接	基础数据是否免配置	IPG参数	JUMBO帧支持	光电类型	VLAN模式
1	GE:1	启用	1000M全双工	--	否	12	支持	光接口	干线
2	GE:2	启用	1000M全双工	--	否	12	支持	光接口	干线
3	GE:3	启用	1000M全双工	--	否	12	支持	光接口	干线
4	GE:4	启用	自动	--	否	12	支持	光接口	接入

图 3-7-2　设置端口属性

步骤 5:单击“应用”按钮,提示确认。

步骤6:单击“确定”按钮,使设置生效。

2.创建链路聚合组

步骤1:在“网元管理”对话框的网元操作导航树中,选择“接口配置”→“聚合端口配置”,弹出“聚合端口配置”对话框。

步骤2:单击“增加”按钮,弹出“创建”对话框。

步骤3:设置端口号为1,聚合模式为手工。

步骤4:单击“应用”按钮,增加一个链路聚合组。

步骤5:单击“关闭”按钮,返回“聚合端口配置”对话框。

3.设置链路聚合组端口属性

步骤1:从端口列表区域框中,选择OEIFGE[0-1-4]单板的用户以太网端口1、2和3,增加到链路聚合组1,如图3-7-3所示。

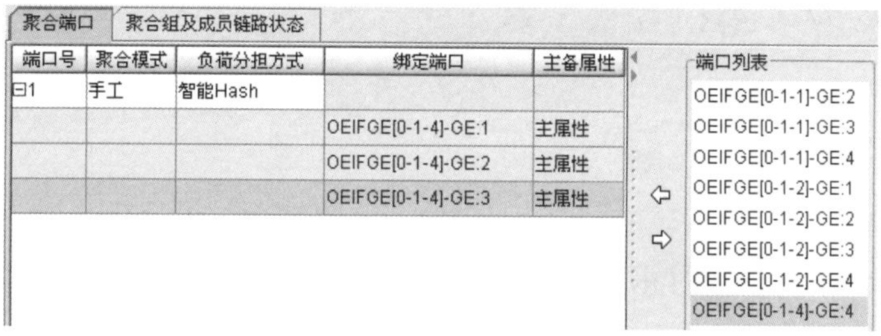

聚合端口 | 聚合组及成员链路状态

端口号	聚合模式	负荷分担方式	绑定端口	主备属性
⊟1	手工	智能Hash		
			OEIFGE[0-1-4]-GE:1	主属性
			OEIFGE[0-1-4]-GE:2	主属性
			OEIFGE[0-1-4]-GE:3	主属性

端口列表

OEIFGE[0-1-1]-GE:2
OEIFGE[0-1-1]-GE:3
OEIFGE[0-1-1]-GE:4
OEIFGE[0-1-2]-GE:1
OEIFGE[0-1-2]-GE:2
OEIFGE[0-1-2]-GE:3
OEIFGE[0-1-2]-GE:4
OEIFGE[0-1-4]-GE:4

图3-7-3 绑定端口

步骤2:单击“高级”按钮,弹出高级对话框。

步骤3:参见表3-7-3,设置链路聚合组1的高级属性。

步骤4:单击“确定”按钮,返回“聚合端口配置”对话框。

4.设置LACP属性

步骤1:在“LACP属性”列表框中,参见表3-7-4,设置链路聚合组的LACP属性,如图3-7-4所示。

LACP属性

行号	端口号	返回方式	等待恢复时间(秒)	聚合链路组超时时间(秒)	倒换状态
1	1	返回式	10	--	无主备关系

图3-7-4 设置LACP属性

步骤2:单击“应用”按钮,提示下发LAG配置参数的确认对话框。

步骤3:单击“确定”按钮,完成配置。

任务小结

本次任务主要学习了LAG保护配置方法,LAG保护在分组传送网中应用较为普遍,一般应用线路的扩容。3G、4G的分组传送网与RNC端对接的端口一般都采用LAG保护方式。通过本次任务的学习,学生需具备独立完成LAG保护配置操作能力。

※思考与练习

一、填空题

1.LAG保护的方式有(　　)和(　　)。

2. 在 LAG 保护中 LACP 有两种工作模式:(　　)和(　　)。
3. LAG 保护可以增加(　　),实现传送冗余保护。
4. LAG 保护遵循 IEEE(　　)协议标准。
5. PTN 中 LAG 配置时设备端口只支持(　　)模式。

二、判断题

1. (　　)LACP 协议用于动态控制物理端口是否加入到聚合组中。
2. (　　)LAG 组内成员的工作速率必须保持一致。
3. (　　)同一聚合链路两端既可以配置成手工聚合也可以配置为静态聚合模式。
4. (　　)LAG 聚合保护中,静态模式不启动 LACP 协议,手工模式启动 LACP 协议。
5. (　　)LAG 保护中静态模式可以检测端口是否环回。

任务八　了解 IP FRR

任务描述

在网络侧配置路由保护 IP FRR,若主用工作路径故障,业务可快速切换到备用的保护路径上。本次任务以双归节点在同一个机房或有直连链路的情况为例说明详细的配置过程。

如图 3-8-1 所示,PE2 和 PE3 设备在同一个机房,处在直连链路上,在 PE2、PE3 和 CE 之间形成 IP FRR 保护,采用经 PE2-PE3-CE 的网络侧路由保护客户侧路由。

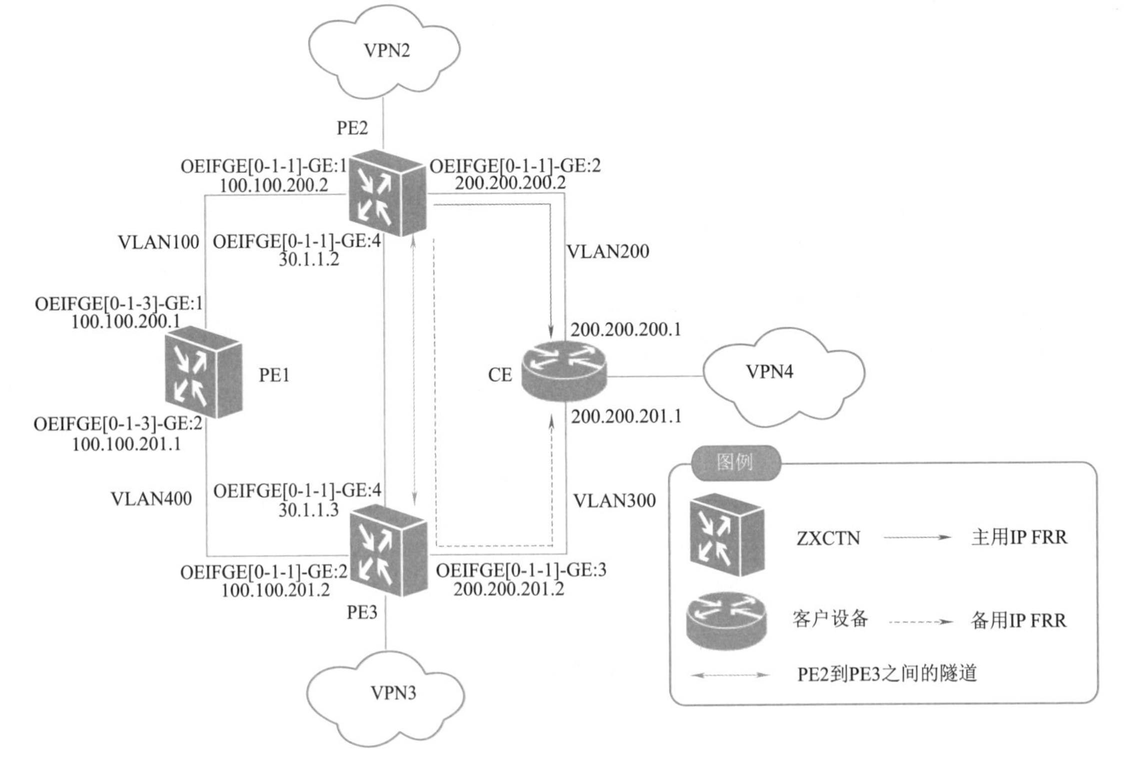

图 3-8-1　配置网络侧路由保护用户侧路由的 IP FRR 组网规划

任务目标

- 熟悉 U31 网管系统 IP FRR 配置步骤。
- 掌握 U31 网管系统 IP FRR 配置方法。

任务实施

一、任务分析

1. 数据规划

网元属性说明如表 3-8-1 所示。

表 3-8-1 网元属性说明

属 性	网 元		
	PE1	PE2	PE3
设备类型	ZXCTN 6120S	ZXCTN 6150	ZXCTN 6180
硬件版本	V3.00		
软件版本	V3.00		

网元 IP 地址规划如表 3-8-2 所示。

表 3-8-2 网元 IP 地址规划

设 备	IP 地址	业务环回地址	子网掩码
PE1	100.100.100.101	1.1.1.1	255.255.255.0
PE2	100.100.100.102	2.2.2.2	255.255.255.0
PE3	100.100.100.103	3.3.3.3	255.255.255.0

网元之间的纤缆连接如表 3-8-3 所示。

表 3-8-3 网元之间的纤缆连接

纤缆名称	纤缆方向
PE1-OEIFGE[0-1-3]-GE:1_PE2-OEIFGE[0-1-1]-GE:1	双向
PE1-OEIFGE[0-1-3]-GE:2_PE3-OEIFGE[0-1-1]-GE:2	双向
PE2-OEIFGE[0-1-1]-GE:4_PE3-OEIFGE[0-1-1]-GE:4	双向

PE1 网元基础配置如表 3-8-4 所示。

表 3-8-4 PE1 网元基础配置

参数项		取 值			
“以太网端口基础配置”页面	选择单板	OEIFGE[0-1-3]	OEIFGE[0-1-3]	—	—
	端口	GE:1	GE:2	—	—
	VLAN 模式	干线	干线	—	—

续表

参　数　项		取　　值			
"VLAN 接口配置"页面	接口 ID	100	400	—	—
	端口组	OEIFGE[0-1-3]-GE:1	OEIFGE[0-1-3]-GE:2	—	—
"三层接口/子接口配置"→"三层接口"页面	绑定端口类型	以太网端口	以太网端口	VLAN 端口	VLAN 端口
	绑定端口	OEIFGE[0-1-3]-GE:1	OEIFGE[0-1-3]-GE:2	VLAN 端口:100	VLAN 端口:400
	指定 IP 地址	勾选	勾选	勾选	勾选
	IP 地址	100.100.200.1	100.100.201.1	10.0.0.5	40.0.0.5
"ARP 配置"页面	对端 IP 地址	100.100.200.2	100.100.201.2	—	—
	对端 MAC 地址	00.00.00.00.02	00.00.00.00.03	—	—

PE2 网元基础配置如表 3-8-5 所示。

表 3-8-5　PE2 网元基础配置

参　数　项		取　　值					
"以太网端口基础配置"页面	选择单板	OEIFGE[0-1-1]			—	—	—
	端口	GE:1	GE:2	GE:4	—	—	—
	VLAN 模式	干线	干线	干线	—	—	—
"VLAN 接口配置"页面	接口 ID	100	200	500	—	—	—
	端口组	OEIFGE[0-1-1]-GE:1	OEIFGE[0-1-1]-GE:2	OEIFGE[0-1-1]-GE:4	—	—	—
"三层接口/子接口配置"→"三层接口"页面	绑定端口类型	以太网端口	以太网端口	以太网端口	VLAN 端口	VLAN 端口	VLAN 端口
	绑定端口	OEIFGE[0-1-1]-GE:1	OEIFGE[0-1-1]-GE:2	OEIFGE[0-1-1]-GE:4	VLAN 端口:100	VLAN 端口:200	VLAN 端口:500
	指定 IP 地址	勾选	勾选	勾选	勾选	勾选	勾选
	IP 地址	100.100.200.2	200.200.200.2	30.1.1.2	10.0.0.5	20.0.05	30.0.0.5
"ARP 配置"页面	对端 IP 地址	100.100.200.1	200.200.200.1	30.1.1.3	—	—	—
	对端 MAC 地址	00.00.00.00.01	00.00.00.00.04	00.00.00.00.03	—	—	—

PE3 网元基础配置如表 3-8-6 所示。

表 3-8-6　PE3 网元基础配置

参　数　项		取　　值					
"以太网端口基本属性配置"页面	选择单板	OEIFGE[0-1-1]			—	—	—
	端口	GE:1	GE:2	GE:4	—	—	—
	VLAN 模式	干线	干线	干线	—	—	—
"VLAN 接口配置"页面	接口 ID	300	400	500	—	—	—
	端口组	OEIFGE[0-1-1]-GE3	OEIFGE[0-1-1]-GE2	OEIFGE[0-1-1]-GE4	—	—	—

续表

参数项		取值					
“三层接口/子接口配置”→“三层接口”页面	绑定端口类型	以太网端口	以太网端口	以太网端口	VLAN 端口	VLAN 端口	VLAN 端口
	绑定端口	OEIFGE[0-1-1]-GE:2	OEIFGE[0-1-1]-GE:3	OEIFGE[0-1-1]-GE:4	VLAN 端口:300	VLAN 端口:400	VLAN 端口:500
	指定 IP 地址	勾选	勾选	勾选	勾选	勾选	勾选
	IP 地址	100.100.201.2	200.200.201.2	30.1.1.3	30.0.0.5	40.0.0.5	50.0.0.5
“ARP 配置”页面	对端 IP 地址	100.100.201.1	200.200.201.1	30.1.1.2	—	—	—
	对端 MAC 地址	00.00.00.00.01	00.00.00.00.04	00.00.00.00.02	—	—	—

静态隧道规划如表 3-8-7 所示。

表 3-8-7　静态隧道规划

参数项	取值		
参数模板	TMP-1:1 单发双收-SD 使能		
用户标签	TunnelPE2-PE3	TunnelPE1-PE2	TunnelPE1-PE3
组网类型	线型	线型	线型
隧道保护类型	1:1 单发双收路径保护	1:1 单发双收路径保护	1:1 单发双收路径保护
A 端点	PE2	PE1	PE1
Z 端点	PE3	PE2	PE3
业务方向	双向	双向	双向
连接允许控制(CAC)	不选中	不选中	不选中
静态路由	自动计算	自动计算	自动计算

L3VPN 基础参数规划如表 3-8-8 所示。

表 3-8-8　L3VPN 基础参数规划

参数项		取值
用户标签		L3VPN
节点和接口页面	节点	PE1
	接口	PE2
		PE3
		PE1-VLAN 端口:100(L3), PE1-VLAN 端口:400(L3)
		PE2-VLAN 端口:200(L3), PE2-VLAN 端口:200(L3),PE2-VLAN 端口:500(L3)
		PE3-VLAN 端口:300(L3), PE3-VLAN 端口:400(L3),PE3-VLAN 端口:500(L3)
隧道绑定	绑定方式	手工选择已有隧道
	指定隧道	W:TunnelPE2-PE3
		W:TunnelPE1-PE2
		W:TunnelPE1-PE3

续表

参数项		取值
VRF 配置中 VRF 名称	PE1	VPN1
	PE2	VPN2
	PE3	VPN3

PE2 到 CE 的非直连静态路由参数规划如表 3-8-9 所示。

表 3-8-9　PE2 到 CE 的非直连静态路由参数规划

参数项	取值
主节点	PE2
备节点	PE3
路由类型	非直连路由
目标网段	10.10.10.0
掩码	255.255.255.0
主节点出端口	PE2-VLAN 端口:200-(L3)
主节点下一跳 IP	200.200.200.1
备节点出端口	PE3-VLAN 端口:300-(L3)
备节点下一跳 IP	200.200.201.1

静态路由 FRR 参数规划如表 3-8-10 所示。

表 3-8-10　静态路由 FRR 参数规划

参数项	取值
对象类型	VRF
VRF ID	VPN1
	VPN2
	VPN3
FFR 使能	开启
等待恢复时间(min)	1

2. 前置条件

已完成 PE1、PE2、PE3 网元的属性配置;已完成网元之间的线缆连接;已完成网元的基础配置。

二、任务引导与步骤

1. 创建静态隧道

步骤 1:通过客户端登录网管服务器,进入拓扑管理视图。

步骤 2:在主菜单中,选择“业务”→“新建”→“新建静态隧道”命令,打开“新建静态隧道”页面。

步骤 3:参见表 3-8-7,配置静态隧道参数。

步骤 4:在“静态路由”页面,选中“自动计算”复选框,网管自动计算路由信息,如图 3-8-2 所示。

步骤 5:单击“应用”按钮。

步骤 6:参见表 3-8-7 配置 PE1-PE2、PE2-PE3、PE1-PE3 之间的静态隧道。

2. 创建 L3VPN 业务

步骤 1:在主菜单中,选择“业务”→“新建”→“新建 L3VPN 业务”命令,打开“新建 L3VPN

业务”页面。

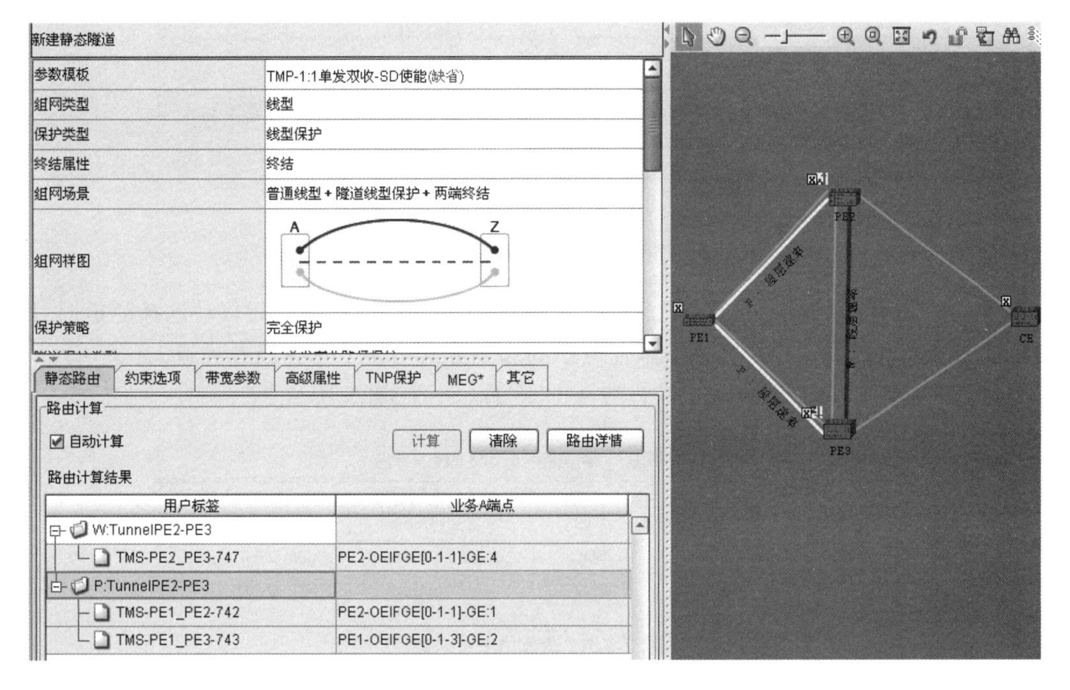

图 3-8-2　配置静态隧道

步骤 2:在“节点和接口”页面,单击“节点”按钮,在下拉菜单中选择“增加节点”,增加 PE1、PE2 和 PE3 三个节点为 SPE 节点。

步骤 3:单击“接口”按钮,在下拉菜单中选择“增加接口”,参见表 3-8-8,为各个节点增加对应的 L3VPN 接入接口,如图 3-8-3 所示。

配置方式	静态
用户标签	L3VPN
客户	
立即激活	☑
立即投入服务	☐

节点和接口　隧道绑定　VRF配置　静态路由　高级属性　其它

节点和接口	节点类型	IP	掩码
PE3			
PE3-VLAN端口:300-(L3)		30.0.0.5	255.255.255.0
PE3-VLAN端口:400-(L3)		40.0.0.5	255.255.255.0
PE3-VLAN端口:500-(L3)		50.0.0.5	255.255.255.0
PE1			
PE1-VLAN端口:100-(L3)		10.0.0.5	255.255.255.0
PE1-VLAN端口:400-(L3)		40.0.0.5	255.255.255.0
PE2			
PE2-VLAN端口:200-(L3)		20.0.0.5	255.255.255.0
PE2-VLAN端口:100-(L3)		10.0.0.5	255.255.255.0
PE2-VLAN端口:500-(L3)		30.0.0.5	255.255.255.0

图 3-8-3　配置节点和接口

步骤 4:切换到“隧道绑定”页面,检查绑定的隧道,如图 3-8-4 所示。

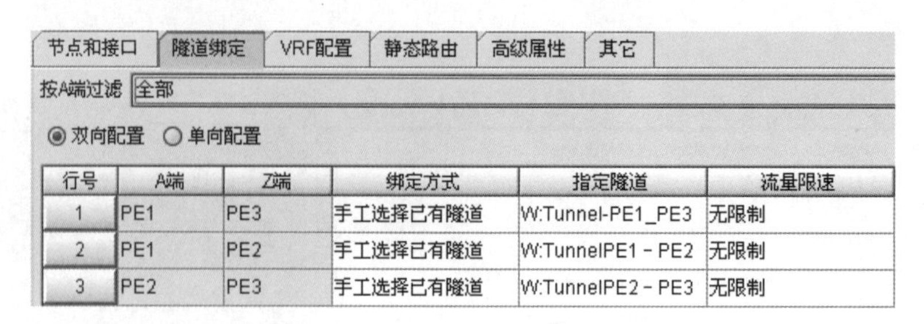

节点和接口 | 隧道绑定 | VRF配置 | 静态路由 | 高级属性 | 其它

按A端过滤 全部

◉ 双向配置　○ 单向配置

行号	A端	Z端	绑定方式	指定隧道	流量限速
1	PE1	PE3	手工选择已有隧道	W:Tunnel-PE1_PE3	无限制
2	PE1	PE2	手工选择已有隧道	W:TunnelPE1 - PE2	无限制
3	PE2	PE3	手工选择已有隧道	W:TunnelPE2 - PE3	无限制

图 3-8-4　检查绑定的隧道

绑定的隧道为已经创建的节点之间的工作隧道。若绑定方式为网元自动选择隧道时,网管系统会根据两端 PE 自动选择隧道。本任务中的绑定方式为手工选择已有隧道。

步骤 5:切换到“VRF 配置”页面,设置 VRF 名称,如图 3-8-5 所示。

节点和接口 | 隧道绑定 | VRF配置 | 静态路由 | 高级属性 | 其它

行号	PE网元	入标签*	VRF名称	RD格式	RD值
1	PE3	102876	VPN3	AS:Number	15032:32066
2	PE1	102920	VPN1	AS:Number	10606:26989
3	PE2	102905	VPN2	AS:Number	27470:31007

图 3-8-5　设置 VRF 名称

步骤 6:切换到“静态路由”页面,确认系统默认自动生成了直连的静态路由。

步骤 7:单击“增加”按钮,在下拉菜单中选择“增加路由”组,打开“增加路由组向导—增加路由”对话框。

步骤 8:在“主节点”下拉列表框中选择 PE2,在“备节点”下拉列表框中选择 PE3,单击“增加路由”按钮。参见表 3-8-9,增加一条从 PE2 到 CE 的非直连静态路由,如图 3-8-6 所示。

主节点 PE2

备节点 PE3

行号	目标网段	掩码	主节点出端口	主节点下一跳	备节点出端口	备节点下一跳	永久属性
1	10.10.10.0	255.255.255.0	PE2-VLAN端口:200-(L3)	200.200.200.1	PE3-VLAN端口:300-(L3)	200.200.201.1	永久

图 3-8-6　增加路由

步骤 9:单击“下一步”按钮,将路由发布到 PE1,如图 3-6-7 所示。

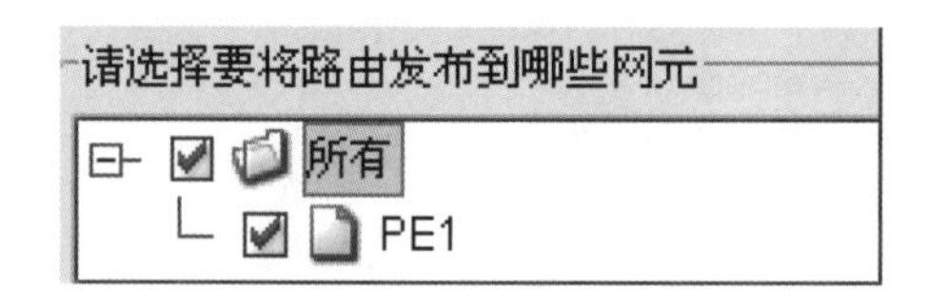

图 3-8-7　发布路由

步骤 10:单击“下一步”按钮,查看主备路由的发布信息,如图 3-8-8 所示。

步骤 11:单击“完成”按钮,返回“新建 L3VPN 业务”窗口。

步骤 12:单击“应用”按钮,完成 L3VPN 配置。

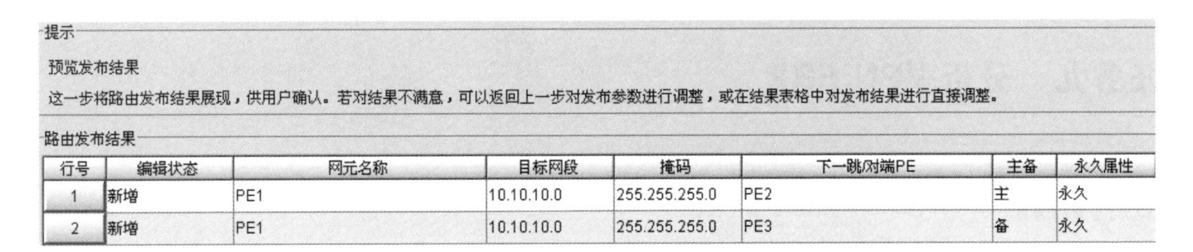

图 3-8-8　查看发布信息

3. 配置静态路由 FRR

步骤 1：进入“PE2 网元管理”对话框，在左侧网元操作导航树中，依次展开“网元操作”→“协议配置”→“路由管理”→“静态路由 FRR 开启配置”节点，进入“静态路由 FRR 开启配置”窗口。

步骤 2：单击按钮增加一条静态路由 FRR 配置条目。

步骤 3：参见表 3-8-10，设置静态路由 FRR 配置条目，如图 3-8-9 所示。

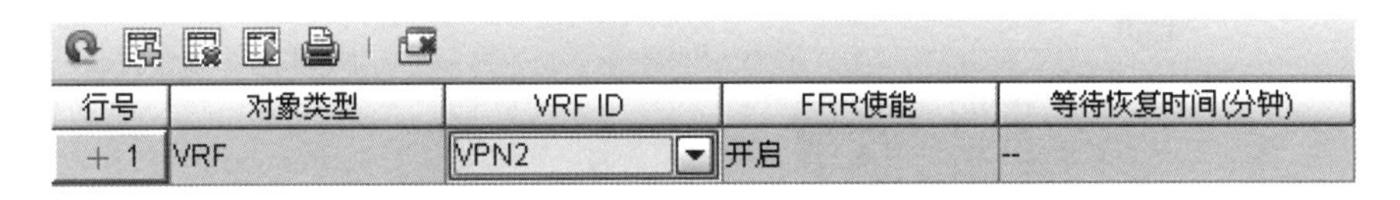

图 3-8-9　设置静态路由 FRR 配置条目

步骤 4：单击按钮下发配置。

步骤 5：参见表 3-8-10 设置 PE1 和 PE3 的路由 FRR。

任务小结

本次任务主要学习了 IP FRR 配置方法。通过本次任务的学习，学生需具备独立完成 IP FRR 配置操作能力。

※思考与练习

一、判断题

1.（　　）在网络侧配置路由保护 IP FRR，可以实现主用工作路径故障，业务可快速切换到备用的保护路径上。

2.（　　）ARP 配置项主要完成对方 IP 地址和 MAC 地址的配置。

3.（　　）PTN 的各种业务都是通过伪线承载的，而伪线是要和隧道绑定的，所以要创建各种 PTN 业务，都需要先创建隧道，然后再创建各种 PTN 业务绑定伪线。

4.（　　）在 U31 网管上通过依次展开“网元操作”→“协议配置”→“路由管理”→“静态路由 FRR 开启配置”节点，进入“静态路由 FRR 开启配置”窗口。

5.（　　）在 IPFRR 保护中保护路径和工作路径具有相同的源 IP 网段。

二、简答题

简述什么是 IP FRR。

任务九　分析 VPN FRR

任务描述

本任务基于一个具体应用组网介绍 VPN FRR 的配置方法。在业务承载方面部署动态 MPLS L3VPN 业务。如图 3-9-1 所示，CE1 和 CE2 之间通过 ZXCTN 设备组建的网络进行通信。正常状态下，CE2 访问 CE1 的路径为 CE2—NE2—NE1—CE1；当 NE2 节点故障之后，CE2 访问 CE1 的路径收敛为 CE2—NE3—NE1—CE1。

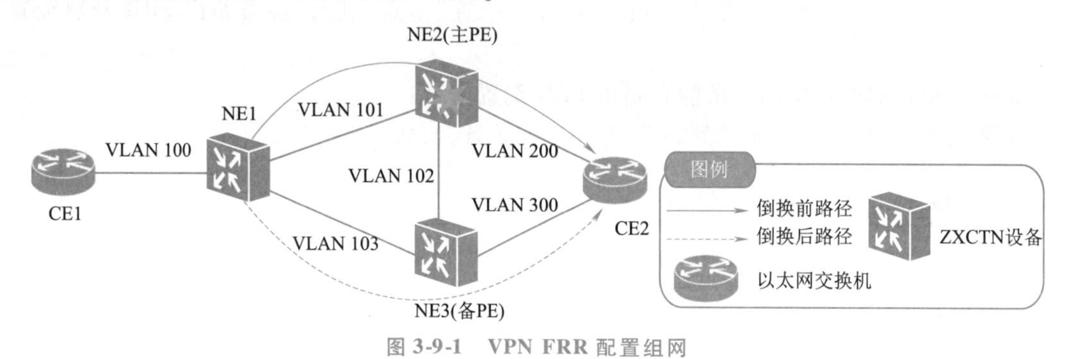

图 3-9-1　VPN FRR 配置组网

任务目标

- 熟悉 U31 网管系统 VPN FRR 配置步骤。
- 掌握 U31 网管系统 VPN FRR 配置方法。

任务实施

一、任务分析

1. 数据规划

基础数据规划如表 3-9-1 所示。

表 3-9-1　基础数据规划

网　元	环回 IP 地址	单　板	槽 位 号	端 口 号	接口 IP	接口 VLAN
NE1	1.1.1.1	OIGE8	3	1	10.0.1.1/24	101
				2	10.0.3.2/24	103
		OEIFE8	1	1	10.0.10.1/24	100
NE2	2.2.2.2	OIGE8	3	1	10.0.1.2/24	101
				2	10.0.2.1/24	102
		OEIFE8	1	1	10.0.20.1/24	200

续表

网　　元	环回 IP 地址	单　　板	槽　位　号	端　口　号	接口 IP	接口 VLAN
NE3	3.3.3.3	OIGE8	3	1	10.0.2.2/24	102
				1	10.0.3.1/24	103
		OEIFE8	1	1	10.0.30.1/24	300

FRR 参数规划如表 3-9-2 所示。

表 3-9-2　FRR 参数规划

参　　数	NE1
启用 BGP FRR 功能	选中

BFD 参数规划如表 3-9-3 所示。

表 3-9-3　BFD 参数规划

参　　数	NE1
启动 BFD 链路失效检测机制	选中
最小发包间隔(ms)	100
最小收包间隔(ms)	100
检测超时倍数	3

本地优先权值规划如表 3-9-4 所示。

表 3-9-4　本地优先权值规划

参　　数	NE2	NE3
BGP 通告出去的路由的本地优先权值	200	100(网管默认设置)

2. 前置条件

已完成网元基础数据配置;已创建 NE1、NE2、NE3 之间的隧道,包括 NE1-NE2 之间、NE1-NE3 之间、NE2-NE3 之间的隧道;已在 NE1、NE2、NE3 上配置动态 L3VPN 业务,网元的 VRF ID 均为 20;已在 NE1、NE2、NE3 上配置 MP-BGP 协议,网元已形成邻居关系。

二、任务引导与步骤

1. 在 NE1 网元上启用 FRR 功能。

步骤 1:在"NE1 网元管理"窗口,选择"网元操作"→"协议配置"→"路由管理"→"BGP 协议配置"节点,打开"BGP 协议配置"窗口。

步骤 2:在"BGP 地址族"页面,选中 IPv4 VRF 模式的地址族,单击按钮,弹出"BGP 地址族修改"对话框。

步骤 3:选中"启用 BGP FRR 功能"复选框,单击"确定"按钮,如图 3-9-2 所示。

2. 在 NE1 上配置 BFD 检测

步骤 1:在"BGP 地址族"页面,选中路由模式的地址族,同时在"邻居配置"页面,选中作为主 PE 节点的邻居(本任务主节点为 NE2"2.2.2.2"),单击 Graphic 按钮,弹出"BGP 邻居修改"

对话框。

步骤 2：切换到“高级配置”页面，在“BFD 参数配置”区域框中配置对应 BFD 参数，单击确定按钮，如图 3-9-3 所示。

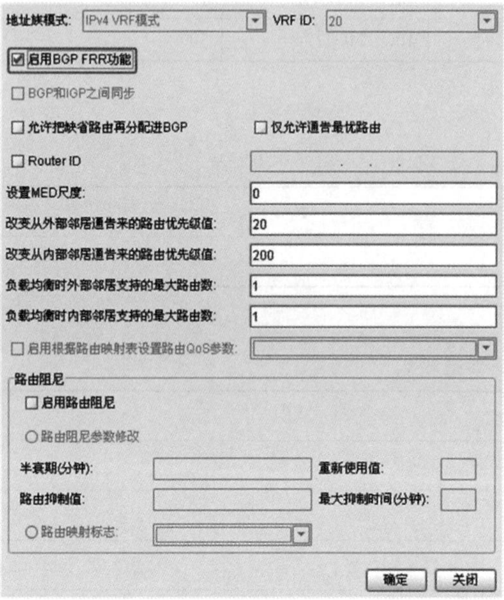

图 3-9-2　启用 BGP FRR 功能

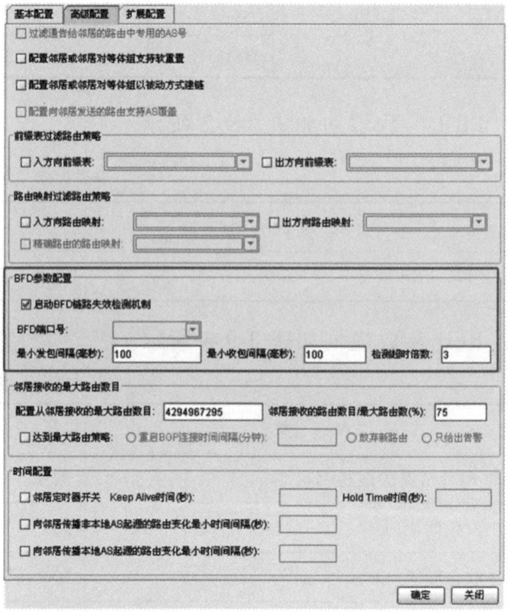

图 3-9-3　BFD 参数配置

3. 在主 PE 节点上修改本地优先级。

步骤 1：在“NE2 网元管理”窗口，选择“网元操作”→“协议配置”→“路由管理”→“BGP 协议配置”节点，打开“BGP 协议配置”窗口。

步骤 2：在“BGP 实例”页面，选中已创建的实例，单击按钮，弹出“BGP 实例修改”对话框。

步骤 3：在“基本配置”页面，设置 BGP 通告出去的路由的本地优先权值为 200，单击“确定”按钮，如图 3-9-4 所示。

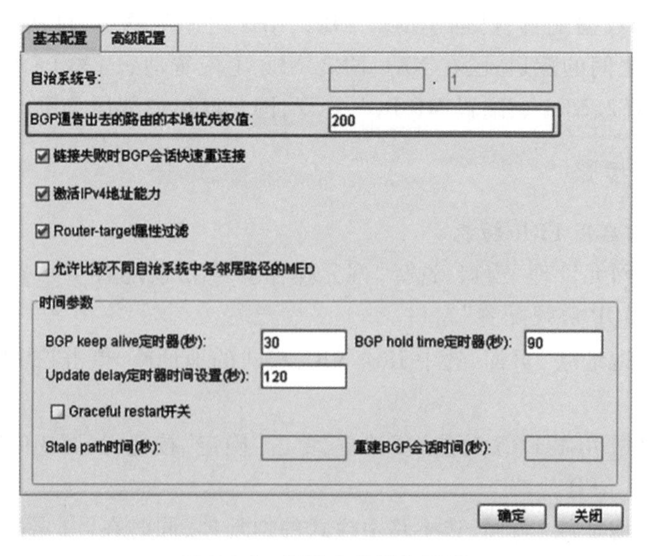

图 3-9-4　设置本地优先权值

此处只需修改主 PE 节点的本地优先级，备 PE 节点一般采用网管默认值即可。网管默认的本地优先权值为 100。

任务小结

本次任务主要学习了 VPN FRR 配置方法，通过本次任务的学习，学生需具备独立完成 VPN FRR 配置操作能力。

※思考与练习

一、判断题

1.（　　）VPN FRR 是一项旨在解决 CE 双归属网络中当 PE 设备故障时业务快速收敛的技术。

2.（　　）至少收到两条 BGP-VPNv4 路由才能形成 VPN FRR 应用。

3.（　　）形成 VPN FRR 的基本条件：必须保证 VPNV4 地址族有两条路由可交叉，从而形成 VPN FRR 主备下一跳。

4.（　　）BFD 协议用于链路失效检测机制。

5.（　　）通过 BGP 协议通告主备 PE 节点路由时，只需修改主用路由优先级，备用路由优先级采用默认即可。

二、简答题

简述 VPN FRR 的配置步骤。

任务十　了解 DNI-PW

任务描述

本任务针对一个实际应用组网介绍 DNI-PW 配合手工主备 MC-LAG 保护的配置方法。在该场景中部署 EVPL 业务。网管支持端到端创建业务时，同时配置 DNI-PW 保护。

如图 3-10-1 所示，NE1 和 NE2 之间为工作伪线，NE1 和 NE3 之间为保护伪线，NE1 的伪线保护组的类型为单发双收。NE2 和 NE3 之间配置 DNI-PW。工作 PW，保护 PW 和 DNI-PW 均配置伪线层 OAM。NE2 和 NE3 之间配置跨机架 LAG 保护。

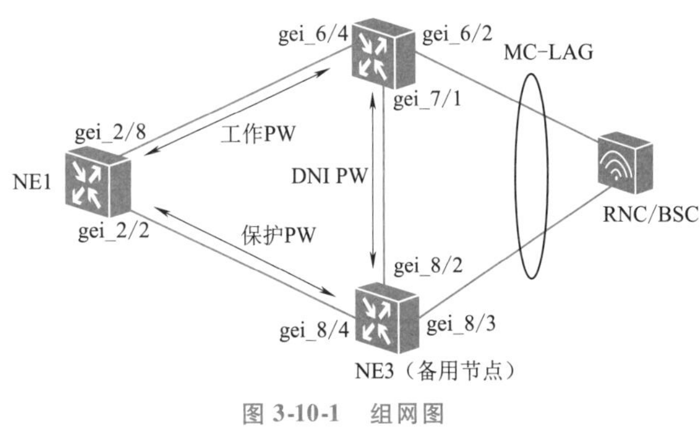

图 3-10-1　组网图

任务目标

- 熟悉 U31 网管系统 DNI-PW 配置步骤。
- 掌握 U31 网管系统 DNI-PW 配置方法。

任务实施

一、任务分析

1. 数据规划

网元属性规划如表 3-10-1 所示。

表 3-10-1　网元属性规划

属　　性	NE1	NE2	NE3
设备类型	6120S	6150	6180
硬件版本	V3.10		
软件版本	V3.00		
单板	SMDE(2#)	OEIFGE(6#) OIGE8(7#)	OIGE8(8#)

网元之间的纤缆连接如表 3-10-2 所示。

表 3-10-2　网元之间的纤缆连接

纤 缆 名 称	纤 缆 方 向
NE1-SMDE[0-1-2]-GE:8_NE2-OEIFGE[0-1-6]-GE:4	双向
NE1-SMDE[0-1-2]-GE:2_NE3-OIGE8[0-1-8]-GE:4	双向
NE2-OIGE8[0-1-7]-GE:1_NE3-OIGE8[0-1-8]-GE:2	双向

NNI 侧接口 IP 地址规划如表 3-10-3 所示。

表 3-10-3　NNI 侧接口 IP 地址规划

网　　元	IP 地址	接　　口	外层 VLAN	接口 IP 地址
NE1	100.100.100.101	SMDE[0-1-2]-GE:8-SubPort:1	20	20.0.0.1/24
		SMDE[0-1-2]-GE:2-SubPort:1	10	10.0.0.1/24
NE2	100.100.100.102	OEIFGE[0-1-6]-GE:4-SubPort:1	20	20.0.0.2/24
		OIGE8[0-1-7]-GE:1-SubPort:1	30	30.0.0.1/24
NE3	100.100.100.103	OIGE8[0-1-8]-GE:4-SubPort:1	10	10.0.0.2/24
		OIGE8[0-1-8]-GE:2-SubPort:1	30	30.0.0.2/24

网元环回 IP 地址规划如表 3-10-4 所示。

表 3-10-4　网元环回 IP 地址规划

网　　元	是否指定 IP	主 IP 地址	主 IP 地址掩码
NE2	选中	2.2.2.2	255.255.255.255
NE3	选中	3.3.3.3	255.255.255.255

跨机架设备 LDP 实例规划如表 3-10-5 所示。

表 3-10-5　跨机架设备 LDP 实例规划

参　　数	NE2	NE3
LDP 实例标识	1	1
路由器标识	loopback 端口:0	loopback 端口:0

跨机架设备 ICCP 冗余组如表 3-10-6 所示。

表 3-10-6　跨机架设备 ICCP 冗余组规划

参　　数	NE2	NE3
冗余组 ID	1	1
主机名称	HOST1	HOST1
远端路由 IP	3.3.3.3	2.2.2.2
协议列表	PW,MLACP	PW,MLACP

ICCP 保护主备静态路由规划如表 3-10-7 所示。

表 3-10-7　ICCP 保护主备静态路由规划

参　　数	NE2		NE3	
	主用路由	备用路由	主用路由	备用路由
目标网段 IP	3.3.3.3	3.3.3.3	2.2.2.2	2.2.2.2
目标网段掩码	255.255.255.255	255.255.255.255	255.255.255.255	255.255.255.255
下一跳(出口)类型	下一跳 IP	下一跳 IP	下一跳 IP	下一跳 IP
下一跳 IP	30.0.0.2	20.0.0.1	30.0.0.1	10.0.0.1
路由度量值	1	2	1	2
BFD 使能	勾选	勾选	勾选	勾选
描述	work	protect	work	protect

ICCP 保护静态路由 FRR 规划如表 3-10-8 所示。

表 3-10-8　ICCP 保护静态路由 FRR 规划

参　　数	NE2	NE3
对象类型	网元	网元
FRR 使能	开启	开启
等待恢复时间(min)	1	1

MC-LAG 参数规划如表 3-10-9 和表 3-10-10 所示。

表 3-10-9 MC-LAG 参数规划(场景一:手工主备模式)

参数		NE2	NE3
端口号		1	1
聚合模式		手工	手工
绑定端口		OEIFGE[0-1-6]-GE:2	OIGE8[0-1-8]-GE:3
主备属性		—	—
高级属性	保护方式	主备模式	主备模式
	支持 MC-LAG	支持	支持
	冗余组 ID	1	1
	实例 ID	1	1
	设备优先级	32 768	32 768
	工作模式	强制主用	强制备用
LACP 属性	返回方式	返回式	返回式
	等待恢复时间(s)	5	5
	MAC 地址(跨机架)	00-00-11-11-11-11	00-00-11-11-11-11

表 3-10-10 MC-LAG 参数规划(场景二:手工/静态负荷分担模式)

参数		NE2	NE3
端口号		1	1
聚合模式		手工	手工
绑定端口		OEIFGE[0-1-6]-GE:2	OIGE8[0-1-8]-GE:3
主备属性		—	—
高级属性	保护方式	负载均衡模式	负载均衡模式
	支持 MC-LAG	支持	支持
	冗余组 ID	1	1
	实例 ID	1	1
	设备优先级	32768	32768
	工作模式	强制主用	强制主用
LACP 属性	返回方式	返回式	返回式
	等待恢复时间	5 秒	5 秒
	MAC 地址(跨机架)	00-00-11-11-11-11	00-00-11-11-11-11

隧道参数规划如表 3-10-11 所示。

表 3-10-11 隧道参数规划

参数		工作 PW 隧道	保护 PW 隧道	DNI-PW 隧道
基本属性	组网类型	线型	线型	线型
	保护类型	无保护	无保护	线型保护
	组网场景	普通线型无保护	普通线型无保护	普通线型 + 隧道线型保护 + 两端终结
	隧道保护类型	—	—	1:1 单发双收路径保护
	信道类型	混合类型	混合类型	混合类型
	A 端点	NE1	NE1	NE2

续表

参　数		工作 PW 隧道	保护 PW 隧道	DNI-PW 隧道
基本属性	Z 端点	NE2	NE3	NE3
	用户标签	Tunnel_PW_W	Tunnel_PW_P	Tunnel_DNI-PW
	配置 MEG	不选中	不选中	选中
MEG	MEG ID	—	—	工作业务:10 保护业务:20
	本端 MEP ID	—	—	1
	远端 MEP ID	—	—	2
	速度模式	—	—	快速
	CV 包	—	—	选中
	连接检测	—	—	选中
TNP 保护	保护子网类型	—	—	1:1 单发双收路径保护

以太网业务基本属性规划如表 3-10-12 所示。

表 3-10-12　以太网业务基本属性规划

参　数	值
业务类型	EVPL
应用场景	开放式保护 + DNI
保护策略	完全保护
OAM 策略	配置 MEG
A 端点	NE1-SMDE[0-1-2]-GE:7
Z 端点	NE2-聚合端口:1
保护业务 Z 端点	NE3-聚合端口:1
用户标签	DNI-PW 保护

伪线参数规划如表 3-10-13 所示。

表 3-10-13　伪线参数规划

参　数		工作 PW	保护 PW	DNI-PW
基本参数	隧道策略	手工选择已有隧道	手工选择已有隧道	手工选择已有隧道
	隧道选择	Tunnel_PW_W	Tunnel_PW_P	Tunnel_DNI-PW
	用户标签	W:PW-NE1_NE2	W:PW-NE1_NE3	W:PW-NE2_NE3
	A/Z 网元伪线类型	Ethernet	Ethernet	Ethernet
MEG 参数	MEG ID	W-PW	P-PW	DNI-PW
	本端 MEP ID	1	1	1
	远端 MEP ID	2	2	2
	速度模式	快速	快速	快速
	CV 包	选中	选中	选中
	发送周期(ms)	3.33	3.33	3.33
	CV 包 PHB	CS7	CS7	CS7
	连接检测	选中	选中	选中

TNP 参数规划如表 3-10-14 所示。

表 3-10-14　TNP 参数规划

参　数	值
用户标签	DNI-PW 保护
保护子网类型	伪线 1:1 单发双收
工作冗余组号	1
保护冗余组号	1
冗余实例号	1
通告模式	不受 AC 影响
APS 协议状态	恢复
其他参数	默认值

以太网业务高级属性规划如表 3-10-15 所示。

表 3-10-15　以太网业务高级属性规划

参　数	值
AC 与伪线状态的关联	去选中

2. 前置条件

已完成网元之间的纤缆连接，已完成网元的基础数据配置。

二、任务引导与步骤

1. 配置 ICCP 冗余组及保护

(1)配置跨机架设备环回接口

步骤 1:在“NE2 网元管理”窗口，在网元操作导航树中，依次展开“接口配置”→“环回接口配置”节点，打开“环回接口配置”窗口。

步骤 2:单击“增加”按钮，参见表 3-10-4 指定环回接口的 IP 地址和掩码，其他参数采用默认值，单击“确定”按钮，如图 3-10-2 所示。

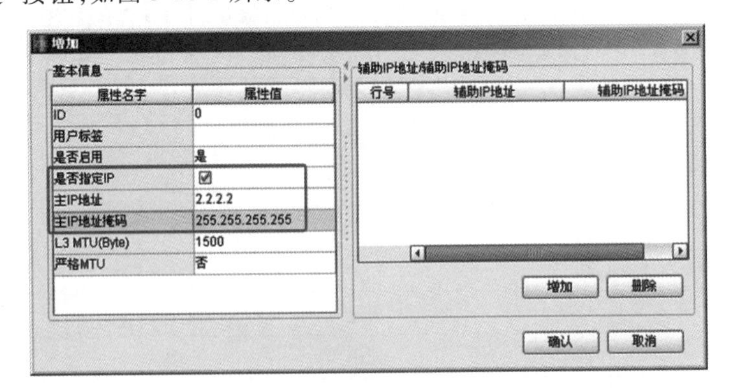

图 3-10-2　配置环回接口

步骤 3:单击应用按钮，使设置生效。

步骤4:重复步骤1~3,配置另一个跨机架设备NE3的环回接口。

(2)配置LDP实例

步骤1:在“NE2网元管理”窗口,在网元操作导航树中,依次展开“协议配置”→“MPLS管理”→“LDP协议配置”节点,打开“LDP协议配置”窗口。

步骤2:在“LDP实例配置”页面,单击按钮,参见表3-10-5创建一个LDP实例,如图3-10-3所示。

图3-10-3　创建LDP实例

步骤3:单击按钮,使设置生效。

步骤4:重复步骤1~3,在网元NE3上创建LDP实例。

(3)配置ICCP冗余组

步骤1:在“NE2网元管理”窗口,在网元操作导航树中,依次展开“OAM配置”→“检测配置管理”→“ICCP冗余组管理”节点,打开“ICCP冗余组管理”窗口。

步骤2:在“ICCP冗余组属性配置”页面,单击按钮,参见表3-10-6设置冗余组ID和主机名称,单击“确定”按钮,如图3-10-4所示。

步骤3:选中刚创建的ICCP冗余组,在“远端属性配置”页面,单击按钮,参见表3-10-6设置远端路由IP和协议列表,单击“确定”按钮,如图3-10-5所示。

属性名字	属性值
冗余组ID	1
主机名称	HOST1

图3-10-4　配置ICCP冗余组属性

属性名字	属性值
远端路由IP	3.3.3.3
协议列表	PW,MLACP

图3-10-5　配置远端属性

步骤4:单击按钮,使设置生效。

步骤5:重复步骤1~4,配置网元NE3的ICCP冗余组。

(4)创建两条主备静态路由

步骤1:在“NE2网元管理”窗口,在网元操作导航树中,依次展开“协议配置”→“路由管理”→“静态路由配置”节点,打开“静态路由配置”窗口。

步骤2:单击按钮,参见表3-10-7新建一条到达对端设备NE3的主用路由,单击“确定”按钮,如图3-10-6所示。

步骤3:单击按钮,参见表3-10-7新建一条到达对端设备NE3的备用路由,单击“确定”按钮,如图3-10-7所示。

创建静态路由完成后,界面上显示两条静态路由,互为主备,如图3-10-8所示。

属性名字	属性值
路由模式	普通
VRF名称	--
目标网段IP	3.3.3.3
目标网段掩码	255.255.255.255
下一跳(出口)类型	下一跳IP
下一跳IP	30.0.0.2
下一跳是否公网IP	--
本地出接口	--
路由标志	--
优先级	1
路由度量值	1
BFD使能	☑
检测类型	无
Track会话	--
描述	work
永久路由	☑
备注	

图 3-10-6　新建主用路由

属性名字	属性值
路由模式	普通
VRF名称	--
目标网段IP	3.3.3.3
目标网段掩码	255.255.0.0
下一跳(出口)类型	下一跳IP
下一跳IP	10.0.0.1
下一跳是否公网IP	--
本地出接口	--
路由标志	--
优先级	1
路由度量值	2
BFD使能	☑
检测类型	无
Track会话	--
描述	protect
永久路由	☑
备注	

图 3-10-7　新建备用路由

行号	路由模式	VRF名称	目标网段IP	目标网段掩码	路...	下一跳...	下一跳IP	下...	本...	优先级	路由度量值
1	普通	--	3.3.3.3	255.255.255.255	--	下一跳IP	20.0.0.1	--	--	1	2
2	普通	--	3.3.3.3	255.255.255.255	--	下一跳IP	30.0.0.2	--	--	1	1

图 3-10-8　创建的静态路由

步骤 4:单击按钮,使设置生效。

(5)开启静态路由 FRR 使能

步骤 1:在“NE2 网元管理”窗口,在网元操作导航树中,依次展开“协议配置”→“路由管理”→“静态路由 FRR 开启配置”节点,打开“静态路由 FRR 开启配置”窗口。

步骤 2:单击按钮,参见表 3-10-8 开启静态路由的 FRR 使能,如图 3-10-9 所示。

行号	对象类型	VRF ID	FRR使能	等待恢复时间(分钟)
+ 1	网元	--	开启	1

图 3-10-9　开启 FRR 使能

步骤 3:单击按钮,使设置生效。

(6)(可选)查询静态路由 FRR 信息

配置静态路由完成后,可通过查询路由 FRR 信息判断相应的保护是否正常生成。必须确保网元为在线设备,才能进行路由 FRR 信息查询。

步骤 1:在“NE2 网元管理”窗口,在网元操作导航树中,依次展开“协议配置”→“路由管理”→“IPv4 路由 FRR 查询”节点,打开“IPv4 路由 FRR 查询”窗口。

步骤 2:设置查询条件为公用路由,界面会显示对应的 FRR 信息。

若需要查询具体到达某个目标网段的路由 FRR 是否生成,则勾选路由精确匹配,并设置目标网段的 IP 地址和掩码。

重复(4)~(5),配置另一个跨机架设备(NE3)的主备静态路由,并开启 FRR 使能。

2. 配置 MC-LAG

(1)创建链路聚合组

步骤1:在“NE2 网元管理”窗口,在网元操作导航树中,依次展开“接口配置”→“聚合端口配置”节点,打开“聚合端口配置”窗口。

步骤2:单击“增加”按钮,创建一个聚合端口。聚合模式选择手工。

步骤3:单击“应用”按钮。

(2)添加端口到链路聚合组中

在端口列表区域框中,参见表3-10-9选中对应端口,单击⇦按钮,添加端口到链路聚合组中,如图3-10-10所示。

聚合端口 | 聚合组及成员链路状态

端口号	用户标识	聚合模式	负荷分担方式	绑定端口	主备属性
⊟1		手工	智能Hash		
				OEIFGE[0-1-6]-GE:2	主属性

图3-10-10　添加端口

此处选择跨机架设备与 BSC/RNC 设备对接接口添加到链路聚合组中。

(3)设置链路聚合组的高级属性

单击“高级”按钮,参见表3-10-9设置链路聚合组高级属性,单击“确定”按钮,如图3-10-11所示。

ZTE 高级

端口号	VLAN模式	聚合模式	保护方式	三层接口	免配置	启动状态	支持MC-LAG	冗余组ID	实例ID	节点ID	设备优先级	工作模式
⊟1	接入	手工	主备模式	--	☐	☑	支持	1	1	0	32768	强制主用

图3-10-11　设置链路聚合组高级属性

冗余组 ID 选择已创建的 ICCP 冗余组 ID。组成 MC-LAG 的本端设备与对端设备的实例 ID 应协商一致。

对于手工主备模式的 MC-LAG,成员端口采用默认优先级32768,NE1 的工作模式为强制主用,NE2 的工作模式为强制备用。

对于手工/静态负荷分担模式的 MC-LAG,成员端口采用默认优先级32768,NE1 和 NE2 的工作模式均为强制主用。

(4)设置 LACP 属性

在“LACP 属性”区域框中,参见表3-10-9设置 LACP 属性,如图3-10-12所示。

LACP属性

行号	端口号	返回方式	等待恢复时间(秒)	聚合链...	倒换状态	MAC地址(跨机架)
* 1	1	返回式	5	--	无主备关系	00-00-11-11-11-11

图3-10-12　设置 LACP 属性

对于手工主备模式的 MC-LAG,跨机架 MAC 地址应配置为相同。

(5)应用配置

单击“应用”按钮。

(6)配置 NE3 的 MC-LAG

重复(1)~(5),配置 NE3 的 MC-LAG。

3. 创建隧道

(1)创建工作 PW 的承载隧道

步骤 1:在主菜单中,选择“业务”→“新建”→“新建静态隧道”命令,打开“新建静态隧道”对话框。

步骤 2:参见表 3-10-11 设置隧道基本属性,如图 3-10-13 所示。

新建静态隧道	
组网类型	线型
保护类型	无保护
终结属性	终结
组网场景	普通线型无保护
组网样图	A —— Z
保护策略	
信道类型	混合类型
业务方向	双向
A端点*	NE1-y
Z端点*	NE2-y
批量条数	1
用户标签	Tunnel_PW_W
连接允许控制(CAC)	☑
带宽自动调整	☑
承诺带宽CIR(kbps)	500
收敛比模式	继承收敛比

图 3-10-13　设置隧道基本属性

步骤 3:切换到“静态路由”页面,使用下列任一方式,由网管自动完成路由计算和标签分配,如图 3-10-14 所示。勾选“自动计算”。单击“计算”按钮。

静态路由　约束选项　带宽参数　高级属性　其它

路由计算

☐ 自动计算　　计算　清除　路由详情

☑ 启用负载均衡策略

路由计算结果

用户标签	业务A端点	业务Z端点
Tunnel_PW_W		
TMS-NE1-y_NE2-y-1241	NE1-y-SMDE[0-1-2]-GE:8	NE2-y-OEIFGE[0-1-6]-GE:4

图 3-10-14　设置静态路由

步骤 4:单击“应用”按钮,在弹出的信息对话框中单击“关闭”按钮,完成工作 PW 的隧道创建。

(2)创建保护 PW 的承载隧道

重复(1)的操作,参见表 3-10-11 创建保护 PW 的承载隧道。

(3)创建 DNI-PW 的承载隧道

步骤 1:在主菜单中,选择“业务”→“新建”→“新建静态隧道”命令,打开“新建静态隧道”对话框。

步骤 2:参见表 3-10-11 设置隧道基本属性,如图 3-10-15 所示。

新建静态隧道	
组网类型	线型
保护类型	线型保护
终结属性	终结
组网场景	普通线型+隧道线型保护+两端终结
组网样图	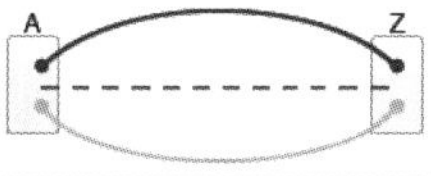
保护策略	完全保护
隧道保护类型	1:1单发双收路径保护
业务方向	双向
A端点*	NE1-1
Z端点*	NE1-2
批量条数	1
用户标签	Tunnel_DNI_PW
连接允许控制(CAC)	☑
带宽自动调整	☑
带宽共享模式	不共享
承诺带宽CIR(kbps)	250
收敛比模式	继承收敛比
客户	
配置MEG	☑
隧道模式	管道

图 3-10-15　设置隧道基本属性

步骤 3:在右侧拓扑中,右击网元 NE1,在弹出的快捷菜单中选择“保护业务路由必经”→“网元必经”命令。

步骤 4:切换到“静态路由”页面,选择下列任一方式,使网管自动计算路由和分配标签。选中“自动计算”复选框。单击“计算”按钮。

步骤 5:切换到“TNP 保护”页面,设置保护子网类型为 1:1 单发双收路径保护,其他参数采用网管默认设置,如图 3-10-16 所示。

步骤 6:切换到“MEG * ”页面,参见表 3-10-11 设置 OAM 相关属性。工作业务和保护业务的 MEG ID 分别为 10、20,其他参数采用默认值,如图 3-10-17 所示。

步骤 7:单击“应用”按钮:在弹出的信息对话框中单击“关闭”按钮,完成 DNI-PW 的隧道创建。

4. 配置 EVPL 业务和 DNI-PW 保护

①在主菜单中,选择“业务”→“新建”→“新建以太网专线业务”命令,打开“新建以太网专线业务”对话框。

②参见表 3-10-12 设置业务基本属性,如图 3-10-18 所示。

③切换到“网络侧路由配置”页面,选中服务层名称下的工作 PW,单击伪线配置下拉列表按钮,选择 PW 参数,弹出“伪线配置”对话框。

④在“基本参数”页面,参见表 3-10-13 设置工作伪线绑定的隧道和伪线类型。隧道策略采用手工选择已有隧道方式,将工作伪线绑定到指定的隧道。伪线类型选择 Ethernet,因为伪线承载的是以太网专线业务,如图 3-10-19 所示。

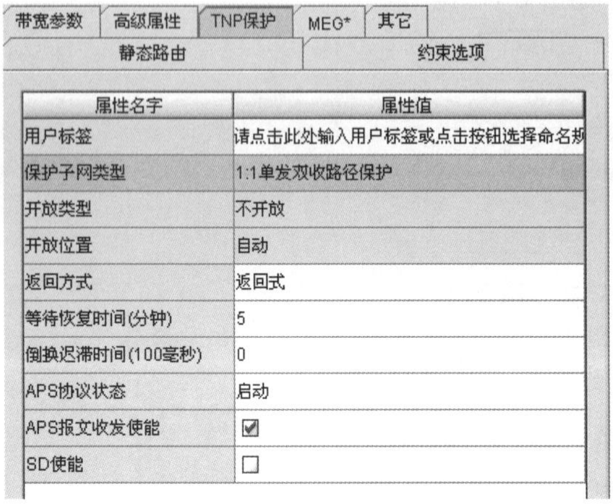

带宽参数　高级属性　TNP保护　MEG*　其它
静态路由　约束选项

属性名字	属性值
用户标签	请点击此处输入用户标签或点击按钮选择命名规
保护子网类型	1:1单发双收路径保护
开放类型	不开放
开放位置	自动
返回方式	返回式
等待恢复时间(分钟)	5
倒换迟滞时间(100毫秒)	0
APS协议状态	启动
APS报文收发使能	☑
SD使能	☐

图 3-10-16　设置 TNP 保护

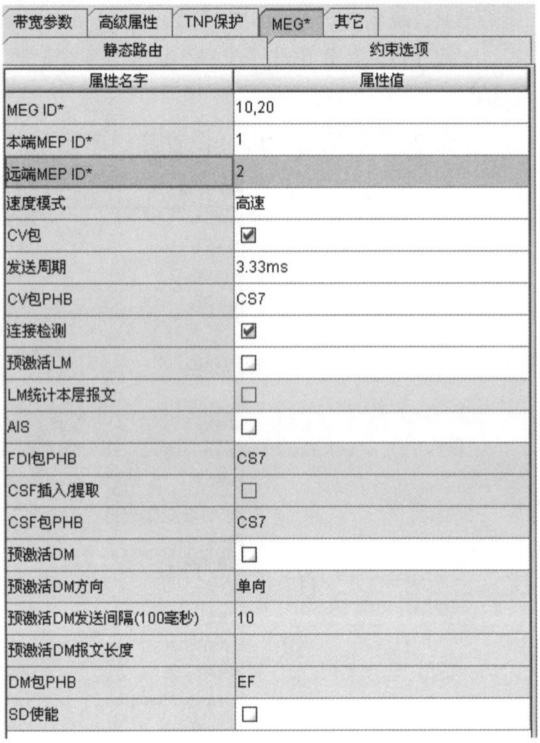

带宽参数　高级属性　TNP保护　MEG*　其它
静态路由　约束选项

属性名字	属性值
MEG ID*	10,20
本端MEP ID*	1
远端MEP ID*	2
速度模式	高速
CV包	☑
发送周期	3.33ms
CV包PHB	CS7
连接检测	☑
预激活LM	☐
LM统计本层报文	☐
AIS	☐
FDI包PHB	CS7
CSF插入/提取	☐
CSF包PHB	CS7
预激活DM	☐
预激活DM方向	单向
预激活DM发送间隔(100毫秒)	10
预激活DM报文长度	
DM包PHB	EF
SD使能	☐

图 3-10-17　设置 DAM 相关属性

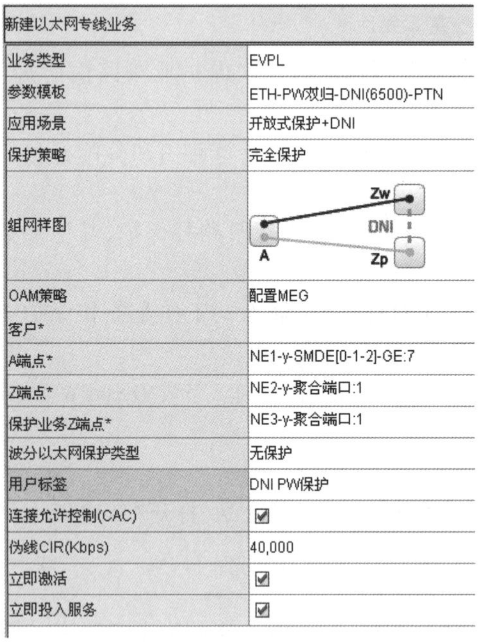

新建以太网专线业务

属性名字	属性值
业务类型	EVPL
参数模板	ETH-PW双归-DNI(6500)-PTN
应用场景	开放式保护+DNI
保护策略	完全保护
组网样图	Zw DNI A Zp
OAM策略	配置MEG
客户*	
A端点*	NE1-y-SMDE[0-1-2]-GE:7
Z端点*	NE2-y-聚合端口:1
保护业务Z端点*	NE3-y-聚合端口:1
波分以太网保护类型	无保护
用户标签	DNI PW保护
连接允许控制(CAC)	☑
伪线CIR(Kbps)	40,000
立即激活	☑
立即投入服务	☑

图 3-10-18　设置业务基本属性

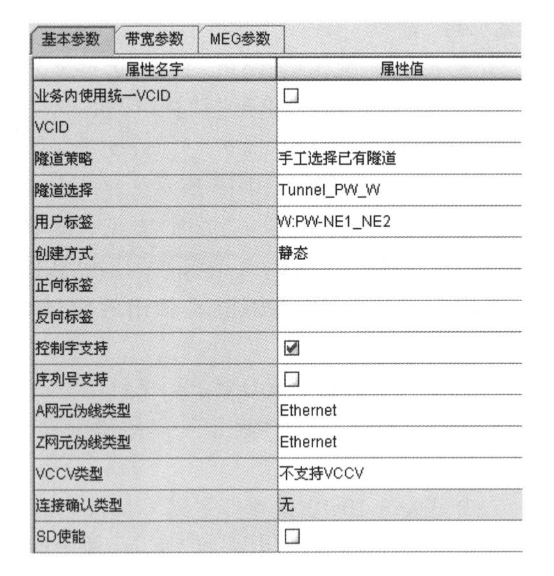
基本参数　带宽参数　MEG参数

属性名字	属性值
业务内使用统一VCID	☐
VCID	
隧道策略	手工选择已有隧道
隧道选择	Tunnel_PW_W
用户标签	W:PW-NE1_NE2
创建方式	静态
正向标签	
反向标签	
控制字支持	☑
序列号支持	☐
A网元伪线类型	Ethernet
Z网元伪线类型	Ethernet
VCCV类型	不支持VCCV
连接确认类型	无
SD使能	☐

图 3-10-19　设置基本参数

⑤切换到“MEG 参数”页面,参见表 3-10-13 设置工作伪线的 OAM 相关属性,如图 3-10-20 所示。

⑥单击“确定”按钮,返回“网络侧路由配置”页面。

⑦重复④～⑥,参见表 3-10-13 分别配置保护伪线和 DNI-PW 的隧道绑定和 OAM 属性。

⑧在“网络侧路由配置”页面,选中服务层名称下的路由单元,单击伪线配置下拉列表按钮,选择 TNP 参数配置,弹出“保护参数”对话框。

⑨参见表 3-10-14 设置 TNP 保护参数,单击“确定”按钮,如图 3-10-21 所示。工作和保护冗余组号均选择已创建的 ICCP 冗余组 ID。

基本参数 | 带宽参数 | MEG参数

属性名字	属性值
MEG参数模板配置	
MEG ID*	W-PW
本端MEP ID*	1
远端MEP ID*	2
速度模式	快速
CV包	☑
发送周期	3.33ms
CV包PHB	CS7
连接检测	☑
预激活LM	☐
LM统计本层报文	☐
AIS	☐
FDI包PHB	CS7
CSF插入/提取	☐
CSF包PHB	CS7
预激活DM	☐

图 3-10-20　设置 MEG 参数

属性名字	属性值
用户标签	DNI PW保护
保护子网类型	伪线 1:1 单发双收
开放类型	开放
保护位置	NE1-y
保护方向	--
双发双收位置	--
MC-PW配置模式	配置单DNI
倒换方式	双端
工作冗余组号	1
保护冗余组号	1
冗余实例ID	1
MC-PW保护模型	一主一备方式
AC侧转发行为	--
通告模式	不受AC影响
流量只在工作PW转发	☐
OAM Mapping	☐
APS协议状态	恢复

图 3-10-21　设置 TNP 保护参数

⑩切换到“高级属性”页面,设置 AC 侧与伪线侧的状态无关联,如图 3-10-22 所示。

用户侧接口配置 | 网络侧路由配置 | 高级属性 | 其它

属性名字	属性值
AC与伪线状态的关联	☐
QoS模板	
差分模型	管道
PHB映射	继承优先级
MTU	1500
MAC撤销	☐
支持透传的二层协议	
流量统计	☐

图 3-10-22　设置高级属性

⑪单击“应用”按钮,在弹出的信息对话框中单击“关闭”按钮,完成以太网业务配置。

任务小结

本次任务主要学习了DNI-PW配置方法，DNI-PW保护是4G业务的主要保护方式，在本次任务配置过程中涉及MC-LAG保护、ICCP冗余组保护等，通过本次任务的学习，学生需具备独立完成DNI-PW保护配置的能力。

※思考与练习

一、判断题

1.(　　)ICCP协议是基于LDP(标签分发协议)实现的跨机框通信协议。

2.(　　)组成MC-LAG的本端设备与对端设备的实例ID应协商一致。

3.(　　)LACP链路聚合控制协议遵循的标准协议是IEEE 802.3ad。

4.(　　)MC-LAG技术实在LAG技术的基础上进行了改建，可以实现多机架进行链路聚合。

5.(　　)DNI-PW属于传送网网络层面的保护。

二、简答题

简述什么是DNI-PW伪线双归保护。

拓展篇 分组传送网实例

在中国移动运营商的分组传送网中，使用 L2VPN + L3VPN 承载 LTE 业务的方式较为普遍。因为其接入层与汇聚层的部分设备只支持二层 VPN。对于城域网的核心层，可以开启 L3VPN 来承载 LTE 业务，总体说来，这种承载方案下图所示。

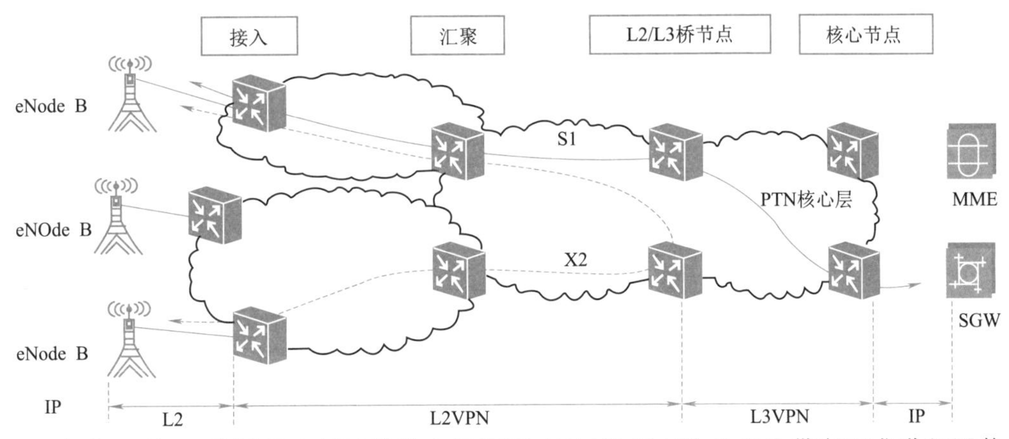

如上图所示，城域网内新建的核心汇聚层，可以根据 LTE 业务的带宽需求进行调整，当局域网的带宽超过 10GE，则可以采用 40GE PTN 进行组网规划。如果局域网的带宽没有超过 10GE，则新建的核心汇聚设备应该要平滑地升级到 40GE，以便满足后续各种业务在运行过程中增长的带宽需求。

①核心层组网原则。当城域网的核心层开启了 L3VPN，则可以对 IP 业务进行调度，但是 L2 和 L3 桥接点与各种业务的落地节点之间应该分开部署，此举的目的主要是防止后续各种设备在拓展过程中对业务配置造成影响。根据业务需求，可以采用 10GE/40GE 链组口字形网进行规划设计。

②汇聚层组网原则。在一些带宽需求增长较快的城区或者城域汇聚层，新建 PTN 汇聚环时，要加强 40GE PTN 的应用，新建的各种设备应该要采用支持 40GE 接口的 PTN 设备。对于业务发展比较迅速、对带宽需求增长较快的区域，可以尽快实现 40GE 环网的部署。新建的组环网，要控制节点的数量，一般是 6 ~8 个，而且最好是成对地进行节点部署，每一个节点可以接 4 ~6 个接入环。

③接入层组网原则。当在城域网内新建 PTN 或者对原有网络进行调整时，应该要

接入含有6~8个节点的接入环组建全新的PTN系统,PTN接入环的带宽如果不满足具体的基站要求,则可以在一定时间内完成裂环或者跳点组环。对于一些业务比较密集的区域,可以新建10GE接入环,或者对原有的设备进行升级,升级到10GE的设备,以满足网络带宽的需求。

④进行带宽分析。由于不同的组网对带宽的要求有所不同,因此,在进行带宽设计时,应该要根据不同区域的城市规划、人们对网络的使用情况等多种指标进行带宽的分析,一般说来,在初期的建设过程中,一个LTE基站需要80 Mbit/s带宽,峰值的带宽一般是320 Mbit/s;在建设的中期,一个LTE基站的带宽是150 Mbit/s,接入环有6个节点,汇聚环也有6个节点。一座大型城市在建设过程中,初期一般会建成4 000个基站,中小型的城市会需要约2 000个基站。随着城市建设的不断推进,基站的数量还会相应增加。

学习目标

- 了解LTE移动回传网中L2VPN+L3VPN承载方式。
- 了解MPLS-TP OAM的层次性结构。
- 了解LTE移动回传网生存性技术的解决方案
- 具备E1、以太网、LTE故障处理等能力。

知识体系

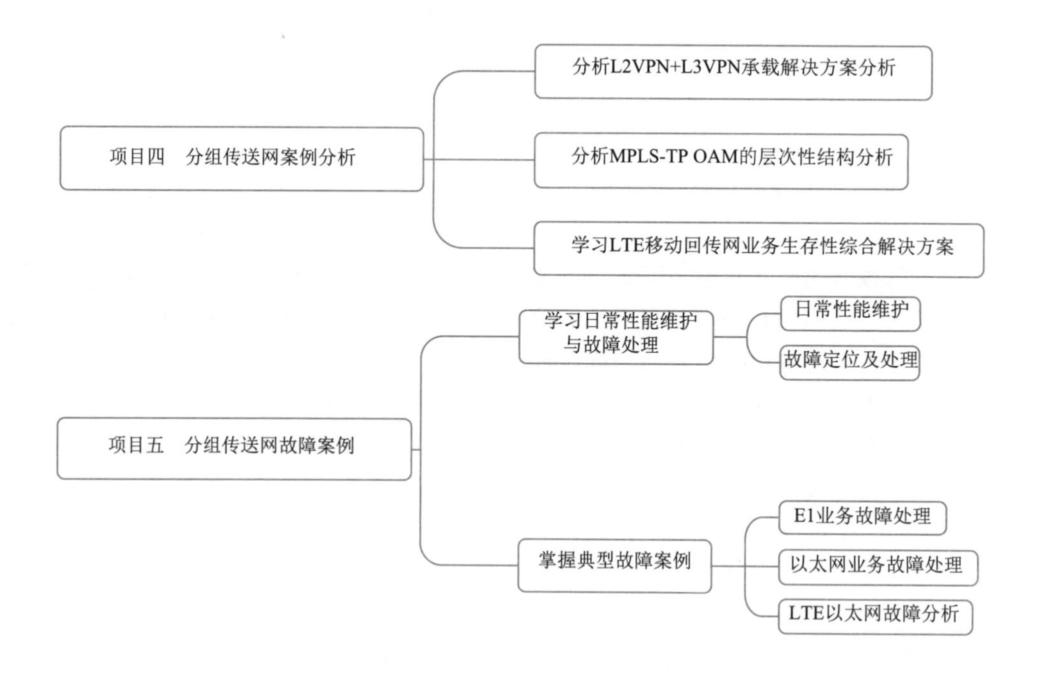

项目四

分组传送网案例分析

任务一 L2VPN + L3VPN 承载解决方案分析

任务描述

通过本次任务学习，熟悉 LTE 无线网络对承载网络的技术要求，掌握 L2VPN + L3VPN 承载网络组网方案。能够完成承载网络设计规划。

任务目标

- 熟悉承载网络技术需求。
- 掌握 LTE 承载网组网规划。

任务实施

一、LTE 技术现状

长期演进技术（Long Term Evolution，LTE）是电信中用于手机及数据终端的高速无线通信标准，为高速下行分组接入（HSDPA）过渡到 4G 的版本，俗称为 3.9G。该标准基于旧有的 GSM/EDGE 和 UMTS/HSPA 网络技术，并使用调制技术提升网络容量及速度。长期演进技术标准由 3GPP（第三代合作伙伴计划）于 2008 年第四季度于 Release 8 版本中首次提出，并在 Release 9 版本中进行少许改良。

LTE 是无线数据通信技术标准。LTE 的当前目标是借助新技术和调制方法提升无线网络的数据传输能力和数据传输速度，如新的数字信号处理（DSP）技术，这些技术大多于 2000 年前后提出。LTE 的远期目标是简化和重新设计网络体系结构，使其成为 IP 化网络，这有助于减少 3G 转换中的潜在不良因素。因为 LTE 的接口与 2G 和 3G 网络互不兼容，所以 LTE 需同原有网络分频段运营。

二、LTE 的主要接口

在 LTE/SAE 架构(见图 4-1-1)中,eNode B 之间的接口称为 X2 接口,eNode B 与 EPC 核心网之间的接口称为 S1 接口,如图 4-1-2 所示。

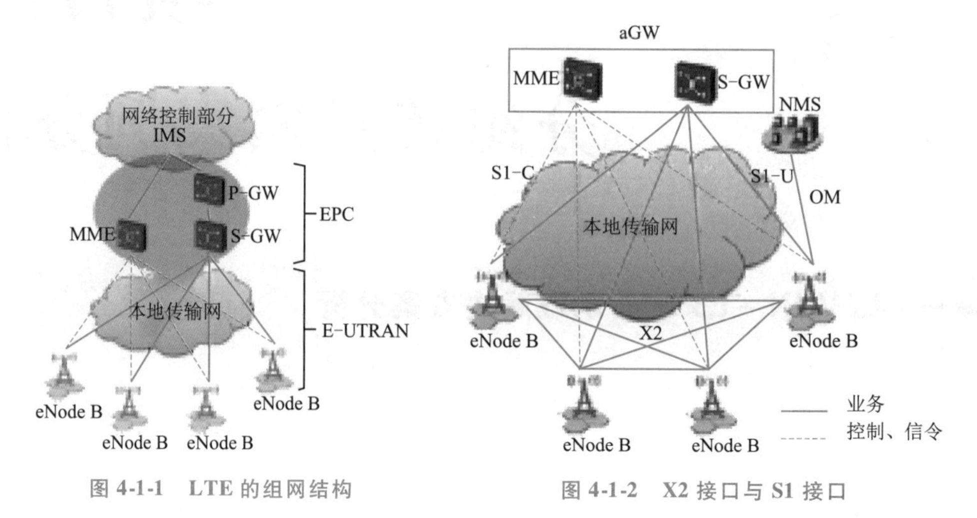

图 4-1-1　LTE 的组网结构　　图 4-1-2　X2 接口与 S1 接口

1. X2 接口

eNode B 之间通过 X2 接口互相连接,形成 Mesh 型网络,这是 LTE 相对原来的传统移动通信网的重大变化,产生这种变化的原因在于网络结构中没有了 RNC,原有的树状分支结构被扁平化,使得基站承担更多的无线资源管理责任,需要更多地和其相邻的基站直接对话,从而保证用户在整个网络中的无缝切换。

2. S1 接口

S1 接口位于 eNode B 和 MME/SGW 之间,将 SAE/LTE 演进系统划分为无线接入网和核心网。沿袭承载和控制分离的思想,S1 接口分为用户平面和控制平面。其中用户平面接口 S1-U 连接 eNode B 和 SGW,用于传送用户数据和相应的用户平面控制帧;控制平面接口 S1-MME 连接 eNode B 和 MME,主要完成 S1 接口的无线接入承载控制、接口专用的操作维护等功能。

三、LTE 对承载网的需求

承载网作为电信网络的基础,其规划和建设应先于电信业务网络的发展,才能有效支撑业务网络的发展和演进,因此,在 LTE 实际商用之前,面向 LTE 的分组承载网络的演进就显得重要和紧迫。

1. IP 业务承载能力是 LTE 承载网络的基本要求

LTE 网络,一般由 eNBs(演进型 eNodeB)、MME(移动管理实体)、SGW(服务网关)等实体组成,相比 3G 网络省去了 RNC 层,eNBs 直接接入 MME/SGW,网络更加扁平化,以提升业务传送效率,降低时延,且全部基于 IP 进行业务处理与转发。LTE 网络在接口方面引入了 S1 和 X2 逻辑接口,前者是 eNBs 与 MME/SGW pool 之间的接口,实现业务均衡负载和容灾,后者为相邻 eNBs 之间的接口,用于实现流量切换等功能,并且到 LTE-A 阶段时可用来实现基站间协同通信(CoMP)。由此可见,承载网需要提供的是多点到多点的连接及 IP 转发服务,IP 业务处理及转发能力是承载网的基本要求。

2. 承载网 H-QoS 能力是 2G/3G/LTE 多种业务 SLA 的重要保障

从 2G/3G 到 LTE 时期,90% 以上的无线站址会重用,而 2G/3G 又将长期与 LTE 共存,这就决定了传送网必须在满足无线技术各阶段业务承载需求的基础上,能够提供层次化 QoS 能力。在网络发生拥塞的情况下,保障重点业务的 QoS 质量。

基站承载 QoS 有两个关键需求:一个是保障高等级的业务优先转发,这是传统 Differ-Serv 的概念;另一个是保障在发生拥塞时重要基站业务可用(如灾难或者重大事件发生时,政府机关、医院、学校等重要区域的基站)。这就要求承载网能够支持层次化 QoS(H-QoS)处理能力,能针对不同基站和不同业务执行层次化的队列调度能力,确保重要基站永不掉线。

3. LTE 时代视频业务成为主流,承载网需开启 IP 组播传送 eMBMS 业务

随着 LTE 时代的到来,LTE 高带宽、低时延的特性将促进视频业务的发展,为人们用视频沟通、分享、获取信息提供了更大的空间,市场发展潜力巨大。其中,广播视频业务因其在新闻性、及时性和低成本方面的优势被业界所关注。业内对 2G/3G/LTE 不同技术接入时的用户流量进行分类统计, 2G/3G 时用户以 Web 浏览为主,而 LTE 时代用户更喜欢使用视频业务。

3GPP 自 R9 版本起对 MBMS 做了持续演进,2010 年推出了基于 LTE 的 eMBMS 技术,该技术具备一对多的传输优势,可以更高效地利用现有频谱和移动网络,向用户传送更高质量的内容,为视频业务打开了新的局面。3GPP TS36.440 中明确指出 M1 接口必须使用 IP 组播技术来实现,因此要求承载网要支持 IP 组播传送。

4. LTE 无线接入需要承载网具备高性能安全加密方案

LTE 网络向以 IP 为中心的架构转移,且与 2G/3G 不同,其回程网络中没有无线网络控制器(RNC),LTE 业务报文都是基于明文进行传送的,意味着 LTE 网络更易受到来自公共网络和承载网络(RAN)的 IP 安全攻击和窃听。攻击者可以访问未加密的用户流量或网络控制信令,这为 LTE 网络带来了新的安全风险,也为移动网络运营商带来了从未有过的安全挑战,需要用新的方法来保护网络。

随着公共接入微蜂窝基站部署的增加,LTE 网络面临更多的安全风险,这些公共接入微蜂窝基站的部署主要为了增加购物中心、公用办公室等其他公共场所的本地容量。这些安置在公共区域的小型设备面向公众,不能像传统基站那样采用物理保护方法,这使攻击者很容易从这些点突破来攻击网络。受到侵害的 eNodeB 基站会被利用来访问和攻击移动管理实体(MME),从而影响整个核心服务。eNodeB 可以连接多个位于不同分组核心网的移动管理实体,这意味着攻击者可以通过一个受到攻击的基站到达位于不同核心网络的移动管理实体。

IPSec 加密技术是 3GPP 向移动网络运营商建议的标准,IPSec 部署具备高扩展性和高可用性,可以满足 LTE 流量和宽带需求的预期增长需要真正的运营商级吞吐能力,并符合最新的 3GPP 安全标准。

LTE 承载网具备 IP Sec 能力,可以确保 LTE 无线接入的安全。LTE 业务经 eNodeB 加密后经承载网传送,在承载核心设备上解密,再传送给 LTE 核心 EPC。即使 eNodeB 数量规模增加,这种在承载核心层部署 IP Sec 的方案也能很好地满足加密性能快速高涨的需求,避免了在 EPC 侧集中处理 IP Sec 加密时存在的性能问题。

四、LTE 承载网 L2VPN + L3VPN 承载方案

移动运营商的本地分组传送网络，目前从核心层到接入层全部采用 OTN/PTN 设备，利用统一的 PTN 分组传送平面承载 2G/3G、TDM 业务。根据中国移动通信集团 QB-B-008-2010《中国移动城域传送网 PTN 设备规范》，PTN 设备基于 PWE3 协议，在分组传送网上为以太网、TDM、ATM 等业务提供仿真隧道，应满足 L2VPN 的业务要求，应支持采用 L2VPN 技术为 E-Line、E-LAN、E-Tree 业务的提供承载能力，具体要求遵循 G.8011 系列规范，所以移动运营商的本地 PTN 分组传送网本质上是一个 L2VPN 网络。LTE 时代的到来，很大程度上改变了本地传送网的流量模型，在本地网络上既有 eNodeB 向上的多归属流量（到 SGW 的 S1-U，到 MME 的 S1-C），也有 eNodeB 之间互联的 X2 流量。这些互联和多归属需求，导致回传网络由原来点到点的汇聚型网络转变为点到多点或多点到多点的路由型网络，现有的本地 PTN 分组传送网已无法满足这种横向转发需求，核心局点 PTN 设备加载三层功能成为当前的首选方案。

在网络层面，L2 转 L3 设备定位于本地网核心层，本地核心机房到省会城市核心网 SGW/MME 采用 L3VPN 技术的网络构架，使得三层路由域小，配置简单，不影响扩展性，同时，端到端倒换也能满足电信级 50 ms 的要求。本地分组传送网仍沿用 PTN 的静态 L2VPN 技术，不涉及汇聚和接入改造，使得本地网络在统一的网管下静态配置，有利于网络维护和端到端故障定位，具有完善的 OAM 体系。

L2 转 L3 设备，在原来 PTN 设备基础上主要增加了 BGP/MPLS 的功能。作为本地 PTN 分组传送网络的网关设备，L2 转 L3 设备必须支持 L2VPN、L3VPN 等多业务，支持 L2/L3 的桥接，支持动态隧道建立和单播和组播路由寻址功能，支持 E-Line 等业务终结。如图 4-1-3 所示，当 L2 转 L3 设备传送 S1 业务时，在该节点的 VRF 下根据 IP 进行转发，通过 L3VPN 传送至远端 aGW，实现 SGW Pool 的调度；当 L2 转 L3 设备传送 X2 业务时，通过 VSI 实现同环 X2 流量转发，通过 VRF 路由完成基站到 RNC/aGW 的业务以及跨网段 X2 业务。

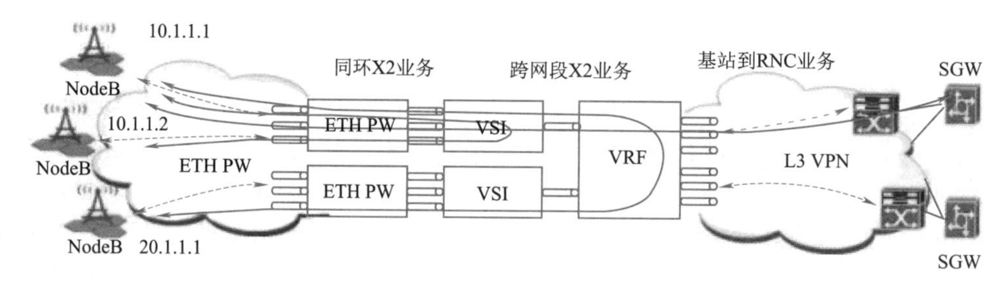

图 4-1-3　L2VPN + L3VPN 承载方案

五、承载实例

以××移动分公司为例，一方面，由于 LTE 网络的引入，急需启动建设 L2 转 L3 本地核心网络；另一方面，随着 OLT 等有线接入、LTE 的大规模建设，OTN/PTN 网络承载了包括流媒体、视频、IMS、VPN 等多种高带宽业务。所以，必须规划好本地 L2 转 L3 网络及演进方案，发挥好 LTE 承载网的实际功能，同时需要结合地域特性，建设市区主干汇聚 OTN 网络，转变网络结构，

提升网络容量。

××移动分公司城域传送网核心汇聚层 L2 转 L3 网络整体方案如图 4-1-4 所示。

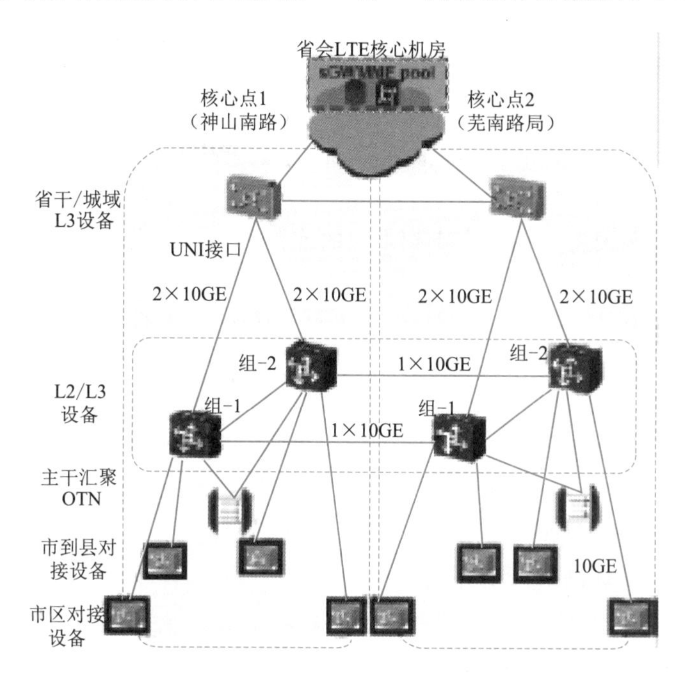

图 4-1-4　L2 转 L3 网络整体方案

(1)L2 转 L3 设备开启 L3VPN 功能,DHCP-Relay,与省会节点采用 L3VPN FRR 保护;L2 转 L3 设备除保证桥接功能,还兼任 LTE 交叉落地设备。

(2)L2 转 L3 设备成对口字形设置,双归 L3VE 子接口上配置相同 IP、相同 MAC,主备节点通过 VRRP 为业务提供网关保护,并根据 L2 转 L3 设备在网络中的位置分配 IP 地址段。

(3)L2 转 L3 设备进行 L2VE 和 L3VE 桥接,本地市流量利用地市核心节点设置 L3VPN 进行传递跨地市流量采用 UNI 接口上联省干 OTN 网络至省干 L3VPN 网络进行传递。

(4)布局骨干汇聚点,新增 OTN 设备,组建市区骨干汇聚层网络。

任务小结

本次任务主要学习了 LTE 网络结构及 LTE 无线网络对承载网络的技术要求,为满足无线网络业务发展需要,当前移动 PTN 承载网以 L2VPN + L3VPN 承载网络为组网方案。

※思考与练习

一、填空题

1. 在 LTE/SAE 架构中,eNode B 之间的接口称为(　　)接口,eNode B 与 EPC 核心网之间的接口称为(　　)接口。

2. 基站承载 QoS 有两个关键需求:一个是保障高等级的业务(　　);另一个是保障(　　)时重要基站业务可用。

3. 当前承载网端到端倒换需能满足电信级(　　)的要求。

4. 作为本地 PTN 分组传送网络的网关设备,L2 转 L3 设备必须支持(　　)、(　　)等多类型业务。

5. L2 转 L3 设备,在原来 PTN 设备基础上主要增加了(　　)的功能。

二、判断题

1. (　　)LTE 网络,一般由 eNBs(演进型 eNodeB)、MME(移动管理实体)、SGW(服务网关)等实体组成。

2. (　　)承载网需要提供的是多点到多点的连接及 IP 转发服务,IP 业务处理及转发能力是承载网的基本要求。

3. (　　)LTE 时代语音业务成为主流,承载网需开启 IP 组播传送 eMBMS 业务。

4. (　　)随着网络发展,2G/3G 时用户以 Web 浏览为主,而 LTE 时代用户更喜欢使用视频业务。

5. (　　)随着互联和多归属需求,核心局点 PTN 设备加载三层功能成为了当前的首选方案。

三、简答题

简述 LTE 网络对承载网的需求。

任务二　MPLS-TP OAM 的层次性结构分析

任务描述

通过本次任务学习,熟悉 MPLS-TP OAM 功能技术需求,掌握 OAM 层次关系。能够熟练运用 OAM 各项功能应用。

任务目标

- 熟悉 OAM 技术需求。
- 掌握 OAM 层次关系。
- 掌握 OAM 功能应用。

任务实施

在 MPLS-TP 标准方面,关于 OAM 争议很大。ITU-T 建议采用基于 Y.1731 的方案来实现 MPLS-TP OAM,原因是机制简单,实现起来也很容易,可以统一所有的 OAM PDU,但是 IETF 坚持采用基于 BFD 和 BP 的扩展,理由是 Y.1731 没有重用 IETF 的协议,LSP PING 和 BFD 已经广泛应用于 CC 和 CV 功能,仅对于性能管理需要扩展并参考 Y.1731。所以 OAM 需求意见一致,但实现的机制有很多,需要进一步商讨。

一、MPLS-TP OAM 需求分析

MPLS-TP OAM Reqs 定义了一系列对 OAM 的体系和操作的一般原则的要求，规范如下：

MPLS-TP OAM Reqs 需要在 MPLS 的 OAM 机制，是独立于传输媒介和业务，通过 PW 进行仿真。现有的机制符合要求。MPLS-TP OAM Reqs 规定，MPLS-TP OAM 必须能同时支持基于 IP 和非基于 IP 的环境。如果网络是基于 IP，使用 IP 路由和转发，那么 MPLS-TP OAM 机制运营必须依靠 IP 路由和转发功能。现有的 MPLS 工具 LSP ping、VCCV ping、MPLS BFD 和 VCCV BFD 可以支持此功能。Y.1731 不支持这种功能，但依靠技术可能映射到 IP，如通过使用 VCCV 引伸。

MPLS-TP OAM Reqs 要求 MPLS-TP OAM 在没有 IP 功能和不依靠控制和管理平面的情况下一定能运行。需要 OAM 功能不依靠 IP 路由和转发能力。除了 LSP ping 检查数据平面与控制平面，现有的机制不依靠控制和管理平面，但是对 IP 功能有一定的依赖性：LSP ping，VCCV ping 和 MPLS BFD 用 IP 头（UDP/IP）和不完全地遵照要求。

在按需的方式，LSP ping 或许使用 IP 转发回到源路由器。对 IP 的这种依赖性，对关于 LSP ping 作为 MPLS BFD 的引导机制有很深的影响。VCCV BFD 支持对 BFD 会话的 PW-ACH 封装，这种封装用在 PWs，服从要求。Y.1731 PDU 是不可知的，从而不依赖于 IP 功能。这些 PDU 能由 VCCV 或 G-ACH 控制通道承载。

MPLS-TP OAM Reqs 要求故障管理的 OAM 机制不依靠用户流量和现有的 MPLS OAM 工具，Y.1731 服从这个要求。MPLS-TP OAM Reqs 需要 OAM 包和客户业务是一致的，即 OAM 包在相同的通道传送，并且有不同点区分 OAM 包。为 PWs VCCV 提供能联系在一起在 PWs 通道准许送 OAM 包并且允许终点拦截、解析，并且作为 OAM 消息处理它的一条控制通道 ACH。

VCCV 为 MPLS 定义了不同的 VCCV 连通性功能类型（如 ICMP Ping、LSP ping、IP/UDP 封装的 BFD 和 PW-ACH 封装的 BFD）。

当前在 MPLS 定义没有分明 OAM 净荷标识符。BFD 和 LSP ping 包在 LSPs 是传输的，UDP/IP 被指定回应地址范围。路由器在终点拦截、解释，并且处理包。MPLS G-ACH 定义 PW ACH 的用途并且在 MPLS LSP 使能控制通道。这个新的机制将支持在 LSP 上传播现有的 MPLS OAM 消息或 Y.1731 消息。

MPLS-TP OAM Reqs 要求 MPLS-TP OAM 机制允许 AC（接入链路）失败和清除横跨的 MPLS-TP 领域。BFD 为 VCCV 支持故障检测和 AC/PW 缺陷状态信号的机制。这可以被 IP/UDP 封装的或 PW-ACH 封装的的 BFD 会话使用，即通过设置适当的 VCCV 连通性检查类型。这个机制能支持要求。

MPLS-TP OAM Reqs 为 LSPs、PWs 和段层要求唯一的 OAM 技术和一致的 OAM 能力。现有的工具定义了运行 OAM 不同的方式，即 LSP ping 对引导 MPLS BFD 与 VCCV。当前，Y.1731 功能定义和规程可能被重新解释，来用于各种各样的 MPLS-TP 环境。MPLS-TP OAM Reqs 要求允许 OAM 包被 LSP/PW 的中间点查看，能由设置适当的 TTL 值实现。推荐中间点的标识符 OAM 消息，允许中间点确认是否是预期的消息。MPLS-TP 标准的开发遵循以下原则：与现有 MPLS

保持兼容,满足传送的需求提供最小的功能集。

二、OAM 的层次关系

如图 4-2-1 所示,PW OAM(伪线层 OAM)就是用来监控伪线上各种业务的,比如是否连接好、性能如何等,实现的是业务的端到端管理。Tunnel OAM(隧道层 OAM)则是监控隧道的,一条隧道里面有多条伪线,OAM 要保证隧道不会因为业务条数增加而性能下降,对 LSP 层实现着监控和保护。而 Section OAM(段层 OAM)的作用角度更高一点,需要保护一整个段层,这个功能能够充分节省带宽,为环网保护提供有力保障。

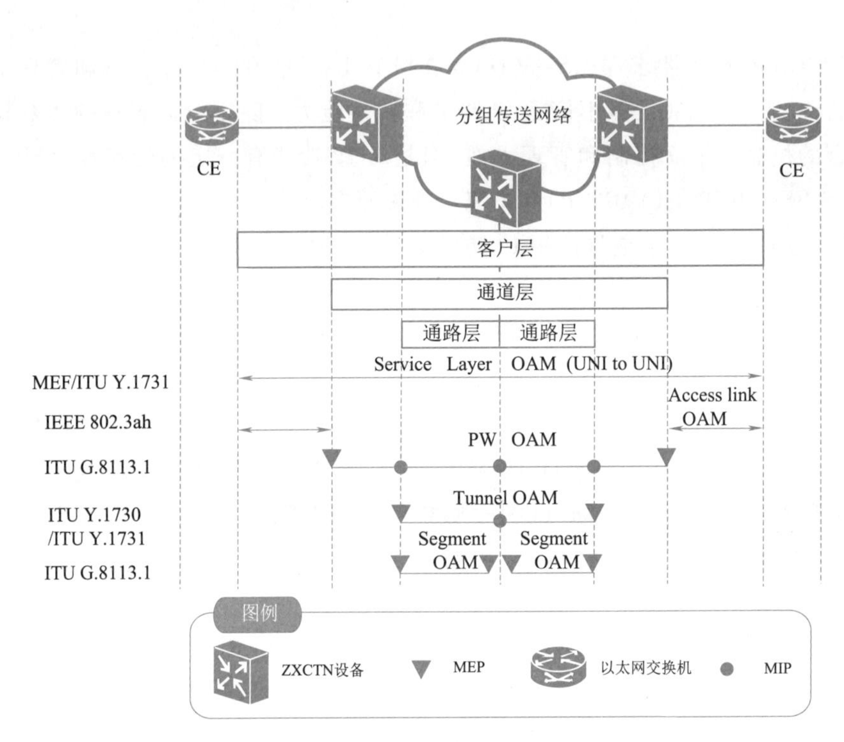

图 4-2-1　MPLS-TP OAM 结构示意图

三、OAM 功能

MPLS-TP 的 OAM 主要有 3 个功能:故障管理、性能管理和保护倒换。

1. 故障管理 OAM

故障管理 OAM 功能能够通过产生告警的方式有效定位故障,具体功能包括:

①连续性检测(Connectivity Check,CC):两端 MEP 周期性发送 CV 报文,检查连接是否正常。当检测到异常后,能够产生连通性丢失(Loss of Connection,LOC)、不期望的 MEG(Mismerge)、不期望的 MEP(Unexpected MEP)和不期望的周期(Unexpected Perio)几种告警。

②告警提示信号(Alarm Indication Signal,AIS):这是一种维护信号,当服务层路径失效时,将信号通知到客户层,同时抑制客户层告警事件的发生。

③远端缺陷指示(Remote Defect Indication,RDI):这是一种维护信号,用于近端检测到信号

失效之后,向远端反馈一个远端缺陷指示信号。反馈的方法就是近端向远端发送 RDI 报文。告诉远端:"咱俩联系不上啦!"。

④环回链路检测(Loopback,LB):用来检测从 MEP 到 MIP 或者对端 MEP 之间的双向连通性。在双向点到点 MPLS-TP 隧道上,LB 功能还可以用于 MEP 之间在线或离线模式下的诊断功能。LB 环回检测使用 LBM 和 LBR 报文来完成链路检测和诊断功能。

⑤锁定(Lock,LCK):这是一种维护信号,用于故障排查中,管理人员锁定某个 MEP(该设备上 MEP 绑定的接口也被锁定)。当业务流到达此设备后被丢弃,此时 MEP 会发送 Lock 报文,用于通知远端 MEP。近端将正常业务中断,远端 MEP 判断业务中断是预知的还是由于故障引起的。具有源锁定和目的锁定两种锁定模式。

⑥测试(Test):这个功能用于单向按需的中断业务或非中断业务诊断测试,其中包括对带宽吞吐量、帧丢失、比特错误的检验。这些功能通过在 MEP 插入具有特定吞吐量、帧尺寸和发送模式的带有测试信号信息的 TST 帧来实现。

2. 性能管理 OAM

性能管理 OAM 功能是用来维护网络服务质量和提高网络运营效率,具体功能包括:

①帧丢失测量(Loss Measurement,LM):用于统计点到点 MPLS-TP 连接入口和出口发送和接收业务帧的数量差,看看是不是有丢包。双端 LM 是一种主动性能监视 OAM 功能,其信息在 CV 帧中携带。在点到点的维护实体中,源 MEP 向目的 MEP 周期性地发送带有双端 LM 信息的 CV 帧,实现目的节点中的帧丢失测量。每个 MEP 均能够终结这些双端 LM 帧以实现近端和远端帧丢失测量。单端 LM 是一种按需性能监视 OAM 功能,测量过程通过源 MEP 向目的 MEP 周期性地发送请求 LMM 帧和接收反馈的应答 LMR 帧来实现。

②时延测量(Delay Measurement,DM):是一种按需 OAM 功能,用于测量帧时延和帧时延抖动。通过在诊断时间间隔内由源 MEP 和目的 MEP 间周期性地传送 DM 帧来执行,具有两种实现方式:单向 DM 由源 MEP 发送请求 DM 帧,在目的 MEP 处完成单向帧时延或单向帧时延抖动的测量;双向 DM 由源 MEP 发送请求 DM 帧,并在接收到目的 MEP 反馈的应答 DM 帧后,通过对帧中时间差的计算,在源 MEP 处实现整个帧时延的测量。

3. 其他 OAM 功能

其他 OAM 功能包括保护倒换功能和其他维护信息的传递。

①自动保护倒换(Automatic Protection Switching,APS):用于当故障发生并满足倒换条件时,在维护端点间通过发送报文,传递故障条件及保护倒换状态的信息,以协调保护倒换操作,实现线性及环网保护的功能,这也是 OAM 的一个重要功能。

②管理通信通道(Management Communication Channel,MCC):用于在维护端点间实现管理数据的传送,包括远端维护请求、应答、通告,以实现网管管理。

③信令通信通道(Signaling Communication Channel,SCC)用于在维护端点间实现控制平面信息的传送,包括信令、路由及其他控制平面相关信息。

任务小结

本次任务主要学习了传输承载网对 MPLS-TP OAM 技术的应用要求,MPLS-TP OAM 层次结构以及 OAM 功能应用,OAM 是 PTN 电信级保证的基础,主要实现故障管理、性能检测及一些其他功能(如自动保护倒换(APS)等。

※思考与练习

一、填空题

1. MPLS 的 OAM 机制独立于传输媒介和业务,通过(　　)进行仿真实现。
2. LSPs、PWs 和段层具有唯一的(　　)和一致的(　　)。
3. 在分组承载网中,根据 OAM 功能不同可以分为(　　)、(　　)、段层 OAM。
4. MPLS-TP 的 OAM 主要有 3 个功能:故障管理、(　　)和(　　)。
5. 故障管理 OAM 功能能够通过(　　)的方式有效定位故障。

二、判断题

1. (　　)PW OAM(伪线层 OAM)就是用来监控伪线上各种业务的,比如是否连接好、性能如何等,实现的是业务的端到端管理。
2. (　　)Tunnel OAM(隧道层 OAM)是监控隧道的,一条隧道里面有多条伪线,OAM 要保证隧道不会因为业务条数增加而性能下降。
3. (　　)MPLS-TP 标准的开发遵循以下原则:与现有 MPLS 保持兼容,满足传送的需求提供最大的功能集。
4. (　　)自动保护倒换(Automatic Protection Switching,APS)用于当故障发生并满足倒换条件时,在维护端点间通过发送报文,传递故障条件及保护倒换状态的信息。
5. (　　)性能管理 OAM 功能中帧丢失测量(Loss Measurement,LM):用于统计点到点 MPLS-TP 连接入口和出口发送和接收业务帧的数量差,判断是否有丢包。

三、简答题

简述 PTN 网络 MPLS-TP OAM 层次结构及其功能。

任务三　学习 LTE 移动回传网业务生存性综合解决方案

任务描述

通过本次任务学习,熟悉 LTE 业务生存性技术需求,掌握常见 LTE 移动回传业务生存性解决方案。能够根据组网特点、业务需求实现网络业务生存性应用。

任务目标

- 熟悉 LTE 业务生存性要求。
- 掌握常见网络业务生存性解决方案。

任务实施

LTE 基站的传输端口应该支持冗余功能，在传输链路或者传输设备出现故障情况下，能够实现快速的线路保护功能。核心网设备的冗余保护一般通过 S1-Flex 技术实现。一个 eNodeB 可以与多个核心网设备（MME/S-GW）建立 S1 接口，这些核心网设备组成资源池，当其中一个设备出现故障时另外一个设备将接替其为用户服务。

一、L2 + L3 静态 IP 方案的保护方案（PW APS + LAG）

业务类型为 E-Line 业务，二层业务采用 PW 双归保护 + LSP 1∶1保护。与 aGW 对接的分组主备设备间采用 MC-LAG 保护，如图 4-3-1 所示。

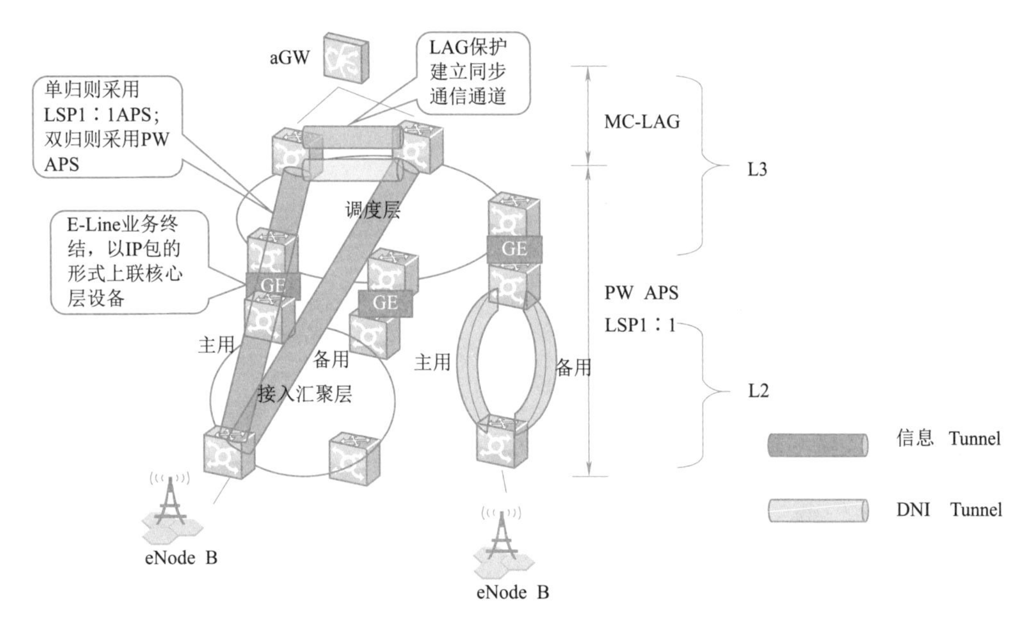

图 4-3-1 L2 + L3 静态 IP 方案的保护方案（PW APS + LAG）

二、L2 + L3 静态 IP 方案的保护方案（PW APS + VRRP）

业务类型为 E-Line 业务，二层业务采用 PW 双归保护 + LSP 1∶1保护。与 aGW 对接的分组主备设备间采用 VRRP 保护，如图 4-3-2 所示。

三、L2 + L3 静态 IP 方案的保护方案（MSP）

接入汇聚层 L2 层采用 PW 双归保护 + LSP 1 ∶ 1，调度层的 L2/L3 设备和与 aGW 对接的设备间采用 PW APS 保护。与 aGW 对接的设备间线路采用 MC-LAG 保护 + VRRP 保护，如图 4-3-3所示。

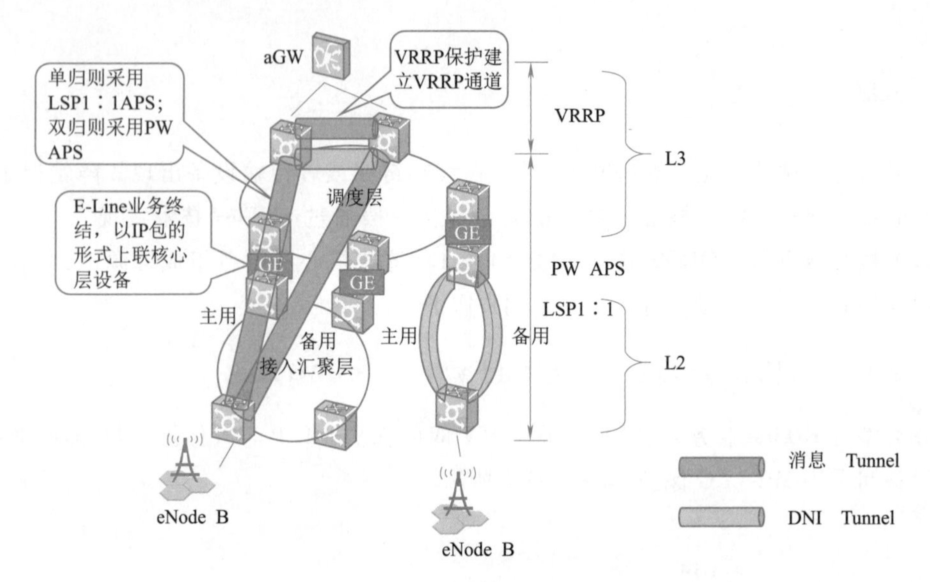

图 4-3-2 L2 + L3 静态 IP 方案的保护方案(PW APS + VRRP)

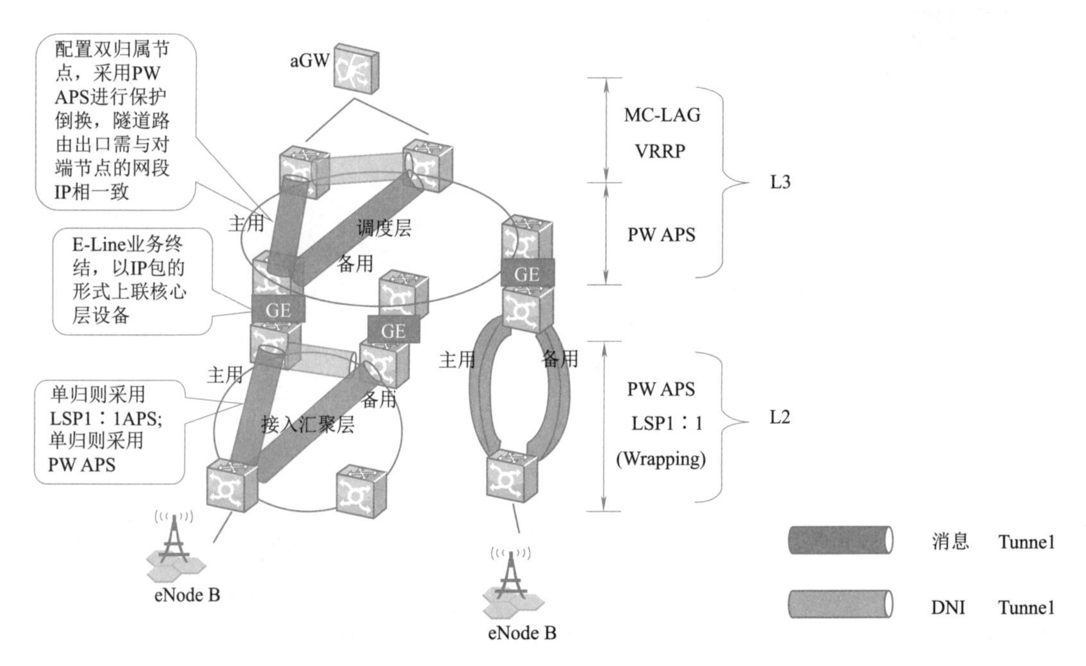

图 4-3-3 L2 + L3 静态 IP 方案的保护方案(MSP)

任务小结

本次任务主要学习了 LTE 移动回传业务生存性安全保护需求,网络业务生存性是评判网络性能的重要指标。在网络中,LTE 基站的传输端口应该支持冗余功能,承载网络能够实现全程电信级保护功能。

※思考与练习

一、填空题

1. 在端口链路聚合保护中根据工作机制不同可以分为(　　)、(　　)。

2. PTN 设备可以实现单板 1+1 保护的有(　　)、(　　)、主控板、时钟板。

3. 为实现业务生存性保护,根据保护级别不同可以分为端口级保护、(　　)、(　　)。

4. 为满足生存性要求,LTE 基站的传输端口应该支持(　　)功能。

5. 移动回传网络中 UNI(用户侧)保护一般以(　　)方式实现。

二、简答题

1. 简述 L2+L3 静态 IP 方案的保护方案(MSP)特点。

2. 简述 L2+L3 静态 IP 方案中 PW APS+LAG 和 PW APS+VRRP 保护方案的异同点。

项目五 分组传送网故障案例

任务一　学习性能维护与故障处理

任务描述

本次任务从日常维护中最基本的维护做起，介绍从机房环境到设备声音告警，从单板指示灯到网管的性能维护与故障处理方法。

任务目标

- 熟悉分组传送网维护过程中日常性能维护方法。
- 掌握分组传送网维护过程中故障定位处理方法。

任务实施

一、日常性能维护

1. 告警查询

定期查询告警有助于快速发现故障，分析告警有助于定位故障。

可依次按照下面的方法通过告警定位分析故障。

①查询到当前新增告警。

在网管上查询告警有3种方法：

- 通过拓扑视图查询。
- 通过主菜单查询。
- 通过业务视图查询。

其中，在拓扑视图上查询是最快捷、最方便的方法。

②确认告警上报的时间点，如图5-1-1所示。

③定位当前告警影响的关联业务，如图5-1-2所示。

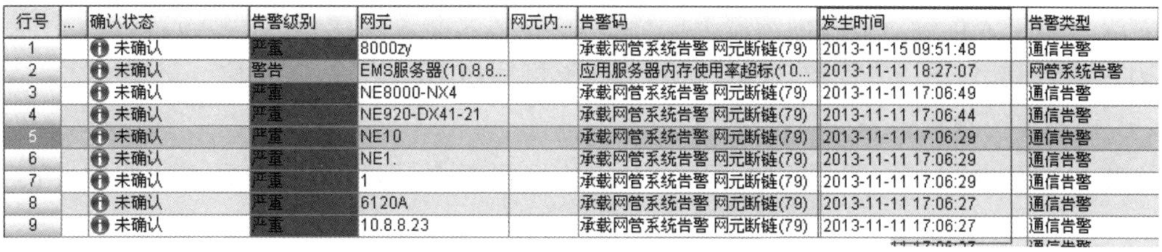

行号
确认状态
告警级别
网元
网元内...
告警码
发生时间
告警类型
1 未确认 严重 8000zy 承载网管系统告警 网元断链(79) 2013-11-15 09:51:48 通信告警
2 未确认 警告 EMS服务器(10.8.8... 应用服务器内存使用率超标(10... 2013-11-11 18:27:07 网管系统告警
3 未确认 严重 NE8000-NX4 承载网管系统告警 网元断链(79) 2013-11-11 17:06:49 通信告警
4 未确认 严重 NE920-DX41-21 承载网管系统告警 网元断链(79) 2013-11-11 17:06:44 通信告警
5 未确认 严重 NE10 承载网管系统告警 网元断链(79) 2013-11-11 17:06:29 通信告警
6 未确认 严重 NE1. 承载网管系统告警 网元断链(79) 2013-11-11 17:06:29 通信告警
7 未确认 严重 1 承载网管系统告警 网元断链(79) 2013-11-11 17:06:29 通信告警
8 未确认 严重 6120A 承载网管系统告警 网元断链(79) 2013-11-11 17:06:27 通信告警
9 未确认 严重 10.8.8.23 承载网管系统告警 网元断链(79) 2013-11-11 17:06:27 通信告警

图 5-1-1　确认告警上报的时间点

告警级别:
确认状态
告警级别
未确认
已确认
严重
确认
反确认
清除
清除根源告警及衍生告警
注释
前转
详细信息
处理建议
相关历史告警
相关当前告警(位置)
相关历史告警(位置)
快速创建抑制过滤规则
创建规则
告警相关规则
定位到网元
指定监控
显示根源告警
显示衍生告警
网元管理
打开机架图
影响业务分析
影响客户分析

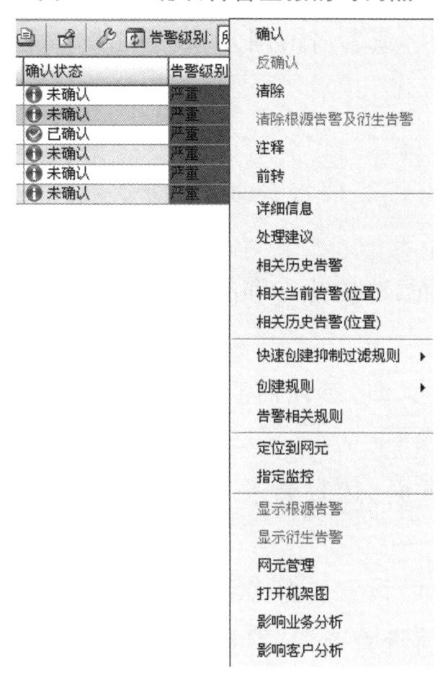

图 5-1-2　定位当前告警影响的关联业务

④查看对应服务层的告警，如图 5-1-3 所示。

行号
用户标签
告警状态
服务层告警状态
A网元
L2VPN-test1
L2VPN-test2
L3VPN-NE1_NE5
L2-L3
Ethernet-NE3_1_NE3_1-...
Ethernet-NE5_1_NE6_1-...
EPTREE1
Ethernet-NE03_-225
L3VPNHY
NE1_1
NE2_1
NE5_3;NE4_3;NE1...
NE8_1;NE7_1;NE4_...
NE3_1
NE4_1;NE5_1;NE6_1
当前告警
当前性能
实时流量监控
通道视图
查看
修改业务基本属性
修改业务参数
激活
去激活
投入服务
退出服务
解除业务
删除业务
配置
OAM
Trace
Ping
维护
连通性检测
业务管理器
属性
合并前业务
交叉连接
客户层业务
资源使用率
TNP
保护属性
绑定的共享环隧道保护
TE FRR 保护关系
以太网链路带宽
关联以太网链路
查询子业务
查询关联业务
动态隧道
动态隧道建立LSP的信息
动态伪线出入标签和协商状态
当前告警(含服务层)
历史告警
历史告警(含服务层)
当前性能(含服务层)
历史性能
历史性能(含服务层)
L2VPN-test1
PW-NE1_1_NE3_1-540
PW-NE1_1_NE4_1-541
路由
属性
交叉连接
当前告警
历史告警

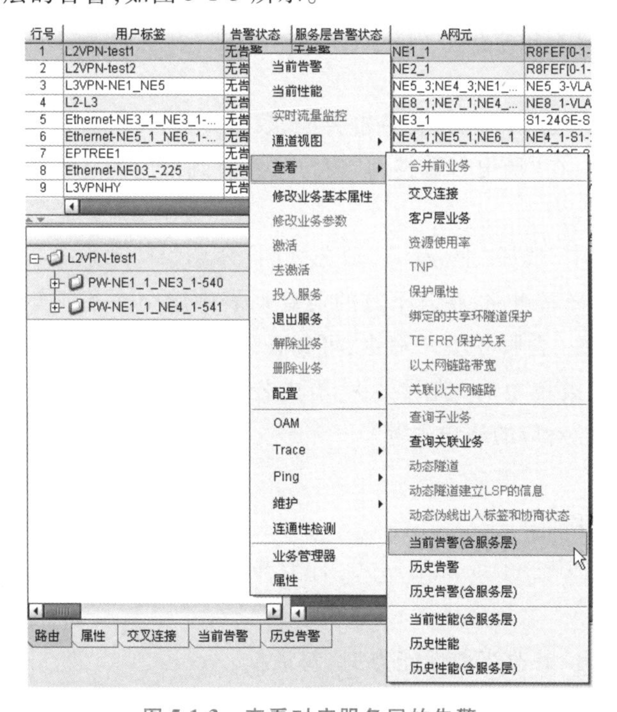

图 5-1-3　查看对应服务层的告警

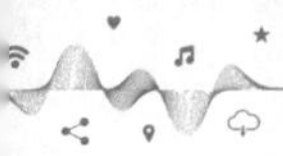

常见告警中大部分告警是因为服务层链路断纤、网元断链或端口 DOWN 造成的，小部分告警是因为 ARP/MAC 配置错误造成的，这种情况下可利用 LT 进行故障定位。

(1)拓扑视图查询告警

在拓扑视图中，选中一个或多个网元，在拓扑视图下方，即可实时查看到这些网元的当前告警。

在拓扑视图中，选中一个或多个网元，右击网元，在弹出的快捷菜单中选择“当前告警”或“历史告警”命令，查看相关告警。或者右击网元，在弹出的快捷菜单中查询告警，如图 5-1-4 所示。

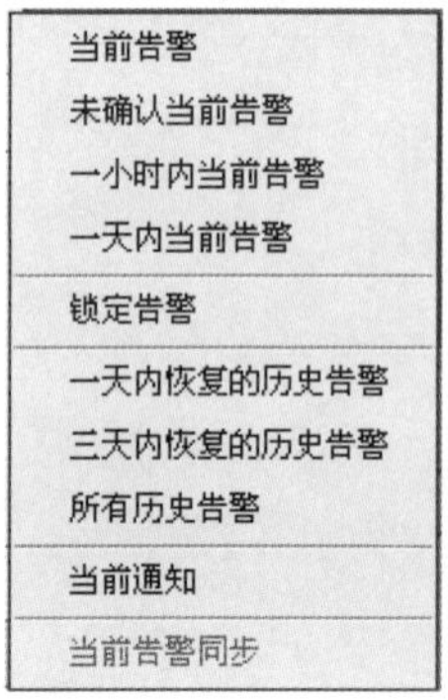

当前告警
未确认当前告警
一小时内当前告警
一天内当前告警
锁定告警
一天内恢复的历史告警
三天内恢复的历史告警
所有历史告警
当前通知
当前告警同步

图 5-1-4　查询告警

(2)主菜单查询告警

①在主菜单中，选择“告警”→“当前告警查询”命令，打开“当前告警查询”窗口。

②(可选)在“发生位置”页面，选择待查询的网元类型，默认为所有网元类型。

③(可选)切换到“告警码”页面，选择需查询的告警码，默认为所有码值。

④(可选)切换到“时间”页面，选择告警发生时间和确认/反确认时间。

⑤(可选)切换到“其他”页面，设置告警类型、数据类型、告警级别、确认状态和网元 IP。

⑥单击“确定”按钮，在“当前告警查询”窗口可查看到对应的告警。

⑦在主菜单中，选择“告警”→“历史告警查询”命令，打开“历史告警查询”窗口。

⑧(可选)重复步骤②～③，选择待查询的网元类型和告警码。

⑨在“时间”页面，设置待查询的历史告警发生时间、告警恢复时间、确认/反确认时间、持续时间。

⑩(可选)切换到“其他”页面，设置告警类型、数据类型、告警级别、确认状态和网元 IP。

⑪单击“确定”按钮，在“历史告警查询”窗口可查看到对应的告警。

(3)业务视图查询告警

①在客户端主菜单中，选择“业务”→“业务视图”命令，打开“业务视图”窗口。

②在拓扑图中单击一条链路，在其下方的业务列表中选中一条业务，右击并选择快捷菜单中的“查看”→“当前告警(含服务层)”命令，可查看该业务对应的当前告警。

③右击并选择快捷菜单中的“查看”→“历史告警”命令或“查看”→“历史告警(含服务层)”命令，可查看该业务对应的历史告警。

2. 性能查询

(1)查询网元当前性能

①在拓扑视图中，选中一个或多个网元，右击并在弹出的快捷菜单中选择“性能管理”→“当前性能查询”命令。

②单击图标，弹出“修改当前性能查询”对话框。

③在“计数器选择”选项卡中，按表 5-1-1 设置相关参数，如图 5-1-5 所示。

表 5-1-1　“计数器选择”选项卡参数设置

参　　数	说　　明
网元类型	在下拉列表框中选择待设置网元的类型
通用模板	在下拉列表框中选择网管自带的或自定义的通用模板，或者不选择模板
测量对象类型	使用默认值“性能检测点”
粒度	设置系统采集数据的粒度，选择“15 分钟”或“24 小时”
可选择的计数器	当不选择通用模板时，可展开各节点，勾选需查询的性能项
已选计数器	显示从可选择的计数器区域框中勾选的性能项，例如：CPU 利用率

图 5-1-5　设置当前性能计数器选择参数

④切换到“位置选择”选项卡，按表 5-1-2 设置相关参数。

表 5-1-2　“位置选择”选项卡参数设置

参　　数	说　　明
通配层次	设置测量对象的范围
网元位置	设置测量对象所在网元的位置。 当通配层次设置为选择全网所有网元时，该项不需设置
测量对象位置	设置测量的具体对象。 当通配层次设置为选择全网所有网元或选择到网元时，该项不需设置

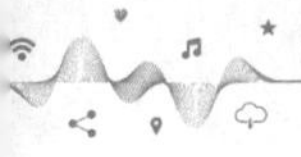

⑤单击“确定”按钮,“当前性能查询”页面显示查询到的性能。

(2)查询网元历史性能

①在拓扑视图中,选中一个或多个网元,右击并在弹出的快捷菜单中选择“性能管理”→“历史性能数据查询”命令,弹出“历史性能数据查询”窗口。

②在“查询指标/计数器”选项卡中设置相关参数,参数设置方法与查询当前告警相同。

③切换到“查询对象”选项卡,按表 5-1-3 设置相关参数。

表 5-1-3　历史性能“查询对象”参数设置

参　　数	说　　明
位置汇总	从下拉列表框中选择位置汇总,例如:查询原始数据
通配层次	从下拉列表框中选择通配层次,例如:单板
网元位置	在网元位置区域框中选择网元所在的位置
测量对象位置	在测量对象位置区域框中选中测量对象的位置。 当通配层次选择选择全网所有网元或选择到网元时,不需配置

④切换到“查询时间”选项卡,按表 5-1-4 设置相关参数,如图 5-1-6 所示。

表 5-1-4　历史性能“查询时间”参数设置

参　数　项	说　　明
查询粒度	查询粒度表示系统进行性能数据查询的周期
查询时间段	系统进行性能数据查询的时间段
有效日期	系统只查询有效日期内的性能数据
有效时段	系统只查询有效时段内的性能数据

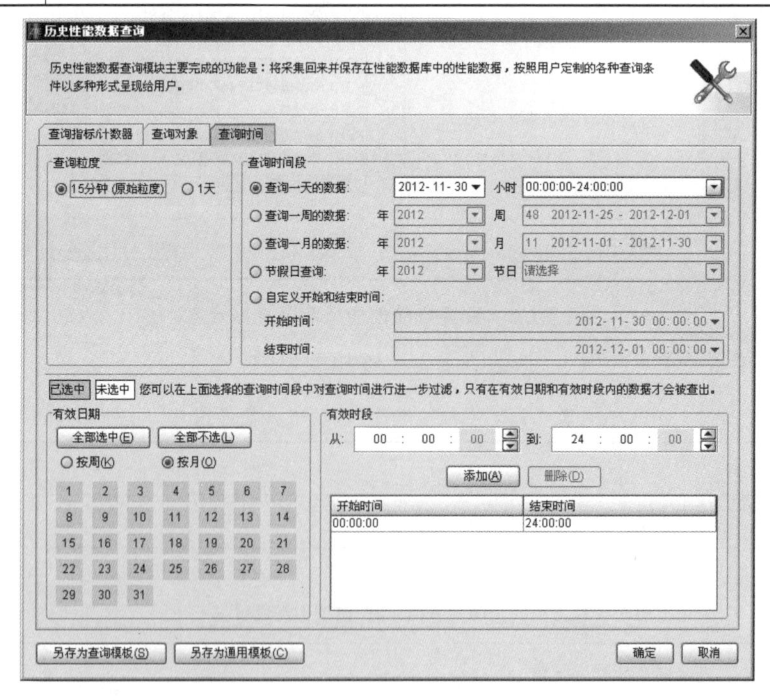

图 5-1-6　设置历史性能“查询时间”参数

⑤单击"确定"按钮,"历史性能数据查询"页面显示查询到的性能。

二、故障定位及处理

故障处理原则如下:

①在定位故障时,先排除外部因素(如光纤断、电源问题)再考虑 ZXCTN 设备的故障。

②先定位故障站点,再定位到具体单板。

③分析告警时,应先分析高级别告警再分析低级别告警。因为通常高级别的告警会抑制低级别的告警。

故障处理的通用流程如图 5-1-7 所示。

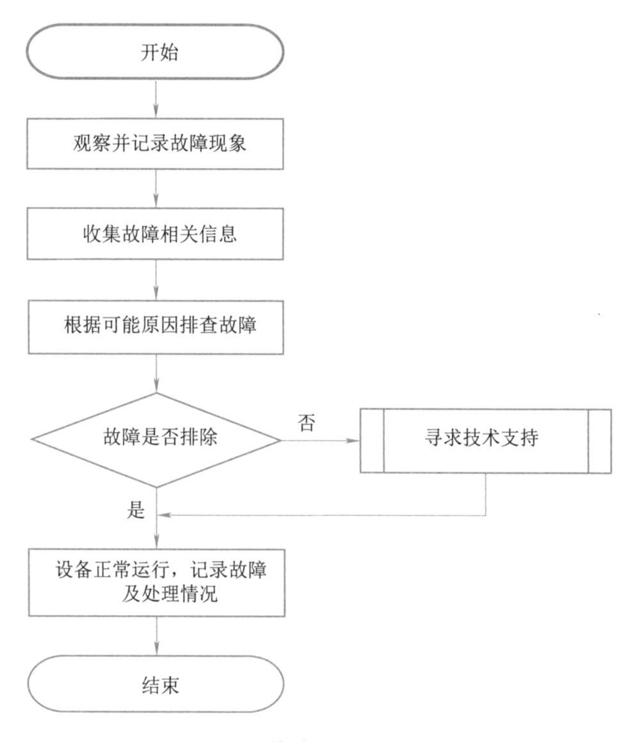

图 5-1-7　故障处理的通用流程

任务小结

本次任务主要学习了设备日常性能维护及故障处理方法,通过本次学习能够熟悉设备维护过程中的注意事项,了解常见维护工具,掌握告警查询方法及故障处理流程。

※思考与练习

一、填空题

1. 在设备维护过程中未用设备光接口应用(　　)盖住。

2. 单板维护过程中，要佩戴(　　)，做好防静电措施，避免损坏设备。

3. 进行业务调配后应及时(　　)，以备发生故障时实现业务的快速恢复。

4. 设备日常维护过程中，查询告警可以(　　)，分析告警可以(　　)。

5. 性能查询时可以根据需要设置系统采集数据的粒度为(　　)或(　　)大小的计数器粒度。

二、判断题

1. (　　)设备维护过程中严禁直视光接口，以防激光灼伤眼睛。

2. (　　)鉴于传输设备在网络中的重要性，设备投入使用后，为保障传送的业务不中断，在设备安装、调试过程中应尽量避免进行断电操作。

3. (　　)在系统正常工作时不应退出网管，以免造成业务中断。

4. (　　)当网管上报告警信息时，可以通过确认告警消除当前告警信息。

5. (　　)在网管上查询告警有多种方法，其中在拓扑视图上查询是最快捷、最方便的方法。

三、简答题

简述日常设备故障维护中的故障处理原则。

任务二　掌握典型故障案例

任务描述

通过本次任务学习，主要完成E1业务、以太网业务及LTE网络中以太网故障案例分析，并且掌握故障排查方法。

任务目标

- 熟悉分组传送网常见业务案例场景。
- 掌握分组传送网不同业务场景中故障定位处理方法。

任务实施

一、E1业务故障处理

1. 系统概述

E1业务典型组网示意图如图5-2-1所示，业务采用动态隧道+静态伪线承载。

2. 故障现象

ZXCTN接入层设备从基站接入的E1业务中断或有误码。

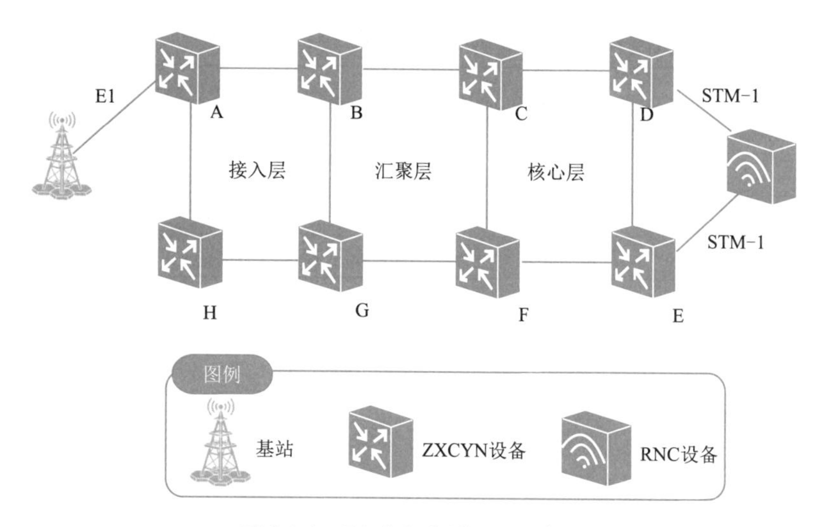

图 5-2-1　E1 业务典型组网示意图

3. 故障分析

可根据以下几个常用角度分析故障产生的原因。

①根据网络中故障的地位和告警，如表 5-2-1 和表 5-2-2 所示。

表 5-2-1　可能的告警和对应原因(客户侧)

可能上报的告警	故障产生的可能原因
接口编码违例计数(CV)越限告警	接地不良
PDH AIS/PWE3-CSF 告警	客户信号失效

表 5-2-2　可能的告警和对应原因(网络侧)

可能上报的告警	故障产生的可能原因
PWE3 LOP 告警	断纤后 PE 节点隧道异常。 PW 倒换异常
PWE3-CES 丢包数越限/PWE3-LOP/PWE3-CES 缓冲溢出次数越限	网络上某段链路拥塞，导致严重丢包。 NNI 侧为租用链路如为 155/300 Mbit/s 等，NNI 存在突发流量时，可能会引起 TDM 业务丢包。 网络上某段链路的 CRC 过多，导致严重丢包
TMP-LOC/TMC-LOC	服务层隧道或 PW 异常

②根据可能的故障类型，如表 5-2-3 ~ 表 5-2-5 所示。

表 5-2-3　可能的告警和对应原因(时钟类)

可能上报的告警	故障产生的可能原因
PWE3-CES 缓冲溢出次数越限告警	设置了自适应时钟
时钟锁定异常	设置了系统时钟，网络中的同步以太网时钟没有正常锁定。 网络穿越波分网络，无法透传同步以太网时钟

表 5-2-4　可能的告警和对应原因(配置类)

可能上报的告警	故障产生的可能原因
PWE3-CES 畸形包数越限告警	配置的两端站点级联数以及缓冲区设置不一致
PWE3 LOP 告警	两端业务配置,某一端有业务残损
MSP 保护倒换异常	MSP 对接配置异常
无告警	无线基站多路 E1 使用 MLPPP 绑定,ZXCTN 设备引入时延较大引起无线 SCTP 闪断

表 5-2-5　可能的告警和对应原因(设备类)

<table>
<tr><th>可能上报的告警</th><th>故障产生的可能原因</th></tr>
<tr><td>单板 CPU 利用率越限告警</td><td rowspan="4">业务板不在位。
业务板 CPU 利用率过高。
时钟单板工作异常。
设备上的业务单板工作异常导致丢包或转发时延过大。
PW FRR 或隧道倒换异常。
PW 标签冲突。本地落地 PW 及穿通 PW 标签相同,引起设备 CPU 冲高</td></tr>
<tr><td>PWE3 LOP 告警</td></tr>
<tr><td>设备芯片类告警</td></tr>
<tr><td>时钟单板类告警</td></tr>
</table>

③根据故障基站的分布情况,如表 5-2-6 所示。

表 5-2-6　故障影响范围和对应原因

故障影响范围	故障产生的可能原因
业务中断或丢包的基站不是集中在同一个 UPE 下	接入层单基站设备异常。例如,设备运行环境恶劣导致设备短路/温度过高产生误码/单站光路质量劣化/窄带业务单板转发异常。 部分扩展落地设备本身 NNI/UNI 业务单板或者转发异常导致丢包。 时钟恢复异常,中间经过的 OTN 链路导致时钟恢复异常,或者时钟同步部署方案错误,从而基站出现时钟假锁,导致频率恢复异常。 部分链路质量劣化,影响部分基站。 重要节点 CPU 冲高导致 IGP 闪断和隧道闪断
业务中断和误码的基站在同一个 UPE 下	核心节点/落地核心设备本身转发异常。可能落地业务业务单板异常,本设备交换网板异常等。 核心节点时钟恢复异常,导致下送时钟并非 BITS 源头时钟。 核心节点和基站之间业务隧道 DOWN 导致 PW DOWN,未部署联动引起异常。 核心节点 MSP 工作异常,导致业务中断。 多处断纤导致保护无法生效。工作 PW 保护 PW 全部中断,工作保护 LSP 全部中断等

4. 故障处理

故障排除步骤如下:

步骤 1:分析各个基站的故障业务是否经过共同链路和共同网元。

- 是→步骤 3;
- 否→步骤 2。

步骤 2:排除业务所经过共同网元的业务单板/交换板故障、时钟恢复故障、物理链路断纤故障后,检查故障是否排除。

- 是→结束;
- 否→步骤 3。

步骤 3：参见图 5-2-2，对每个基站的 2G 业务进行故障处理，检查故障是否排除。

- 是→结束；
- 否→寻求技术支持。

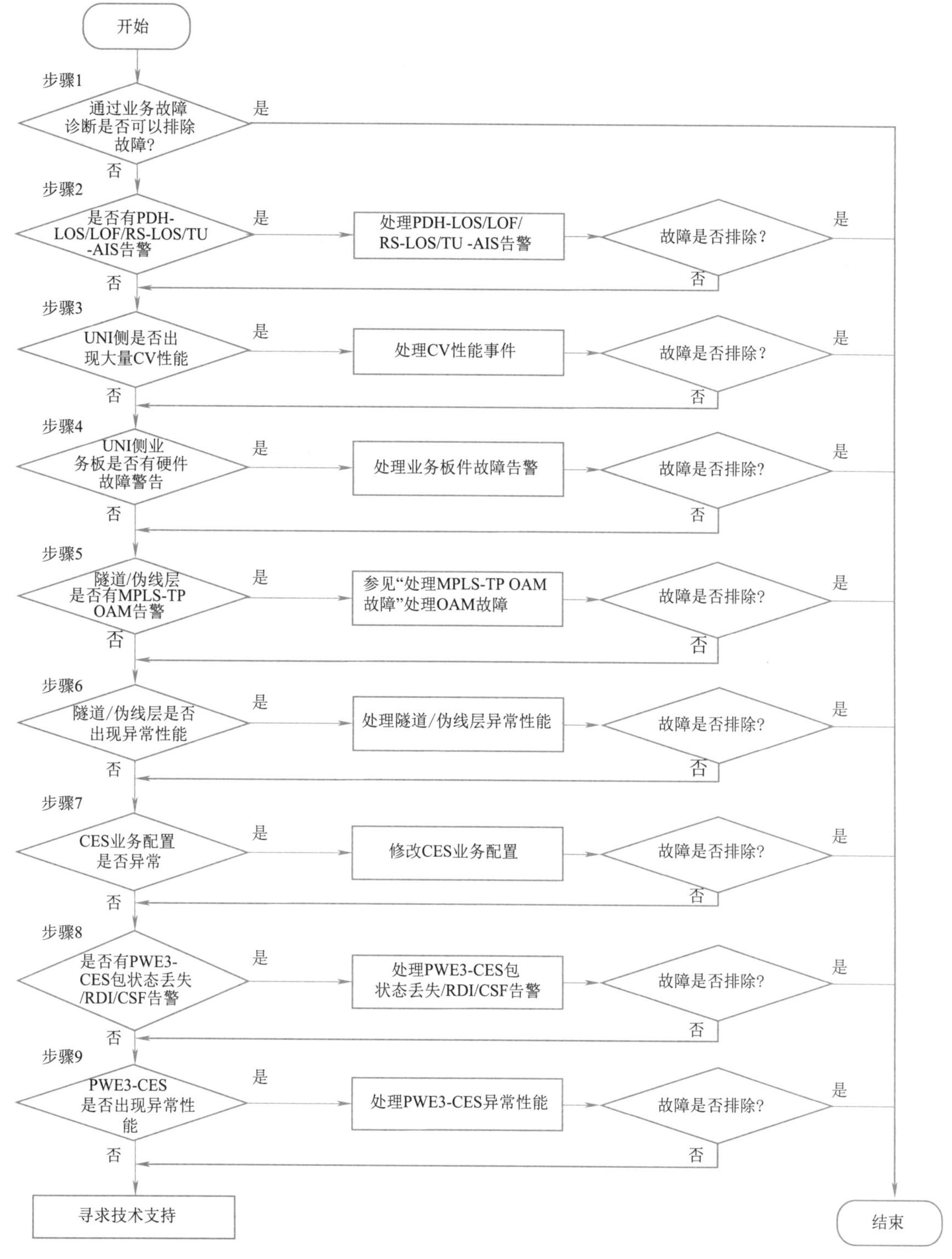

图 5-2-2　处理 CES 业务中断故障

5. 故障处理总结

E1 属于 CES 业务，CES 是 ATM(异步传输模式)网络提供的在质量上可以同常规数字电路相比拟的数字电路业务。在 ATM 网络边缘设置电路仿真业务的部件，可向电路仿真业务的用户提供仿真业务的接口。也可以称为 TDM(时分复用)。E1 接口一般用于 2G 业务的接入，当移动 2G 业务与 4G 业务融合之后，E1 接口需求将会大幅下降。

CES 一般只有业务中断与业务误码。业务中断一般都是由线路中断引起，而业务误码一般是由时钟与线路质量引起。

二、以太网业务故障处理

1. 系统概述

以太网业务典型组网示意图如图 5-2-3 所示。业务采用静态 L2VPN 承载。

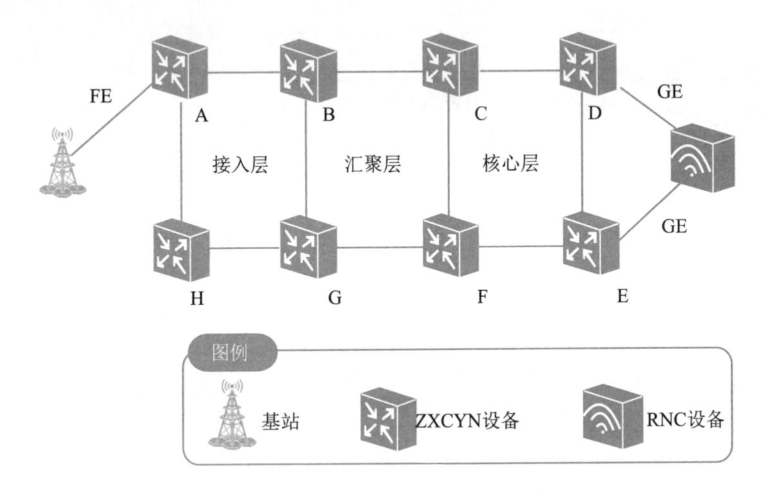

图 5-2-3　以太网业务典型组网示意图

2. 故障现象

ZXCTN 接入层设备从基站接入的以太网业务中断或有误码。

3. 故障分析

可根据以下几个常用角度分析故障产生的原因。

①根据网络中故障的位置和告警，如表 5-2-7 和表 5-2-8 所示。

表 5-2-7　故障现象和对应的原因(客户侧)

可能的告警	故障产生的原因
以太网物理端口(ETPI) Ethernet 端口未连接、以太网物理端口(ETPI) 信号丢失(LOS)、以太网物理端口(ETPI) Ethernet 端口半双工连接	以太网物理连接异常。 以太网物理连接两端端口的双工设置失效
UNI 侧网元出现 Smartgroup 接口失效告警、Smartgroup 链路 Smartgroup 组成员失效告警	LACP 协商失败
CPU 利用率过高，单板 CPU 利用率越限告警	UNI 侧网元收到大量协议报文，导致 CPU 利用率过高

表 5-2-8　故障现象和对应的原因(网络侧)

可能的告警	故障产生的原因
TMC-LOC	未配置保护,使得断纤后业务中断。 保护倒换异常
某跨段带宽利用率越限告警	网络上某段流量拥塞,导致严重丢包
CRC 越限告警	网络上某段链路 CRC 过多,导致严重丢包
PW Down、隧道 隧道状态 Down、VC 状态 Down 告警	

②根据可能的故障类型,如表 5-2-9 ~ 表 5-2-11 所示。

表 5-2-9　故障现象和对应的原因(设备类)

可能的告警	故障产生的原因
单板脱位或单板 CPU 利用率越限告警	业务单板不在位。 CPU 利用率过高
时钟类告警	时钟类单板工作异常
CRC 越限或丢弃包越限告警	业务单板转发异常,导致丢包或转发延时过大
无告警	PW-FRR 倒换异常

表 5-2-10　故障现象和对应的原因(配置类)

可能的告警	故障产生的原因
无告警	控制字配置不一致。 VLAN 处理转发方式不合理。 HUB/SPOKE 模式设置错误。 业务配置数据残损。 LDP 未使能,导致标签分配不成功。 部分协议报文无法通过 L2VPN 通道

表 5-2-11　故障现象和对应的原因(其他类)

可能的告警	故障产生的原因
无告警	业务线卡不在位或 CPU 利用率过高。 关联删除业务时,引发 L2L3 桥接的 L3 接口 IP 被删除,导致业务中断

4. 故障处理

故障排除步骤如下:

步骤 1:通过网管业务故障诊断功能排除故障。

①在网管客户端操作窗口中,选择“维护”→“承载传输网元维护”→“CTN 故障诊断”命令,参见表 5-2-12 设置参数,执行业务故障诊断。

表 5-2-12　参数设置

参　　数	设　　置
诊断类型	业务故障诊断
诊断对象	出现故障的 L2VPN 以太网业务

诊断完毕后,诊断结果栏给出故障诊断的步骤及故障原因,解决建议栏给出故障的处理建议。

②根据解决建议栏所给建议,处理故障后,检查故障是否排除。

• 是→结束。

• 否→步骤 2。

步骤 2:检查 UNI 侧是否出现告警和异常性能。

①查询告警,查询网元 UNI 侧是否出现以太网物理接口(ETPI) Ethernet 端口未连接或 Smartgroup 接口失效告警。

• 是→步骤②。

• 否→步骤③。

②处理以太网物理接口(ETPI) Ethernet 端口未连接和 Smartgroup 接口失效告警处理告警,检查故障是否排除。

• 是→结束。

• 否→步骤③。

③参见查询性能,查询 UNI 侧单板和端口是否出现异常性能。

UNI 侧需要关注的性能参见表 5-3-13。

表 5-2-13 UNI 侧需要关注的性能列表

检测点(层速率)	性能名称
以太网物理接口 ETPI	以太网物理接口(ETPI)接收校验错帧数、以太网物理接口(ETPI)发送帧校验错帧数、以太网物理接口(ETPI)接口入流量、以太网物理接口(ETPI)接口出流量
CPU 利用率	CPU 利用率最大值、CPU 利用率最小值、CPU 利用率

• 是→步骤④。

• 否→步骤 3。

④根据查询到的性能,处理故障。

如果以太网物理接口(ETPI)接收校验错帧数、以太网物理接口(ETPI)发送帧校验错帧数持续增加,那么确保线缆连接良好、以太网物理接口光功率正确、设备接地良好。

如果以太网物理接口(ETPI)接口入流量、以太网物理接口(ETPI)接口出流量接近或超出性能门限值,那么确保 UNI 侧没有出现广播风暴。

如果 CPU 利用率接近或超出性能门限值,参见单板 CPU 利用率越限处理故障。

⑤检查故障是否排除。

• 是→结束。

• 否→步骤③。

步骤 3:检查服务层是否出现告警。

①查询告警,查询隧道所经过网元是否出现硬件类告警,例如单板脱位。

• 是→步骤②。

• 否→步骤③。

②处理单板脱位告警,检查故障是否排除。

• 是→结束。

• 否→步骤③。

③在业务管理器中,右击业务对应隧道/伪线,在弹出的快捷菜单中选择“OAM”→“配置 MEG”命令,在弹出的“端到端配置 MEG”对话框中,查询隧道/伪线是否配置了 OAM。

• 是→步骤⑤。

- 否→步骤④。

④在“端到端配置 MEG”对话框中,配置隧道/伪线 OAM。

⑤查询告警,查询网元是否出现 MPLS-TP OAM 告警。

- 是→步骤⑥。
- 否→步骤⑦。

⑥处理 MPLS-TP OAM 故障,检查故障是否排除。

- 是→结束。
- 否→步骤⑦。

⑦在业务管理器中,查询业务是否配置了伪线双归保护。

- 是→步骤⑧。
- 否→步骤 4。

⑧处理伪线双归保护故障,检查伪线双归保护配置并确保伪线双归保护无故障后,检查故障是否排除。

- 是→结束。
- 否→步骤 4。

步骤 4:检查服务层是否出现异常性能。

①查询性能,查询隧道/伪线所经过网元的以太网物理接口(ETPI)接收校验错帧数、输入光功率、输出光功率、以太网物理接口(ETPI)近端丢包率性能是否出现异常。

- 是→步骤②。
- 否→步骤 4。

②以太网物理接口故障处理后,检查故障是否排除。

- 是→结束。
- 否→步骤 5。

步骤 5:检查业务配置是否正确。

①查询业务的一致性状态,确保业务无残损后,检查故障是否排除。

- 是→结束。
- 否→步骤②。

②根据业务类型,执行对应操作。

- 如果业务是 VPWS 业务,转步骤④。
- 如果业务是 VPLS 业务,转步骤③。

③检查伪线环回,确保伪线配置正确。

④查询告警,查询网元是否出现 L2VPN MAC 发生了迁移告警。

- 是→步骤⑤。
- 否→步骤⑥。

⑤处理 L2VPN MAC 发生了迁移后,检查故障是否排除。

- 是→结束。
- 否→步骤⑥。

⑥在“业务管理器”页面中,选中“业务”,切换至“属性”选项卡,检查业务配置是否正确,如图 5-2-4 所示。例如,端点是否和预期设计匹配。

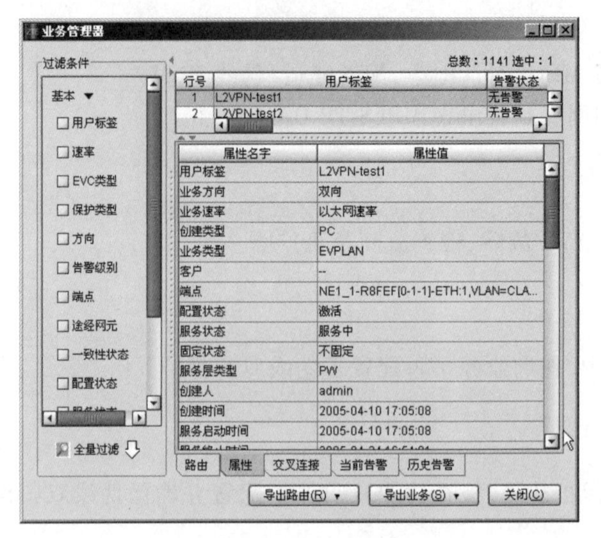

图 5-2-4　业务管理器

- 是→寻求技术支持。
- 否→步骤④。

⑦修改业务配置，检查故障是否排除。

- 是→结束。
- 否→寻求技术支持。

5. 故障处理总结

以太网业务是原宿端采用 ETH 接口的业务，一般是 FE、GE、XGE 接口。以太网故障主要有业务中断与丢包。

三、LTE 以太网故障分析

1. 系统概述

以太网业务典型组网示意图如图 5-2-5 所示。业务采用 L2VPN + L3VPN 方式承载。

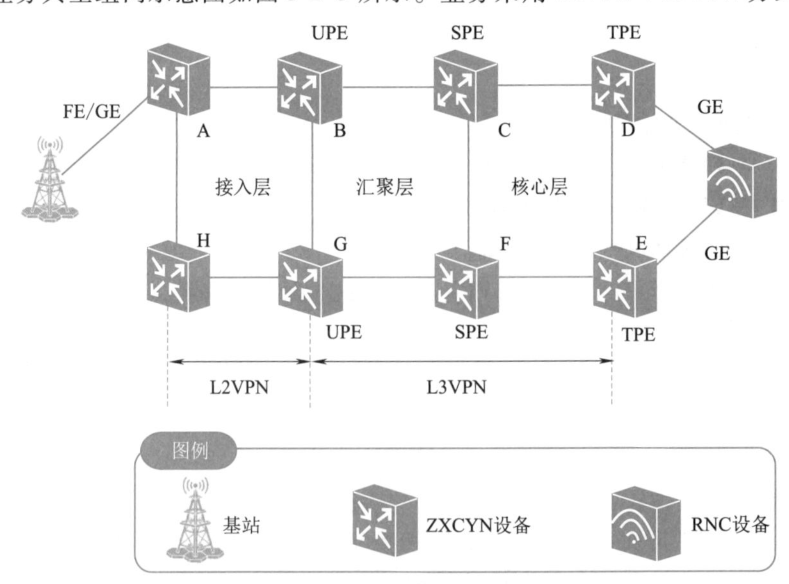

图 5-2-5　以太网业务典型组网示意图

2. 故障现象

ZXCTN 接入层设备从基站接入的以太网业务中断或有误码。

3. 故障分析

在故障定位分析中，需要根据现场实际组网场景分析端到端业务路由，常见的业务组网场景为：

①如图 5-2-6 所示，非 DNI + 桥接落地统一组网场景下发生故障时，根据端到端业务路由定位故障。

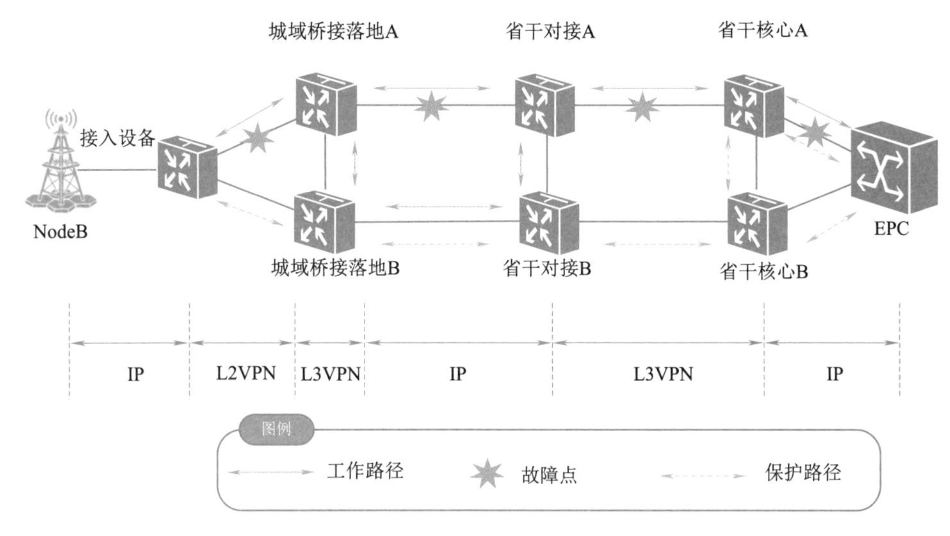

图 5-2-6　非 DNI 场景故障定位分析组网

②如图 5-2-7 所示，为 DNI 场景下发生故障时，根据端到端业务路由定位故障。

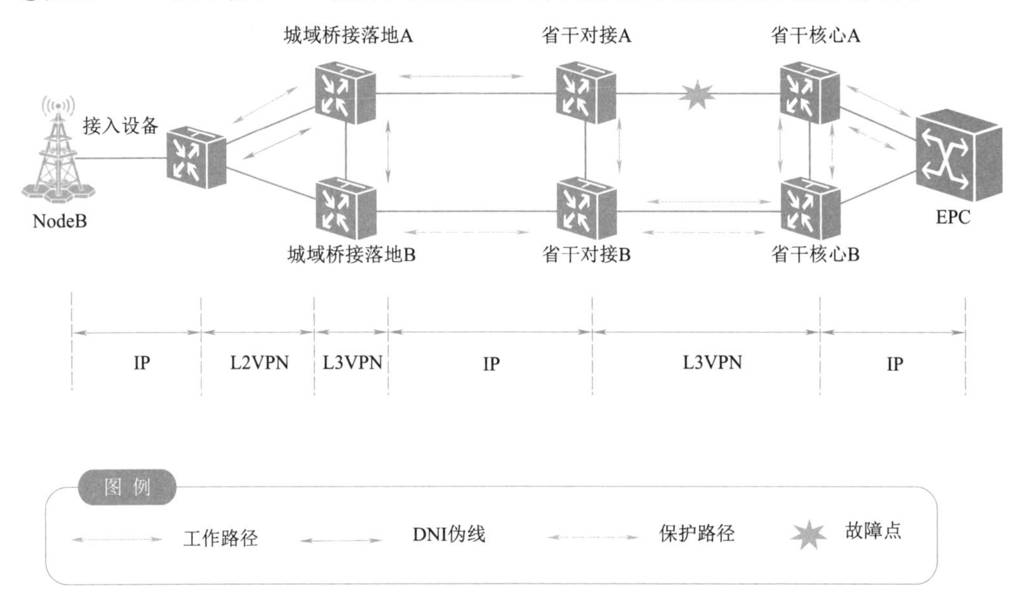

图 5-2-7　DNI 场景故障定位分析组网

可根据以下几个常用角度分析故障产生的原因。

①根据网络中故障的位置和告警,如表 5-2-14 和表 5-2-15 所示。

表 5-2-14 故障现象和产生的原因(客户侧)

可能的告警	故障产生的原因
以太网物理端口(ETPI) Ethernet 端口未连接、以太网物理端口(ETPI) 信号丢失(LOS)、以太网物理端口(ETPI) Ethernet 端口半双工连接	UNI 侧接口 DOWN 或 CRC 越限
动态路由邻居未 UP	CE 侧路由未设置或设置错误
CPU 利用率越限,某类协议报文过多	UNI 侧单板收到过多的协议报文,导致 CPU 利用率越限,无法学习到客户侧的 ARP 报文

表 5-2-15 故障现象和产生的原因(网络侧)

可能的告警	故障产生的原因
隧道 隧道状态 Down、TMP-LOC VPN-FRR 倒换事件	断纤后,未配置保护或隧道/VPN FRR 保护倒换异常导致隧道状态 Down 无法触发联动
带宽越限	网络中某段流量拥塞,导致严重丢包
CRC 越限	网络中某段链路 CRC 过多,导致严重丢包

②根据可能的故障类型,如表 5-2-16 和表 5-2-17 所示。

表 5-2-16 故障现象和产生的原因(设备类)

可能的告警	故障产生的原因
单板脱位	物理单板没有正确安装到设备子架。 单板 CPU 利用率过高
时钟单板硬件故障	时钟板工作异常
业务单板硬件异常	某些业务单板转发异常,导致丢包或转发延时过大

表 5-2-17 故障现象和产生的原因(配置类)

可能的告警	故障产生的原因
BGP PEER DOWN	BGP 以及 VRF 配置错误,路由无法正确分发。 BGP(包括源地址)未设置 Loopback。 路由分发错误。 VRF 中标签指定等参数配置不完整
无告警	外层隧道接口化未配置,流量无法转发。 VPN-FRR 未设置回切时间,导致立即回切出现业务中断。 L3VPN 静态路由下发不完整,误将原来正确路由删除。 L2 业务 TMC LOC,导致切换后业务中断。对应备桥接点未配置静态 ARP 或备 PW 的隧道异常。 L3 业务的 VPN 切换导致异常,例如项目切换平台未切换。 配置数据被删除,例如隧道接口化数据、静态路由数据。 检查 ARP 是否冲突

③根据故障基站分布情况,如表 5-2-18 所示。

表 5-2-18　故障影响范围和对应的原因

故障影响范围	故障的可能原因
业务中断或丢包的基站不是集中在同一个 UPE 下	若基站经过相同 SPE 节点,可能是 SPE 节点硬件故障导致业务转发故障,此种情况设备硬件类故障。 对于基站的公用路径,查看公用链路,ping 公网 IP 查看链路是否正常。 可通过查询全网 CRC、光功率性能数据,或者 ping 才查询定位异常节点、链路。 若基站归属到同一个 RNC,可查看 TPE 节点到 RNC 之间的转发情况,故障原因可能是 RNC 故障或者 TPE 节点硬件单板故障。 TPE 节点和 RAN CE 之间的路由协议互通存在故障。 网络内的核心汇聚网元收到大量异常协议包(如 APR、VRRP、OSPF 报文),导致 CPU 利用率过高,影响控制平面的正常处理。可查看协议类告警处理该故障
业务中断和误码的基站在同一个 UPE 下	下行触发 SPE 的 VPN FRR 切换,但是备 UPE 上没有基站的 ARP 信息,导致业务中断。 UPE 本身转发主控交换异常,或 NNI 侧业务单板工作异常。 可在网管上尝试切换,查看硬件状态告警分析。 联动问题。 UPE 路由重分发功能被删除。 可在网管上查看配置或操作日志分析。 核心落地点和桥接点的隧道状态 Down 或链路丢包导致异常。可查看是否配置了联动功能或全网 CRC 计数。 对于多个基站一个网段,还有一个可能的原因是:中断基站为同一 VRF 路由,在 TPE 该路由未下发驱动。

④根据故障可能发生的网络位置分析,如表 5-2-19 所示。

表 5-2-19　分析故障位置

故障可能发生的网络位置	故 障 分 析
接入侧	①接入层未部署 PW FRR 或未形成 PW FRR,导致业务中断。 可在网管查看接入层业务配置分析。 ②接入层部署了 ARP 双发后业务闪断,可能是桥接点未部署双网关导致。 ③如果接入层有 PW 外层隧道失效告警,且有 PW FRR 触发倒换、PW BFD 会话状态 Down 告警。可能原因是:接入层部署了 PW FRR,一对多基站场景接入至 UPE PW 状态 Down 后,L3VPN 部分联动未启用导致业务中断
核心汇聚侧	①UPE 至两个 SPE 节点的隧道状态均 Down 后,L2VPN 未联动倒换。 可通过部署联动保护机制解决该问题。 ②UPE 至两个 SPE 节点的隧道状态均 Down 后,TPE 仍然将业务转发给 SPE。 通过查看 TPE 是否仍然收到该 SPE 的 BGP 路由分析,可通过加长 VPN FRR 回切时间解决该问题。 ③UPE 至两个 SPE 节点的隧道状态均 Down 后,UPE 上行持续将业务发往该 SPE。 可通过取消默认路由发送功能解决
核心汇聚层	①核心层 VRRP 二层交换未开启,导致切换后业务中断。 ②核心层未开启端口延迟 UP 功能,导致单板或者节点掉电重启后业务受影响。 ③UPE 未将桥接接口加入 L3VPN,导致在接入层触发 PW 倒换或 SPE 到主用 UPE 隧道状态 Down 后,无法触发 VPN FRR 切换,业务中断。 ④单个 UPE 对应两个 SPE 场景下, BGP BFD 未配置,且服务层隧道状态 Down 后,BGP 仍处于饱和状态,走了 IP 通道,TPE 继续转发业务至该 SPE 导致业务中断。而 SPE 无法找到出接口隧道导致业务中断。 单归场景下,BGP BFD 感知到隧道状态 Down,但是 TPE 提前回切至 SPE,而 SPE 和 UPE 之间隧道仍无法建立,导致业务故障。 ⑤隧道倒换后业务中断。回切后业务正常。断网络侧链路光纤后,触发隧道倒换,但是由于隧道路径规划不合理,触发流量倒换后拥塞,导致以太网业务中断。 ⑥汇聚、核心层部分网元未开启 VPN FRR 或未配置 VPN WTR,导致回切时转发未准备,导致业务中断。 某端 TPE 未部署重分发静态路由,导致业务无法形成 FRR,从而在隧道状态 Down 后影响业务

4. 故障处理

故障排除步骤如下：

步骤1：分析故障业务是否经过同一个UPE或在同一个网元落地。

- 是→步骤2。
- 否→步骤3。

步骤2：排除UPE网元设备类故障、隧道故障后，检查故障是否排除。

- 是→结束。
- 否→步骤3。

步骤3：参见以太网业务故障处理以及图5-2-8中L3VPN处理流程，对每个基站的业务故障进行处理后，检查故障是否排除。

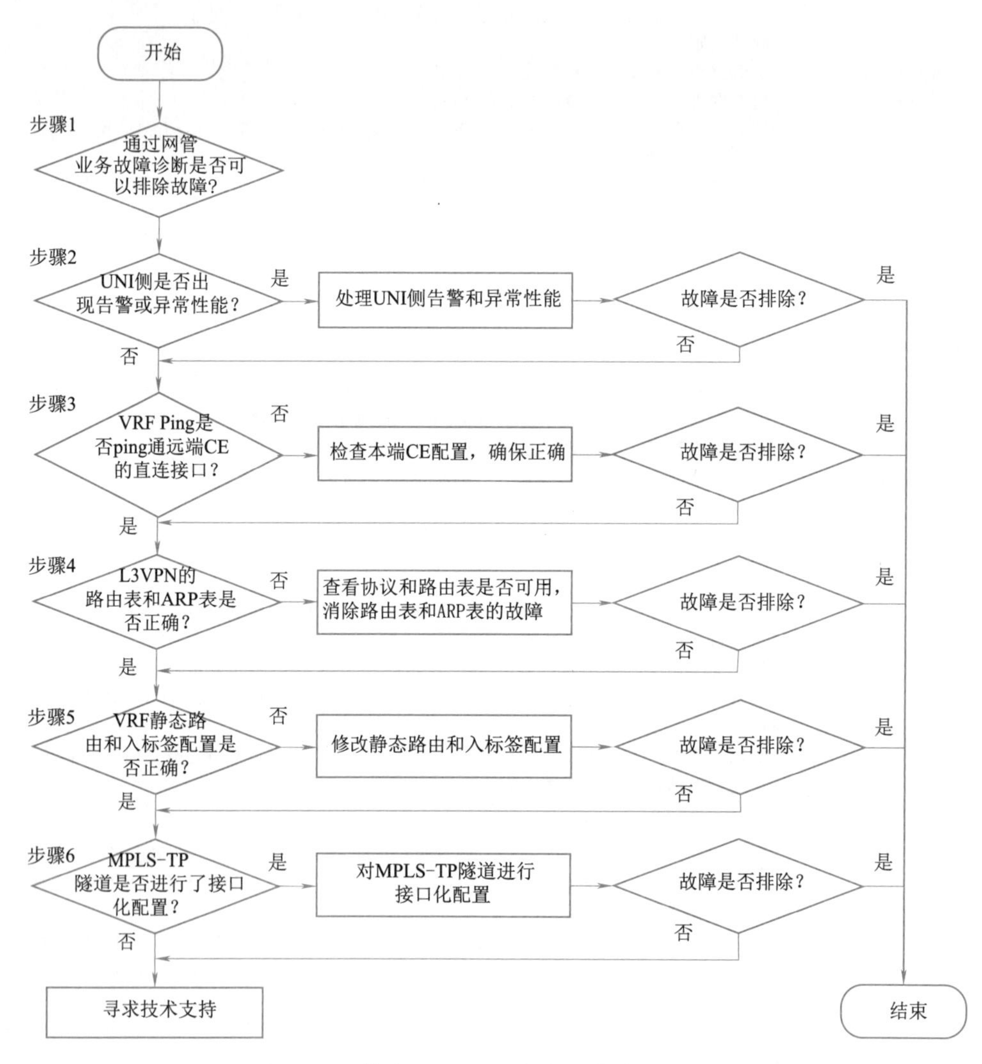

图5-2-8　静态L3VPN业务中断故障处理流程

- 是→结束。
- 否→寻求技术支持。

5. 故障处理总结

LTE 业务主要分为 L2VPN 部分，L3VPN 部分，虚接口部分。L2VPN 部分可根据以太网故障处理方法来处理。L3VPN 部分根据 L3VPN 业务中断故障处理流程来处理。虚接口即 L3VPN 与各个 L2VPN 之间的网关。

任务小结

本次任务主要学习了 E1 业务、以太网业务及 LTE 网络中以太网故障案例分析排除步骤和故障处理方法。故障处理原则一般需要先处理高级告警，后处理低级告警，先处理群路告警而后处理支路告警，先将业务恢复之后进行故障处理。

※思考与练习

一、填空题

1. E1 业务属于 CES 业务类型，一般只有业务中断与业务误码。业务中断一般都由（　　）引起，而业务误码一般由时钟与线路质量引起。

2. E1 业务故障中根据故障类型一般分为（　　）类、（　　）类、设备类。

3. 根据网络中故障的位置和告警不同，可以分为（　　）和（　　）。

4. 在业务配置时如果未配置保护，使得断纤后业务中断，保护倒换异常会引起（　　）告警。

5. 以太网业务故障根据可能发生的网络位置可以分为（　　）、（　　）和核心汇聚层。

二、判断题

1. （　　）网管上报 PDH AIS/PWE3-CSF 告警，一般由客户信号失效引起。

2. （　　）设备安装时如果接地不良会导致接口编码违例计数（CV）越限告警。

3. （　　）以太网业务是原宿端采用 ETH 接口的业务，一般是 FE、GE、XGE 接口。以太网故障主要有业务中断与丢包。

4. （　　）如果非 DNI 侧网元收到大量协议报文提示 CPU 利用率过高，会导致单板 CPU 利用率越限告。

5. （　　）在网络发生故障时，应先维修故障再恢复业务。

三、简答题

简述以太网发生故障时的处理步骤。

附　录

缩略语

缩　写	英文全称	中文全称
ACL	Access Control List	访问控制列表
ACM	Adaptive Coding and Modulation	自适应编码和调制
APM	Adaptive Pointer Management	自适应指针管理
APS	Automatic Protection Switching	自动保护倒换
ATM	Asynchronous Transfer Mode	异步传输模式
BER	Bit Error Rate	误码率
BFD	Bidirectional Forwarding Detection	双向转发检测
CE	Customer Edge	客户边缘
CFM	Connectivity Fault Management	连接性故障管理
CIR	Committed Information Rate	承诺信息速率
CoS	Class of Service	服务等级
CVLAN	Customer Virtual Local Area Network	用户侧虚拟局域网
DBA	Dynamic Bandwidth Allocation	动态带宽分配
DNI - PW	Dual Node Interconnection - Pseudo Wire	双节点互联 - 伪线
EDFA	Erbium Doped Fiber Amplifier	掺铒光纤放大器
E - LAN	Ethernet Private LAN Service	以太网专网
EPL	Ethernet Private Line	以太网专线
EPLAN	Ethernet Private LAN	以太网专网
EPTREE	Ethernet Private Tree	以太网专树
EVPL	Ethernet Virtual Private Line	以太网虚拟专线
EVPLAN	Ethernet Virtual Private LAN	以太网虚拟专网
EVPTREE	Ethernet Virtual Private Tree	以太网虚拟专树
FEBBE	Far End Background Block Error	远端背景误码块
FEC	Forwarding Equivalence Class	转发等价类
FEC	Forward Error Correction	前向纠错
GCC	General Communication Channel	通用通信通道
GE	Gigabit Ethernet	千兆以太网
GMC	Grandmaster Clock	最高级时钟
GMP	Generic Mapping Procedure	通用映射规程
HDLC	High - level Data Link Control	高级数据链路控制协议
H - VPLS	Hierarchy of VPLS	分层 VPLS
ICCP	Inter - Control Center Communications Protocol	内部控制中心通信协议
IGMP	Internet Group Management Protocol	因特网组播管理协议
IGP	Interior Gateway Protocol	内部网关协议

续表

缩　　写	英文全称	中文全称
IMA	Inverse Multiplexing over ATM	ATM 反向复用
IMS	Interactive Multimedia Service	交互式多媒体服务
IP	Internet Protocol	因特网协议
IS - IS	Intermediate System - to - Intermediate System	中间系统到中间系统
LB	Loopback	环回
MME	Mobility Management Entity	移动管理实体
MPLS	Multiprotocol Label Switching	多协议标记交换
NAT	Network Address Translation	网络地址转换
OA	Optical Amplifier	光放大器
PE	Protective Earth	保护地
PVID	Port VLAN ID	端口虚拟局域网标识
PW	Pseudo Wire	伪线
PWE	Pseudo Wire Emulation Function	伪线仿真
PWE3	Pseudo Wire Emulation Edge - to - Edge	端到端伪线仿真
QCI	QoS Class Identifier	QoS 类别标识
QoS	Quality of Service	服务质量
RSTP	Rapid Spanning Tree Protocol	快速生成树协议
RTP	Real - time Transport Protocol	实时传输协议
SCC	Service Centralization and Continuity Application Server	业务集中及连续应用服务器
SFP	Small Form - Factor Pluggable	小封装可热插拔
SFP +	Small Form - factor Pluggable Plus	增强型小封装可热插拔
SGW	Serving Gateway	服务网关
SIP	Session Initiation Protocol	会话发起协议
SLM	Signal Label Mismatch	信号标识失配
SONET	Synchronous Optical Network	同步光网络
SR	Service Router	业务路由器
SSF	Server Signal Failure	服务器信号失效
TOH	Transport Overhead	传送开销
ToS	Type of Service	服务类型
TPID	Tag Protocol Identifier	标签协议标识符
TPS	Tributary Protection Switching	支路保护倒换
TTL	Time To Live	生存时间
UDP	User Datagram Protocol	用户数据报协议
UDT	Unstructured Data Transfer	非结构化数据传送
VC	Virtual Circuit	虚拟电路
VCC	Virtual Channel Connection	虚信道连接
VCG	Virtual Concatenation Group	虚级联组
VCG	Virtual Container Group	虚容器组
VPI	Virtual Path Identifier	虚拟通道标识符
VPLS	Virtual Private LAN Service	虚拟专用 LAN 服务
VPN	Virtual Private Network	虚拟专用网
VRF	Virtual Route Forwarding	虚拟路由转发
xGW	Extendable Gateway	综合接入网关

参考文献

[1]杨靖. 分组传送网原理与技术[M]. 北京:北京邮电大学出版社有限公司,2015.

[2]龚倩. 分组传送网[M]. 北京:人民邮电出版社,2009.

[3]师严. 分组城域网演进技术[M]. 北京:机械工业出版社,2013.

[4]刘焕淋. 光分组交换技术[M]. 北京:国防工业出版社,2010.

[5]霍龙社,王健全,周光涛. 演进的移动分组核心网架构和关键技术[M]. 北京:机械工业出版社,2013.